JN186403

新装版 数学入門シリーズ

2次行列の世界

2次行列の世界

Matrix

岩堀長慶
Iwahori, Nagayoshi

岩波書店

本書は，「数学入門シリーズ」『2次行列の世界』(初版1983年)をA5判に拡大したものです．

まえがき

著者の本シリーズでの分担は，平面のベクトル・1次変換・2次行列への初心者向きの解説ということであった．これらは高校数学に近年登場した新概念で，昔の高校生にはなじみがうすい．そこで昔の高校生にもつきあいやすい形になることを目標としてこれらの解説を試みた次第である．しかし上記の題目だけでは行列というものの応用が幾何学的なものに限られてしまう——という誤った印象を読者に与えそうなので，これらに加えて2次行列の登場するさまざまな世界——ユークリッドの互除法と最大公約数・連分数の話・チェビシェフ多項式の根の形・漸化式で与えられる数列や関数列・石取りゲームの後手必勝形とフィボナッチ数列の関係など——を材料として書いてみた．肌身でわかるところから書き出すことを念頭において努力してみたのだけれども，そのために書き方が少々くどくなってしまったようである．

本書執筆にあたって手伝って頂いた東京大学理学部数学科の学生である寺田至・松沢淳一・小川瑞史・白柳潔・有木進の諸氏に厚く感謝する．また岩波書店の荒井秀男氏にはいろいろと御世話になった．氏の御厚意と忍耐強さとにも御礼を申し上げたい．

読者の御叱正をまって，本書をよりよくすることを念じつつ．

昭和57年11月

著　　者

目　次

第1章
座標平面

§1　座標とは何か——場所には番地をつけるべし

昔著者が中学生(戦前の)だった頃は，平面幾何は因数分解と並んで中学校数学の花形であった．ユークリッド(Euclid)原本以来の公理と定義が並び，平行線の話になり，三角形の3辺と3つの角や，外接円・内接円・シムソン(Simson)線などなどが次々に登場し，さらに証明問題の後に作図問題・軌跡問題・最大最小問題と続く．“(三角形の)中線は2倍に延長すべし！　これは定石中の定石じゃあ！”と老師に一喝された想い出はいまだに懐しく記憶の中に生きている．まぐれでも補助線をうまく引くと，難問が一挙に氷解した時の嬉しさは，その問題をおぼえていない今でも忘れられない．(平面幾何の詳しいことは本シリーズ中の小平先生の“幾何のおもしろさ”に期待されたい.)　しかし面白い反面，平面幾何はなかなか手強い相手で，インスピレーションしか頼りにならず，軌跡問題などは今でこそマイコン上で実験してどんな円か直線かがすぐ見当がつくが，当時は，やむを得ず点をいくつか探しては見当をつけるくらいが関の山であった．碁や将棋の上達と同様に，平面幾何の難問を解くには特殊の才能が必要らしく，記憶第一主義の者には歯が立たなかった．

そして高等学校(これも戦前の)に入学して，‘解析幾何学’なるものを初めて習った．そして大ショックを受けたのである．中学校の時さんざん悩まされた‘奇怪な’平面幾何問題が，何と数と式の計算問題に化けてしまうのである．あとは頑張って式計算をすると何とか終点に辿り着ける．その‘解析幾何学’の創始者がルネ・デカルトという哲学者で，この大発見は幾何学そのものを根底からゆるがし，現代の幾何学(微分幾何学や代数幾何学など)への発展につながっている——という話も，高等学校の恩師から伺った．驚き感動してしばらくは幾何の本ばかり読んでいた．(デカルトの訳本も少し眺めたが，哲学はよくわからないので長くは続かなかった．)

*　　*　　*

現代では中学校ですでに直線や平面上における‘座標’というものを習う．そして高校で昔流の解析幾何学(座標平面)を，現代流にいえば代数幾何学の入口を習う．中学校では図形のことを少々習うが，とても昔流の平面幾何からは遠く，極めて基本的・初等的なことのみである．座標平面に慣れれば，昔流の補助線はあまり必要がなくなるから，まあ現行方式でも差支えないのかもしれないが，昔流の平面幾何の中にちりばめられていた“図形の直観”の修業はいずこかへ行ってしまったような気がする．

*　　*　　*

すこし前置きが長くなったが，座標平面の説明をする前に，その御利益に驚いた昔話をいれたのは，座標平面の上手な使い方に期待を持っていただくためである．

座標平面の前に座標直線から始めよう．これは小学校や中学校から種々の形ですでに教科書中に登場している．例えば加法や減法を

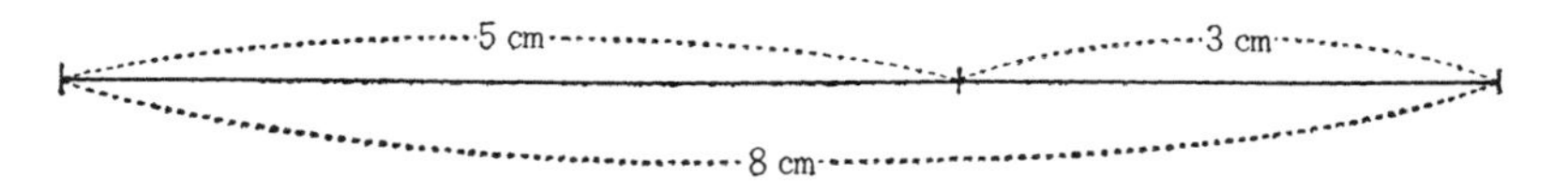

図 1.1.1

教えるのに図 1.1.1 のような絵を描く．しかし念のために正式に述べよう．

いま 1 つの直線 l があるとし，l 上の点に**番地**をつける．そのためには基準になる点を 2 つ定める必要がある(図 1.1.2)．1 つは原点 O である．お江戸日本橋には旧東海道の原点があった．もう 1 つは単位点 E である．E は O とは異なる点で，直線上の点 P が原点からどのくらい離れているかを測る基準である．線分 OE の大きさを 1 と定める．(現実の直線路ならば OE 間の距離は 1 km であってもよいし，1 m でも 1 哩(マイル)であってもよい.)

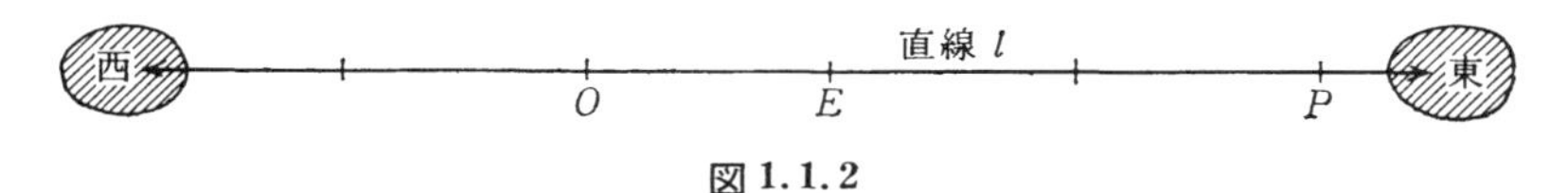

図 1.1.2

この作業が終ると，直線 l 上にどんな点 P をとっても P の番地として 1 つの実数が定まるのである．しかしそれを述べるためには，番地として採用する数に**負の数をも使うことにする**ので，もう 1 つの手続きが必要である．それは，原点 O と単位点 E とを利用して，直線 l を 2 つの部分——正の番地の部分と負の番地の部分——に区別する手続きである．

直線 l から原点 O を除くと，l は 2 つの部分(**半直線**——厳密には開半直線——と呼ばれる)に分割される．それは単位点 E を含む半直線と，E を含まぬ半直線である．単位点 E を含む半直線を直線 l の**正の部分**といい，E を含まぬ半直線を l の**負の部分**という(図 1.1.3)．

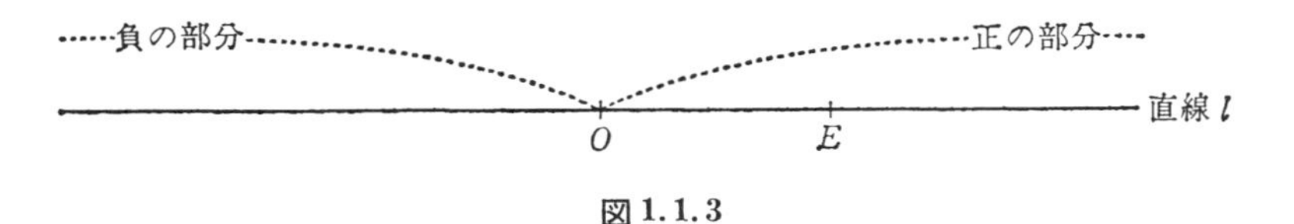

図 1.1.3

さて直線 l 上の点 P に対し，P に番地を与えよう．まず線分 OE の長さ $\overline{OE}$ を1として線分 OP の長さ $\overline{OP}$ を測り，それを p とする．すなわち，距離 $\overline{OP}$ が距離 $\overline{OE}$ の何倍かを示す量が p である．換言すれば

$$\overline{OP} = p \cdot \overline{OE}$$

である．長さ $\overline{OP}$ は点 P が原点 O である時に限り0で，$P \neq O$ ならば正である．

次にこの点 P が直線 l の正の部分にあるか負の部分にあるかを調べる．そして

$$\begin{cases} P \text{ が } l \text{ の正の部分にあれば，} P \text{ の番地を } p \text{ と定める．} \\ P \text{ が } l \text{ の負の部分にあれば，} P \text{ の番地を } -p \text{ と定める．} \\ P=O \text{ ならば，} P \text{ の番地は } 0 \text{ と定める．} \end{cases}$$

最後に，日常語である番地という言葉を，**座標**という数学用語でおきかえる．(番地も座標も意味は同じなのでわざわざおきかえる必要もないと思われる方もおられよう．だが，この数学用語を使うことにする理由は，日常語のままでは，用語の意味が時に応じて変ったり，多様性をもっていて意味が不明になったりすることを避けるためである．例えば“番地はわかったが，直線 l 上で番外地はどこか？”などと聞かれても，“そんなものはない”と答えざるを得ないが，聞き手は納得せずにさらに問うことになったりする．) 正確にいいたい時には，**点 P の，基準系 $(O; E)$ に関する座標**という．

例えば図1.1.4は座標がそれぞれ $-3, -2, -1, 0, 1, 2, 3, 3.5$ である点を示している．

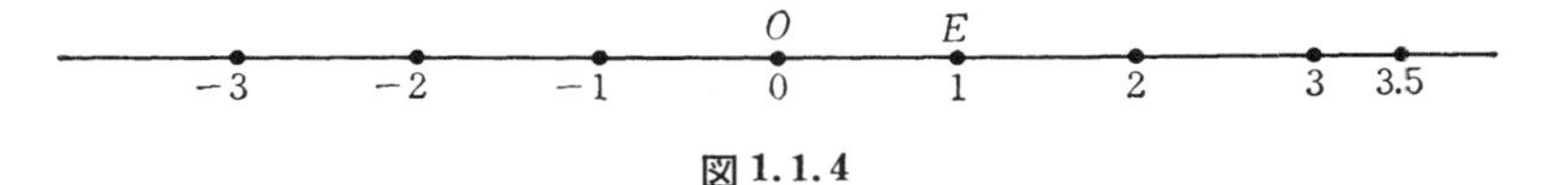

図1.1.4

このようにして，直線 l の各点に座標を定めたとき，l を**座標直**

線という．座標を定めるには原点 O と単位点 E とを定めればよい．あとは自動的に定まる．そこで何を基準点としてとったかについて正確を期する必要があるときには，座標直線 $l(O;E)$ と書く．

座標直線 l 上の点 P の座標が a である時，点 $P(a)$ とも書く．

例題 1　座標直線 $l(O;E)$ 上にある点 $P(5)$ と点 $Q(-3)$ の間の距離 $\overline{PQ}$ を求めよ．また点 $P(5)$ と点 $R(10)$ の間の距離 $\overline{PR}$ を求めよ．

解　距離 $\overline{OP}$ は 5，距離 $\overline{OQ}$ は 3 である．しかし P は正の部分，Q は負の部分にあるから，点 O は P と Q の間にある(図 1.1.5)．よって，距離 $\overline{PQ}$ は $\overline{OP}$ と $\overline{OQ}$ の和となる:

$$\overline{PQ} = \overline{OP}+\overline{OQ} = 5+3 = 8$$

次に点 P, R はいずれも l の正の部分にあるから，点 O は線分 PR 上にはない．よって距離 $\overline{PR}$ は

$$\overline{PR} = \overline{OR}-\overline{OP} = 10-5 = 5$$

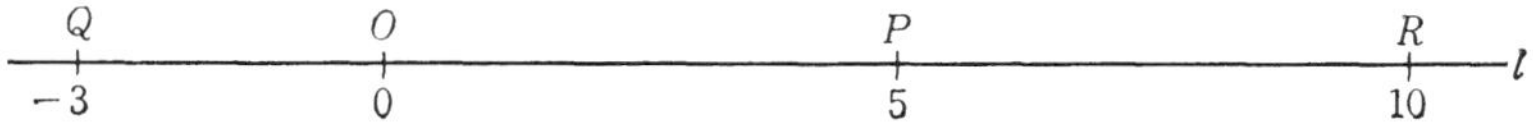

図 1.1.5

上の例題 1 の解を注意深く眺めると，次のことに気づく．いま面倒だから点 $P(5), Q(-3), R(10)$ の代りに，簡単に点 $5, -3, 10$ と書こう．すると，

$$\begin{cases} 5 \text{ と } -3 \text{ の距離は } 5+3 = 5-(-3) = 8 \\ 5 \text{ と } 10 \text{ の距離は } 10-5 = 5 \end{cases}$$

ということになる．つまり 2 点間の距離は，その座標の差をとればよい．ただし，差をとるといっても，5 と 10 の距離を $5-10=-5$ としたのではまずい．答である距離なるものは必ず 0 以上の数であるべきだからである．座標の大きい方から小さい方を引き算しての差である．

では一般法則，つまり定理の形で点 $P(a)$ と点 $Q(b)$ の間の距離を

書くにはどうしたらよいか？

上に述べたように，場合をわけて

$$\begin{cases} a > b & \text{ならば}\quad \overline{PQ} = a-b \\ b > a & \text{ならば}\quad \overline{PQ} = b-a \\ a = b & \text{ならば}\quad \overline{PQ} = 0 \end{cases}$$

とすればよい．これは例題1の解の考え方で，場合をわけて当ってみれば a や b が正でも負でも0でも成り立つことがわかる．(読者は念のため場合わけをしてチェックされたい.)

しかし場合わけをして答をいちいち書くのには煩雑感がある．これを切り抜けるには，**絶対値**という便利なものがある．念のために x の絶対値 $|x|$ の意味を思い出しておこう．

$$\begin{cases} x > 0 & \text{ならば}\quad |x| = x \\ x < 0 & \text{ならば}\quad |x| = -x \\ x = 0 & \text{ならば}\quad |x| = 0 \end{cases}$$

である．これを使うと，上述の場合わけをいちいちしないで次の定理の形にまとめられる．

定理 1.1.1　座標直線 $l(O\,;E)$ 上の2点 $P(a)$ と $Q(b)$ の間の距離 $\overline{PQ}$ は

$$\overline{PQ} = |a-b|$$

で与えられる．

問1　座標直線 l 上の2点 $P(-8), Q(-2)$ 間の距離を求めよ．

問2　座標直線 l 上の点 $P(7)$ からの距離が10であるような点は l 上にいくつあるか．それらの座標を求めよ．

§2　座標平面——番地のつけられた平面

座標直線とは，1つの直線上の各点に番地がついている状態であった．直線の代りに平面を考えよう．その各点に番地を与えたい．

どのようにしたらよいであろうか？

デカルトの考えは平面の点の番地づけから始まり，平面上の図形の性質を番地間の種々の関係式に直していい換えることにより発展していった．

しかし番地をつけるだけなら，実は東洋にも整然とした方法，いや正にデカルト流の番地づけがあった．中国の古い都市にも，わが国の京都にもそれが見られる．

いま1つの平面 Γ(ガンマ)があるとし，Γ 上の点に番地をつけるために，基準になる点 O(これを**原点**という)と，基準になる2つの向きを Γ 上に定める．それには原点 O を通って直交する2直線 l と m とを引く．次に l と m 上にそれぞれ点 E, F をとる．ただし

$$O \neq E, \quad O \neq F$$

であり，しかも $\overline{OE}=\overline{OF}$ とする．すると，座標直線 $l(O\,;E)$ および $m(O\,;F)$ が生ずる．図示するときは，l と m の正の部分に矢印 → をいれる習慣がある(図1.2.1).

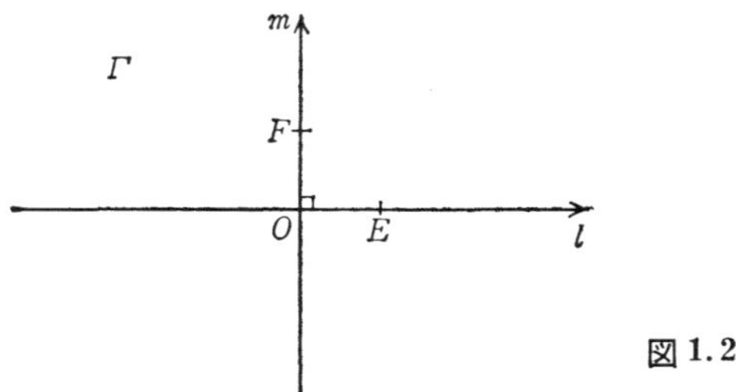

図1.2.1

以上を基準にして平面 Γ の点 P に番地づけをする．それにはまず点 P が l 上にも m 上にもない場合から始めよう．

点 P を通って直線 l に平行な直線 l' を引く．l と m とが1点 O で交わっているから，l' と m も1点 R で交わる．次に点 P を通って直線 m に平行な直線 m' を引く．すると m' も l と1点 Q で交わ

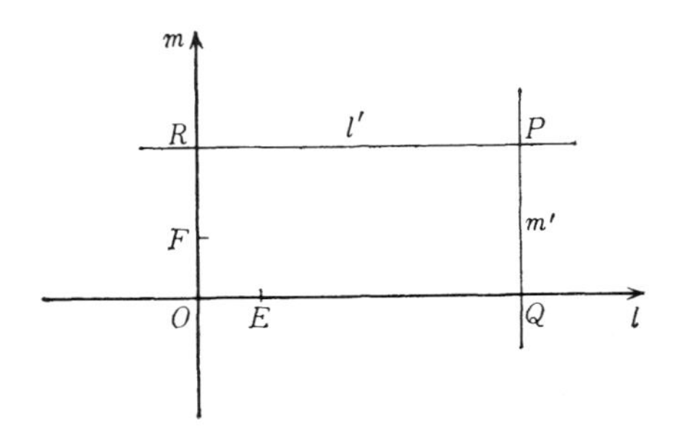

図 1.2.2

る(図 1.2.2).

さて点 Q は座標直線 $l(O;E)$ 上の点であるから，l 上の Q の座標を a とする．すなわち点 Q は $l(O;E)$ 上では点 $Q(a)$ である．次に点 R は座標直線 $m(O;F)$ 上の点であるから，m 上の R の座標を b とする．すなわち点 R は $m(O;F)$ 上では点 $R(b)$ である．

このようにして，**点 $\boldsymbol{P}$ に対し 2 つの実数 $\boldsymbol{a}$ と $\boldsymbol{b}$ が定まる**．ただし 2 つの a と b とを並べる順番を間違えてはいけない．順序のついた実数の対 (a,b) を点 P の番地として採用する．そして座標直線の時と同様に，(a,b) を P の**座標**という．そして点 P の座標が (a,b) であるとき，点 $P(a,b)$ と書く．あるいは $P=(a,b)$ とも書く．正確にいいたい時には，(a,b) を**点 $\boldsymbol{P}$ の，基準系 $(\boldsymbol{O};\boldsymbol{E},\boldsymbol{F})$ に関する座標**という．

残っているのは直線 l または m 上に点 P があるときに，P の座標 (a,b) をどう定めるかということである．もし P が l 上にあれば，“P を通って l に平行な直線 l'” と上記に述べたところで，l' としては単に l を採用する．すると上記の “l' と m の交点 R” と書かれたところは，l と m の交点 O になる．同様に，P がもし m 上にあれば，“P を通って m に平行な直線 m'” と上記に述べたところで，m' としては単に m を採用する．すると上記の “m' と l の交点 Q” と書かれたところは m と l の交点 O になる．以下は上記と同様の手続

きで点 P の座標(a,b)を定めるのである．したがって

$$\begin{cases} P \text{ が } l \text{ 上にある} \iff P \text{ の座標は}(*,0)\text{の形}^{1)} \\ P \text{ が } m \text{ 上にある} \iff P \text{ の座標は}(0,*)\text{の形} \end{cases}$$

となる．特に原点 O の座標は$(0,0)$である．

かくして，点 P が平面 Γ 上のどこにあっても点 P の座標(a,b)は2つの実数 a と b からできている．a を P の第1座標，b を P の第2座標という．しかし慣用となっている呼び方は次のような名称である．まず第1座標を測る基準としてとった座標直線 $l(O\,;E)$ を **x 軸**という．そして原点 O から E へ向かう向きを **x 軸の正の向き**という．O から $l(O\,;E)$ の負の部分へ向かう向きを **x 軸の負の向き**という．次に第2座標を測る基準としてとった座標直線 $m(O\,;F)$ を **y 軸**という．原点 O から $m(O\,;F)$ の正の部分，負の部分に向かう向きをそれぞれ **y 軸の正の向き**，**負の向き**という．

そして点 $P(a,b)$ に対し，a を P の **x 座標**，b を P の **y 座標**という．(a,b)を“基準系$(O\,;E,F)$に関する点 P の座標”という代りに**直交軸**(または**直交座標系**)**Oxy に関する点 P の座標**ともいう．直交軸 Oxy という言葉の方が基準系$(O\,;E,F)$という言葉より親しみやすい．本書では両方の用語を使うことにする．

このようにして平面 Γ の各点に座標を定めたとき，Γ を**座標平面**という．

座標平面 Γ 中の点の座標を定める基準として採用したものは，(イ) 原点 O，(ロ) 座標直線 $l(O\,;E)$(x 軸)，(ハ) 座標直線 $m(O\,;F)$(y 軸)であるが，これらは実は原点 O と2つの単位点 E と F とで定まっている．よって座標直線の場合と同様に，何を座標平面 Γ の基準点としてとったかについて正確を期する必要があるときは，

---

1)　$\iff$ の印は，“この印の左側の文章と右側の文章が同じことを意味している”ということを表わす記号である．

座標平面 $\Gamma(O;E,F)$ と書く．注意すべきは基準点 O,E,F をとるとき次の性質が成り立つようにしておいたことである．

(i) 直線 OE(x 軸) と直線 OF(y 軸) は直交している．

(ii) $\overline{OE}=\overline{OF}$

以下では特に断らぬ限り座標平面といえば直交軸を基準としてとった上記による座標平面のこととする．(後でもうすこし一般化した斜交軸を具えた座標平面なるものも扱うが，その時は断り書をつけることにする.)

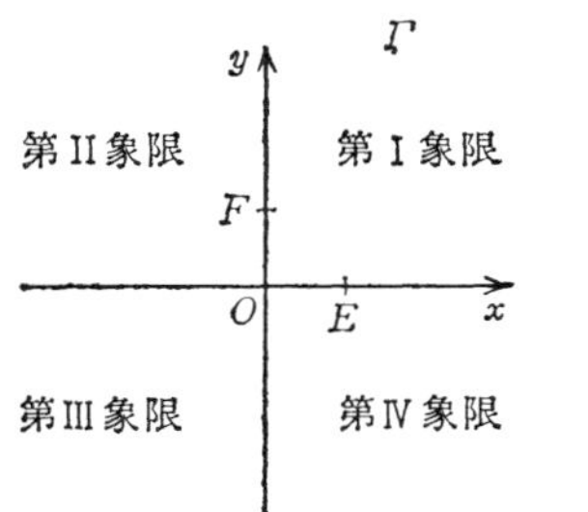

図 1.2.3

座標平面 Γ の原点 O, x 軸およびその正の向き，y 軸およびその正の向きを明示するときは図 1.2.3 のように記号をいれる．x 軸上の単位点 E や y 軸上の単位点 F は省略して書かないこともある．

x 軸と y 軸により座標平面 Γ は 4 つの部分に分割される．これらには次のように**第 I～IV 象限**という名前がついている．点 $P(a, b)$ に対して

$$\begin{cases} a>0,\ b>0 \iff P \text{ は第 I 象限中の点} \\ a<0,\ b>0 \iff P \text{ は第 II 象限中の点} \\ a<0,\ b<0 \iff P \text{ は第 III 象限中の点} \\ a>0,\ b<0 \iff P \text{ は第 IV 象限中の点} \end{cases}$$

これらは図 1.2.3 に示した通りである．

例題 1 座標平面 $\Gamma(O;E,F)$ 上で，次の性質(イ)をもつ点 P の

全体からなる図形を描け．性質(ロ)，(ハ)，(ニ)についても同じことをせよ．

（イ）　x 座標が 1 である点

（ロ）　y 座標が -1 である点

（ハ）　x 座標が -3 である点

（ニ）　y 座標が $\sqrt{2}$ である点

解　点 $P(a,b)$ が性質(イ)をもつ $\Longleftrightarrow$ $a=1$ である．

したがって点 P の座標 a,b の定め方に戻って考えれば $a=1$ という条件は，点 P を通って y 軸に平行に引いた直線が x 軸 $l(O;E)$ 上の点 E を通るということにほかならない．いいかえれば，点 E を通って y 軸に平行な直線 g 上に点 P がある——ということである．したがって性質(イ)をもつような点 P の全体からなる集合は直線 g と一致する．(ロ)，(ハ)，(ニ)についても同様である．例えば(ニ)を満たすような点 P の全体からなる集合は，y 軸上で座標 $\sqrt{2}$ をもつ点 R を通り x 軸に平行な直線 h となる．その他の答も図 1.2.4 に書いた通りである．

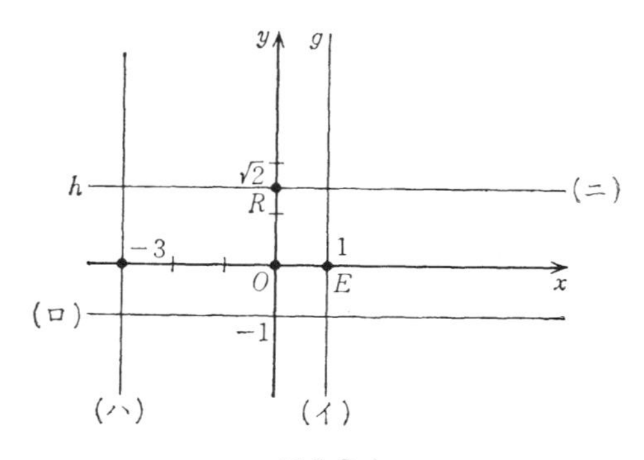

図 1.2.4

§3　座標がわかればもとの点も定まるか？——座標の利用法

いままでやってきたことは座標直線 l や座標平面 Γ 上に基準系

$(O\,;E)$ あるいは $(O\,;E,F)$ を定めれば，l や Γ 上の点 P の座標が定まること，およびその具体的な定め方であった．ここで問題にしようとすることは，座標がわかればもとの点 P もわかるか？ということである．答はもちろん yes である．(そうでなければ番地設定の意義を追及されることになる!)．念のために yes となる理由を示しておこう．

まず座標直線 $l(O\,;E)$ の場合から．任意の実数 a を与えたとき，座標直線 l 上に a を座標としてもつ点 P は，**必ず存在し，しかもただ1つである**——ということを確かめよう．a の符号により場合をわける．

(イ)　$a=0$ の時……P としては原点 O をとればよい．そして原点 O のみが答である．それは座標設定の仕方に戻って見直せばわかる．すなわち原点 O 以外の点の座標は正となるか負となるかであって，決して0とはならないからである．

(ロ)　$a>0$ の時……l 上の正の部分に点 P をとり，$\overline{OP}=a\cdot\overline{OE}$ ならしめる．このような点 P が l の正の部分にただ1つ存在する．

(ハ)　$a<0$ の時……l 上の負の部分に点 P をとり，$\overline{OP}=|a|\cdot\overline{OE}$ ならしめる．このような点 P が l の負の部分にただ1つ存在する．

次に座標平面 $\Gamma(O\,;E,F)$ の場合に移ろう．任意の実数 a と b とを与えたとき，座標平面 Γ 上に (a,b) を座標としてもつ点 P は，**必ず存在し，しかもただ1つである**——ということを確かめよう．

座標直線の場合に述べたことから，x 軸上で基準系 $(O\,;E)$ に関し座標 a をもつ点 Q が定まる．y 軸上でも基準系 $(O\,;F)$ に関し座標 b をもつ点 R が定まる．次に点 Q を通って y 軸に平行な直線 m' を引く．また点 R を通って x 軸に平行な直線 l' を引く．すると，2

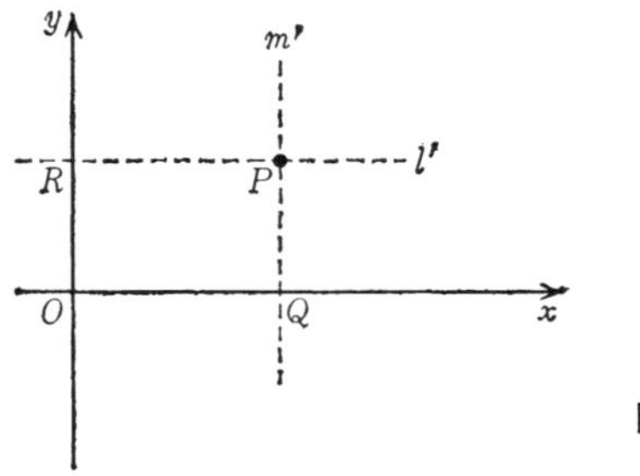

図 1.3.1

直線 l' と m' は平行ではない．（x 軸と y 軸とが平行でないから.）したがって1点 P で交わる．P が求める点であることは，座標平面 Γ における座標設定の仕方に戻って見直せばわかる．しかもこの P だけが求める点になることも座標設定の仕方を逆に見直せばわかる(図 1. 3. 1).

*　　*　　*

以上で座標を知ればもとの点が復元できることがわかった．座標(＝番地)のこの性質――点の位置を指定するために1つの数 a または2つの数の対 (a, b) を使用し得ること――は，現実の世界では多数の使用例がある.

例1　京都市，札幌市などの番地づけ　札幌市の地図は京都よりもさらに座標平面らしさがある．第Ⅰ～第Ⅳ象限の存在もよくわかる．京都では四条と三条の間に蛸薬師通りなどあって，3＜蛸＜4？？という例が多々ある(図 1. 3. 2).

例2　将棋盤と碁盤

碁盤から始めよう．新聞などに囲碁対局を記述するときは図 1. 3. 3 のようになっている.

左上方に原点 O があり，O から水平に右へ x 軸の正の向きがあり，また O から垂直に下へ y 軸の正の向きがある．碁盤とは，この座標平面中にある点 $P(x, y)$ であって，座標 x, y が次の性質をも

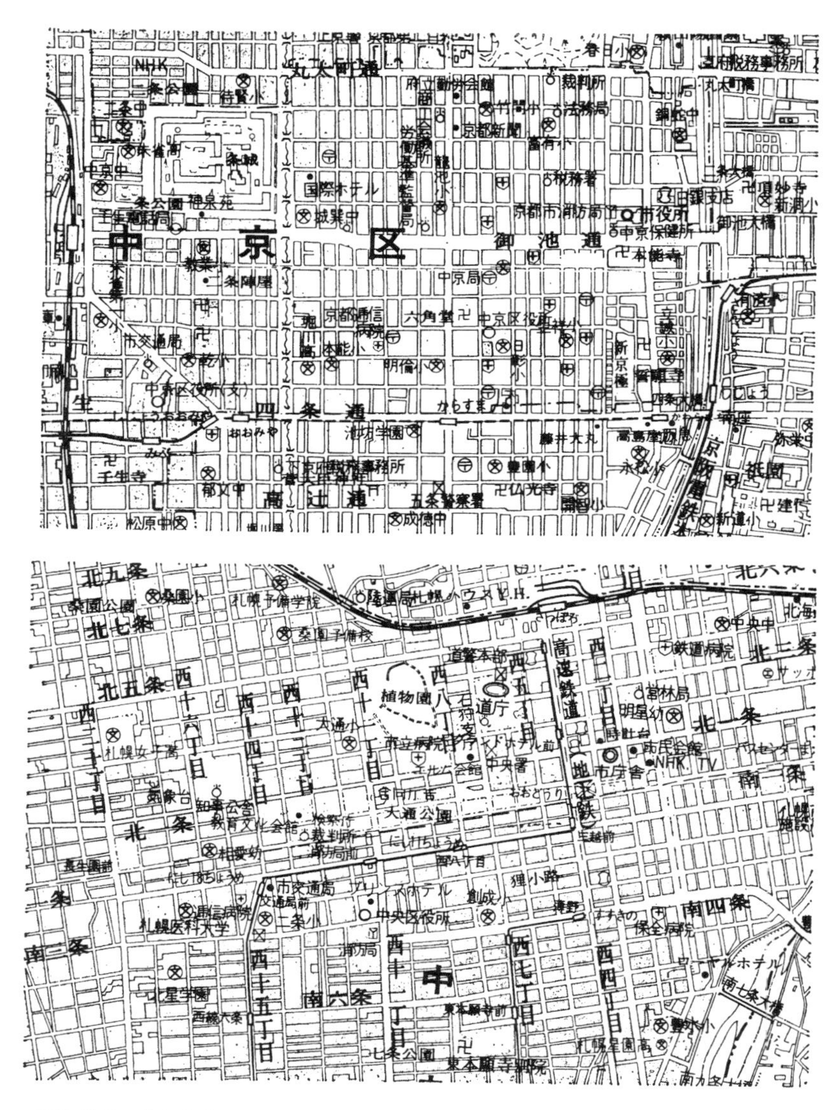

図 1.3.2　京都市(上)，札幌市(下)の一部(日本分県地図地名総覧 56，人文社刊)

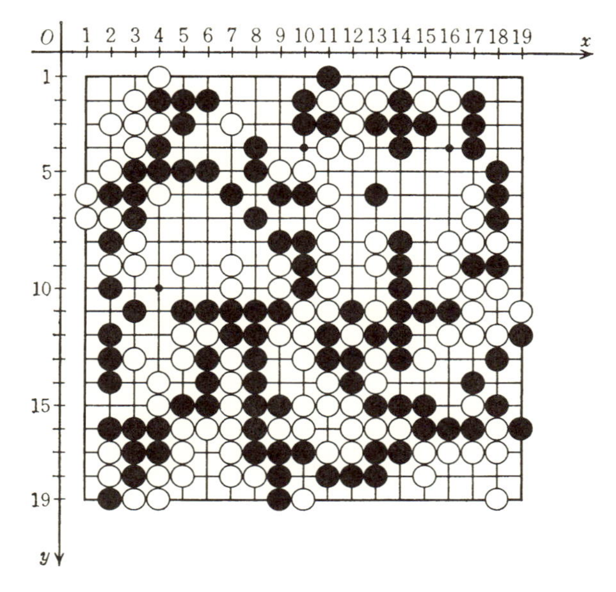

図 1.3.3 読売新聞，1982 年 10 月 4 日号より．

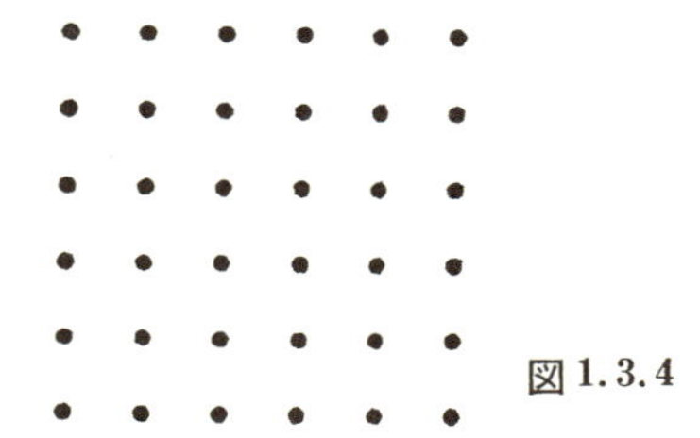

図 1.3.4

つものの全体の集まりである．すなわち

$$\begin{cases} x, y \text{ は自然数}(=\text{正の整数}) \\ 1 \leqq x \leqq 19,\ 1 \leqq y \leqq 19 \end{cases}$$

一般に，座標平面 $\Gamma(O\,;E, F)$ 上の点 $P(x, y)$ に対して，x, y が共に整数であるとき，P を**格子点**という．(このような P の全体が図 1.3.4 のように格子縞状をなすからである．格子点のうち，両座標

が 1 以上 19 以下という条件を満たすものから碁盤ができている．ついでに，碁盤上の 9 個の格子点

$$(4, 4), \qquad (4, 10), \qquad (4, 16)$$
$$(10, 4), \qquad (10, 10), \qquad (10, 16)$$
$$(16, 4), \qquad (16, 10), \qquad (16, 16)$$

には小さい黒丸印がついていて，これら 9 個の点を‘星’という．星

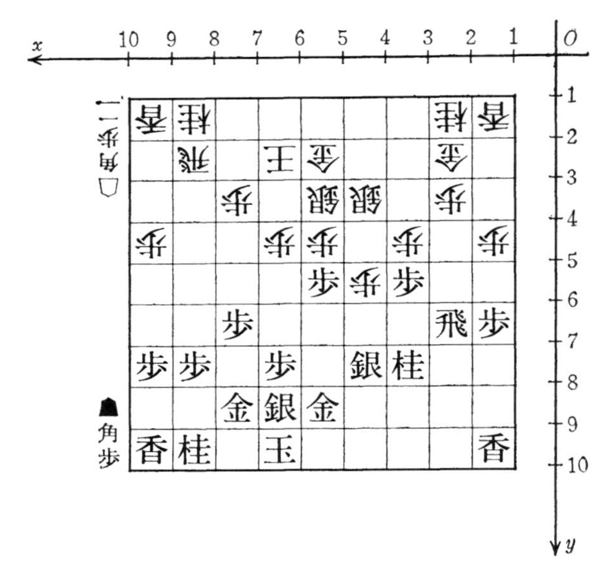

図 1.3.5　東京新聞，1982 年 9 月 10 日夕刊より．

$P(x, y)$ のうち，$x=y=10$ である星を“天元”という．x および y が 4 または 16 であるような星を“隅(スミ)の星”という．x または y のちょうど一方のみが 10 であるような星を“辺(ヘン)の星”という．

注意　慣行では碁盤上では x 座標を $1, 2, \cdots, 19$ で，y 座標を一，二，…，十九と書いている．区別を明確化するためである．

次に将棋盤では右上方に原点 O があり，図 1.3.5 のように x 軸の正の向きは O から水平に左へ，y 軸の正の向きは O から垂直に

下へ延びている．この座標平面中の点 $P(x, y)$ であって，次の条件を満たすもの全体の集まりが将棋盤であるといってよい．

$$\begin{cases} x-0.5,\ \ y-0.5 \text{ は共に整数} \\ 1 \leqq x-0.5 \leqq 9, \quad 1 \leqq y-0.5 \leqq 9 \end{cases}$$

これら 81 個の点が将棋盤を構成する．$x-0.5=a$，$y-0.5=b$ として，整数 a, b からなる組 (a, b) を点 (x, y) の‘位置’の呼名に用いる．例えば点 $(6.5, 8.5)$ は $(6, 8)$（略して 6 8）の位置にある．

ついでに，将棋の駒は歩，香，桂，銀，金，角，飛，玉の 8 種類である．これらをそれぞれ $1, 2, \cdots, 8$ で表わし，座標を利用すると，将棋の記録（棋譜）を数の羅列状の形にも書ける．（将棋でも x 座標

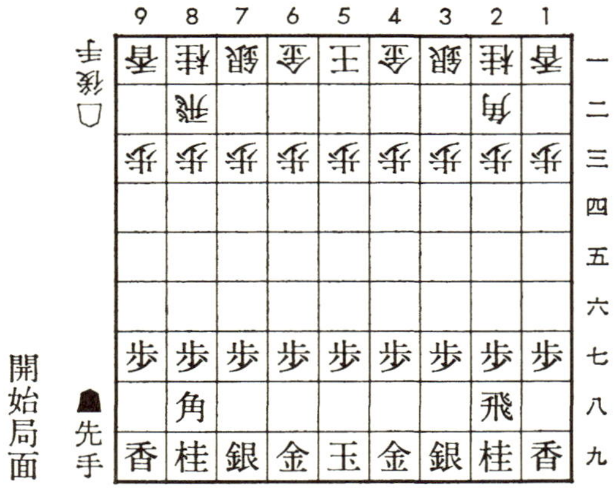

後手☖

9	8	7	6	5	4	3	2	1	
香	桂	銀	金	王	金	銀	桂	香	一
	飛						角		二
歩	歩	歩	歩	歩	歩	歩	歩	歩	三
									四
									五
									六
歩	歩	歩	歩	歩	歩	歩	歩	歩	七
	角						飛		八
香	桂	銀	金	玉	金	銀	桂	香	九

開始局面　☗先手

図 1.3.6

には $1, 2, \cdots$ を，y 座標には一，二，…を用いる慣行がある．）その一例を述べよう．まず平手将棋の開始局面（図 1. 3. 6）で，慣行の記録形式を書こう．☗ は先手（または下手）を，☖ は後手（または上手）を意味する．

(1)　☗ 7 六歩　(2)　☖ 8 四歩　(3)　☗ 6 八銀

(4)　☖ 3 四歩　(5)　☗ 7 七銀

までで途中図(図 1.3.7)となるが，これを次のように書く．

(1)　76.77　(2)　84.83　(3)　68.79

(4)　34.33　(5)　77.68

ここで初めの(1)～(5)は第1着手，第2着手，…，第5着手の意味で，この数が奇数なら先手の着手，偶数なら後手の着手である．(1) 76.77 とあるのは，第1着手で，77 の位置にあった駒(歩)が 76 の位置に移動したという意味である．(5) 77.68 とあるのは 68 の位置にあった駒(銀)が 77 の位置に移動したという意味である．

☖後手

9	8	7	6	5	4	3	2	1	
香	桂	銀	金	王	金	銀	桂	香	一
	飛						角		二
歩		歩	歩	歩	歩		歩	歩	三
	歩					歩			四
									五
		歩							六
歩	歩	銀	歩	歩	歩	歩	歩	歩	七
	角						飛		八
香	桂		金	玉	金	銀	桂	香	九

☗先手

途中図

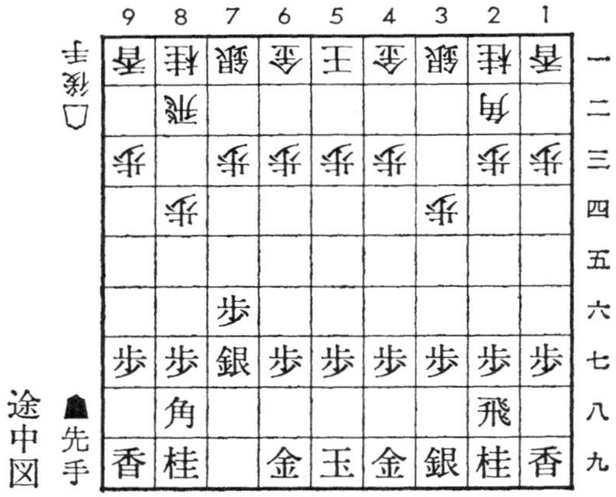

図 1.3.7

ついでに駒が敵陣に入って成ったり，また持駒を打ったりすることも数の羅列の形に表わせるので，その方法の一例も書いておこう．開始局面より

(1)　☗7六歩　(2)　☖3四歩　(3)　☗2二角成　(4)　☖同銀

(5)　☗5五角打　(6)　☖4四角打

(図 1.3.8)となったとする．この棋譜の数字羅列法による書き方は

(1)　76.77　(2)　34.33　(3)　220.88

(4)　22.31　(5)　55.06　(6)　44.06

となる．(3) 220．88は，第3着手で88の位置にいた駒が22に移動して成ったという意味である．この時，22にいた敵の駒‘角’を取っているが，それは上の記録には書いてない．(これは将棋のルール上の必然的現象なので書かなくて済むからである．) しかしもし書きたいなら，☗2二角成に当る(3) 220．88の代りに

(3) 220．88　(6→0)

とでも書けばよい．x 軸上の点が後手の駒台で，y 軸上の点が先手の駒台であると想定するのである．さて

(4) 22．31　(☖同銀)

は前の通り，後手の31にいた駒(銀)が22へ移動したという意味で，ここでも先手の22にいる駒(馬)をとっているから，詳しい記法なら

(4) 22．31　(6→0)

とする．次の

(5) 55．06　(☗5五角打)

は，先手が駒台(0番地)から，角(駒番号6)をとり上げ，これを55

☖後手

	9	8	7	6	5	4	3	2	1	
	香	桂	銀	金	王	金		桂	香	一
		飛						銀		二
	歩	歩	歩	歩	歩	歩		歩	歩	三
						角	歩			四
					角					五
			歩							六
	歩	歩		歩	歩	歩	歩	歩	歩	七
								飛		八
	香	桂	銀	金	玉	金	銀	桂	香	九

☗先手

図1.3.8

の位置に打ったという意味である．

以上の記法で，どんな将棋の棋譜も書ける．念のため，(0)(*)として平手，香落，角落，飛落，飛香落，etc. を棋譜の初めに書く．(*)のところは上手が落とす駒の番号を書く．例えば平手なら( )，飛落なら(7)，飛香落なら(7 2)，六枚落なら(2 2 3 3 6 7)などである．最後に投了記号$(n)\infty\infty\ .\ \infty\infty$(第 n 手目で投了)をつけておけば全部終了である．

例3　マイクロコンピューターのグラフ画面

これも碁盤の時と同様で，左上隅に原点 O があり，x 軸正の向きは O より右へ延びる水平線，y 軸正の向きは O より下へ延びる垂直線である．

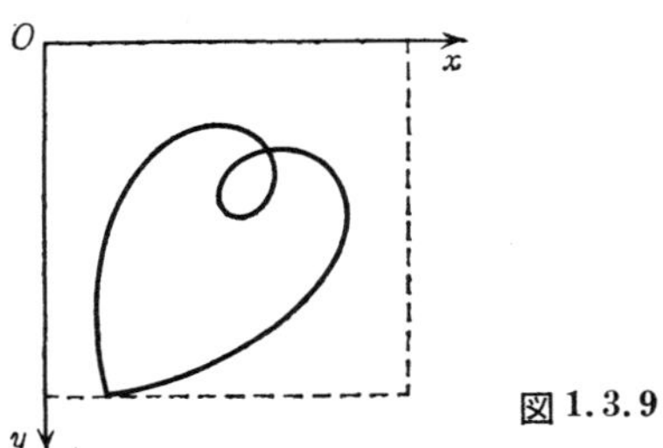

図 1.3.9

スクリーン上には格子点(x, y)がある間隔で配置されるが，大体

$$0 \leqq x \leqq 639 \qquad 0 \leqq y \leqq 199$$

の範囲までが使える(図 1. 3. 9)．

例題1　次の平手将棋の局面(図 1. 3. 10)から始まる下の棋譜の最終局面を書け．

(1) 65 . 66　(2) 73 . 64　(3) 66 . 77　(4) 31 . 13
(5) 77 . 78　(6) 84 . 73　(7) 56 . 57　(8) 75 . 74
(9) 38 . 48　(10) 73 . 81　(11) 55 . 56　(12) 55 . 54
(13) 55 . 66　(14) 54 . 01　(15) 46 . 55　(16) 72 . 82

(17) 66.77 (18) 44.33 (19) 36.37 (20) 22.31

解 上述の数による座標記法の説明をよく見て駒を進めれば次図1.3.11のようになる．(強い人なら頭の中で描けるであろう.) 普通の記法では例えば

(10) △7三桂 (11) ▲5五歩 (12) △5五同歩 (13) ▲5五

後手 ナシ / 先手 歩

9	8	7	6	5	4	3	2	1	
香	桂				王		桂	香	一
	飛			金		金			二
			歩		歩	銀	歩	角	三
歩		歩	銀	歩		歩		歩	四
	歩								五
歩		歩	歩				歩		六
		角	銀	歩	歩	歩	銀	歩	七
	飛	金			金		玉		八
香	桂						桂	香	九

図1.3.10

後手 ナシ / 先手 歩歩

9	8	7	6	5	4	3	2	1	
香					王		桂	香	一
		飛		金		金	角		二
		桂	歩		歩		歩		三
歩	銀			歩	銀	歩		歩	四
	歩	歩	歩						五
歩		歩	金		角	歩	歩		六
			銀		歩		銀	歩	七
	飛					金	玉		八
香	桂						桂	香	九

図1.3.11

同角 (14) ☖5四歩打 (15) ☖4六角
となるところである.

練習問題 1

1. 下図の市街図で地点 A から道路上の最短路を通って地点 B まで行く行き方は何通りあるか. (ヒント: A から P まで行く行き方の総数を $f(P)$ と書くと $f(P)=f(Q)+f(R)$ が成り立つことを示せ. それを使って逐次計算で $f(B)$ に到達せよ.)

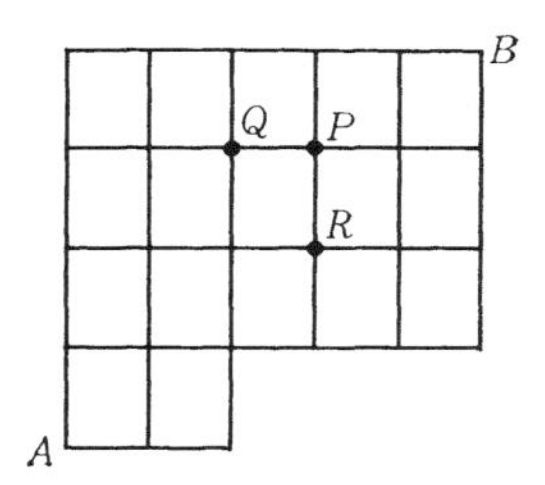

図 1.0.1

2. 将棋の開始局面(図 1.3.6)において, 先手の指手は全部で何通りあるか. (ヒント: 歩を動かす指手の総数, 香を動かす指手の総数, ……, 玉を動かす指手の総数をそれぞれ数えて総和を作れ.)

3. 図 1.0.2 は 1901 年から 2099 年までの 199 年分のカレンダーである. その使い方は次の通りである.

(i) 例えば 1926 年 10 月 23 日は何曜日か?――㋑ 1926 の下 2 桁に 28 を次々に加えていく:

$$26,\ 54,\ 82,\ \cdots$$

そして年のところの 82 を見いだす. (⓪⓪, 01, 02, … は 2000 年, 2001 年, 2002 年, … の意味である.) ㋺ 10 月から下へ下ろした線と 23 日から左方へ引いた線の交叉点のマーク G を見いだす. ㋩ 先ほどの 82 の上にある A～G のうち, G を探して, そこから左へ行き, 左端を見る……答は土曜日である. 他の例: 2000 年の 1 月 1 日……⓪⓪ には丸印がある. これは閏年の意味である. 閏年の 1 月と 2 月は月の欄(上段)の ①, ② の方を使う. ①

	10 1	7 4 ①	12 9	6	11 3 2	8 ②	5	月＼日
日	A	B	C	D	E	F	G	1 8 15 22 29
月	G	A	B	C	D	E	F	2 9 16 23 30
火	F	G	A	B	C	D	E	3 10 17 24 31
水	E	F	G	A	B	C	D	4 11 18 25
木	D	E	F	G	A	B	C	5 12 19 26
金	C	D	E	F	G	A	B	6 13 20 27
土	B	C	D	E	F	G	A	7 14 21 28
19××	(72)	73	74	75		(76)	77	年(28年周期)
	78	79		(80)	81	82	83	
		(84)	85	86	87		(88)	
	89	90	91		(92)	93	94	
	95		(96)	97	98	99		
20××	(00)	01	02	03		(04)	05	
	06	07		(08)	09	10	11	
		(12)	13	14	15		(16)	

図 1.0.2

月1日はBである．⓪⓪上にBを探してから左へ進み，答は土曜日である．さらに他の例：2029年の7月7日……29から28を引いて2001年，すなわち表の01年を見いだす．7月7日のマークはC, 01の上にCを探して答は土曜日である．

(ii) 他の使い方……例えば1983年の何月に13日が金曜日となるか？83の上で金曜日のマークを探すとBである．13日の横へ行きマークBを探すと5月の下にいる．……答：5月．

さてどうしてこの表がうまくいくのか？ その理由を考えて頂きたい．

4. 同様の表が日の十二支(子，丑，寅，卯，…，戌，亥)についても作れる(図1.0.3参照)．例えば1983年の7月24日は何の日か？……7月と

24日の交叉点のマークはLである．83から16の倍数を引いて83−16×5＝3は表中の年(1903年)である．3の上のマークLを探して横へ行けば……答：丑の日．この表についても，前問と同様，どうしてなのかを考えていただきたい．さらに進んで1周期の長さが7や12(問題3,4)以外の場合も考えてみられたい．

	3 ①	12	10	8	6 2	4 ②		11	9		7	5 1	月／日
子	A	B	C	D	E	F	G	H	I	J	K	L	1 13 25
丑	L	A	B	C	D	E	F	G	H	I	J	K	2 14 26
寅	K	L	A	B	C	D	E	F	G	H	I	J	3 15 27
卯	J	K	L	A	B	C	D	E	F	G	H	I	4 16 28
辰	I	J	K	L	A	B	C	D	E	F	G	H	5 17 29
巳	H	I	J	K	L	A	B	C	D	E	F	G	6 18 30
午	G	H	I	J	K	L	A	B	C	D	E	F	7 19 31
未	F	G	H	I	J	K	L	A	B	C	D	E	8 20
申	E	F	G	H	I	J	K	L	A	B	C	D	9 21
酉	D	E	F	G	H	I	J	K	L	A	B	C	10 22
戌	C	D	E	F	G	H	I	J	K	L	A	B	11 23
亥	B	C	D	E	F	G	H	I	J	K	L	A	12 24
19××	3 ⑫	10	1 17	⑧ 15	6	13	④ 11	2 18	9	7 ⑯	14	5	年(16年周期)

図1.0.3

第2章
式が表わす図形

§1 直線の方程式

座標平面 $\Gamma(O;E,F)$ において x 軸の正の向きを東，y 軸の正の向きを北として方角を定める(図2.1.1)．これは地図を広げて眺めるときの状況である．(北方を示すために地図では記号 ⊕ が使ってある.)したがって南は y 軸の負の向き，西は x 軸の負の向きである.

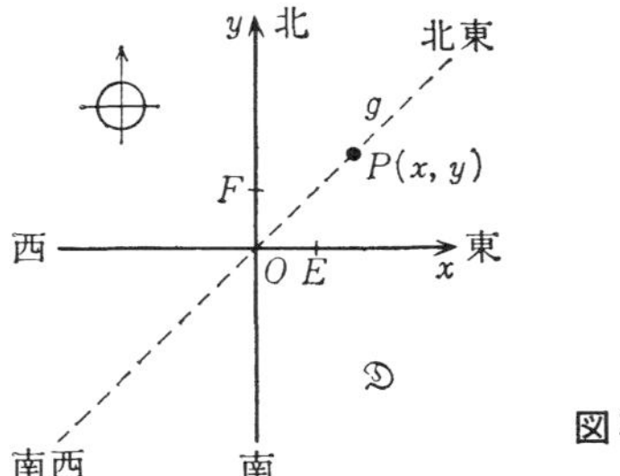

図2.1.1

さて原点 O を通り南西から北東に向かう直線を g としよう．そして点 $P(x,y)$ が g 上にあるための必要十分条件を考えよう．それは中学校で学んだように

(1) $$x=y$$

である．(1)を，**直線 g を表わす方程式**，あるいは簡潔に**直線 g の方程式**という．そして g を“直線 $x=y$”と呼ぶ.

ついでに不等式

(2) $$x>y$$

を考えよう．そして，座標(x,y)が不等式(2)を満たすような(Γ上の)点$P(x,y)$の全体$\mathfrak{D}$(デー)はどんな領域となるかを考えよう．これもすぐわかるように，直線gによって分割された平面Γの2つの部分(それぞれを**半平面**――厳密には開半平面――という)のうち，点Eを含む方が求めるものである．(もちろん直線g上の点は除く.) gを直線$x=y$と呼んだように，$\mathfrak{D}$を“半平面$x>y$”と呼ぶ．

問1　不等式$x<y$の表わす領域は何か．

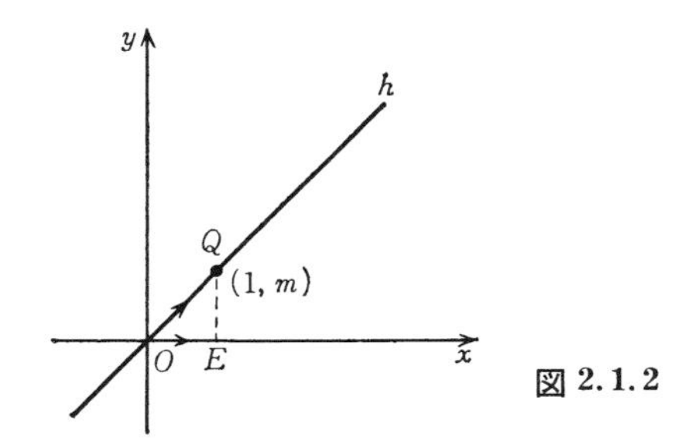

図 2.1.2

一般に原点Oを通る直線hを考えよう．hの方程式はどうなるであろうか？(図2.1.2)

hがy軸と一致するときは，“点$P(x,y)$がh上にある”$\Longleftrightarrow$“$x=0$”となるから，y軸の方程式は

$$x=0 \tag{3}$$

である．hがy軸と一致しないときは，これも中学校で学んだように

$$y=mx \tag{4}$$

がhの方程式である．mを直線hの**傾き**という．これは図2.1.2に見られるように，hを“点Oを通る坂道”と考えるとき，x軸上の基準点Eの真上($m<0$なら真下)にあるh上の点Qの高さがmとなるからである．すなわち，Oから出発して坂道hを右へ進んだとしよう．このとき水平面(今の場合はx軸)上で対応する点が単

位距離1だけ進む間に高さが出発時より m だけ増えることになる．つまり m は坂道 h の勾配を示す量だからである．もし $m=0$ ならば，h は x 軸と一致する．よって h は水平である．もし $m<0$ なら h は O を通り，h 上の点 $(\neq O)$ は第 II 象限または第 IV 象限中にある．よって h は下降する．

中学校で学んだことをもう少し思い出せば，直線の方程式は次のようになる．

(イ)　直線 h が y 軸に平行であるとき(図 2.1.3)．

(5)　$$x=a \qquad (a \text{ は定数})$$

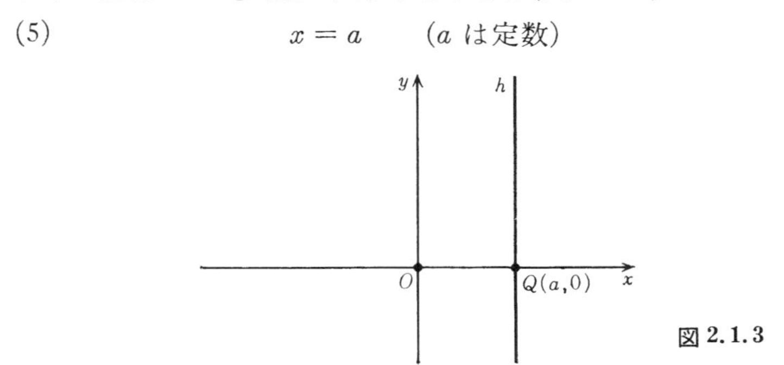

図 2.1.3

(ロ)　直線 h が y 軸に平行でないとき(図 2.1.4)．

(6)　$$y=mx+b \qquad (m, b \text{ は定数})$$

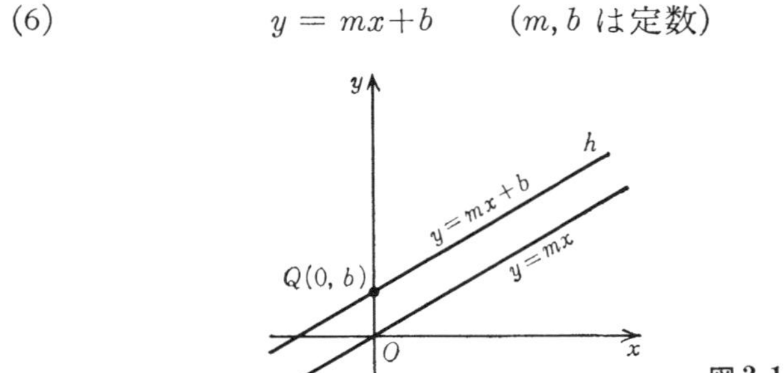

図 2.1.4

$b=0$ ならば，h は原点 O を通る．$b\neq 0$ ならば，b は h と y 軸の交点 Q の y 座標である．つまり h による y 軸の‘切り口’Q の y 軸上

の位置を示す量が b である．それゆえ b を直線 $y=mx+b$ の **y 切片**という．直線(6)は直線 $y=mx$ と平行だから，(4)のときと同じ理由で，m を直線(6)の**傾き**という．

以上は x 軸を主体として考えているから，正確を期するなら，“x 軸を水平方向と見ての h の傾き”というべきである．しかし単に‘傾き’というときはこの意味とする．

もし(6)で $m \neq 0$ であれば，(6)を x について逆に解けば，y 軸を主体としたときの直線 h の方程式

$$x=\frac{1}{m}y-\frac{b}{m} \tag{7}$$

が得られる．このときは

$$\begin{cases} (y\text{ 軸を水平方向と見ての } h \text{ の傾き})=\dfrac{1}{m} \\ (h \text{ の } x \text{ 切片})=-\dfrac{b}{m} \end{cases} \tag{8}$$

となる．

ついでに直線(5)の傾きは ∞ であるという．目もくらむ断崖絶壁が h となるからである．

点 $A(a,b)$ を通り傾きが m の直線 h の方程式は(図 2.1.5)，$m \neq \infty$

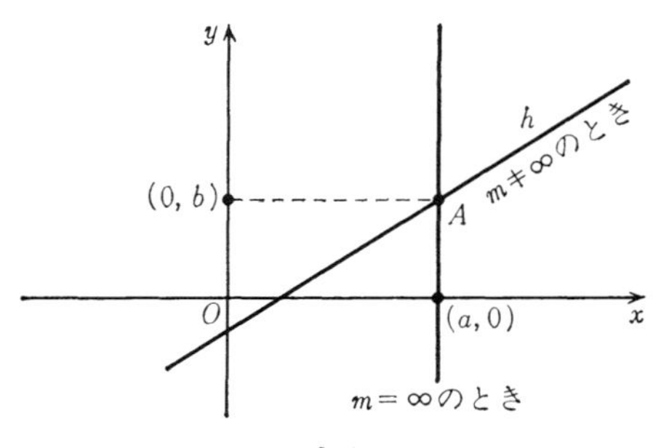

図 2.1.5

ならば

(9) $$y-b = m(x-a)$$

となる．もし $m=\infty$ ならば

(10) $$x = a$$

となる．

では次に，相異なる 2 点 $A(a_1, b_1), B(a_2, b_2)$ を通る直線 h の方程式はどうなるか？

(＊) **$\boldsymbol{a_1=a_2}$ の場合** h は y 軸に平行となるから

$$x = a_1 (= a_2)$$

が求める方程式である．

(＊＊) **$\boldsymbol{a_1 \neq a_2}$ の場合** h の傾きをひとまず m とおいてみる．すると(9)により求める方程式の形は

(11) $$y-b_1 = m(x-a_1)$$

となる．点 $B(a_2, b_2)$ が直線(11)上にあるから，(11)へ $x=a_2$，$y=b_2$ を代入しても，(11)が成り立つはずである．すなわち

$$b_2-b_1 = m(a_2-a_1)$$

(12) $$\therefore \quad m = \frac{b_2-b_1}{a_2-a_1}$$

これを(11)へ代入して，求める方程式は

(13) $$y-b_1 = \frac{b_2-b_1}{a_2-a_1}(x-a_1)$$

となる．**傾き $\boldsymbol{m}$ を与える公式**として(12)もついでに得られたわけである．

以上では直線 h の方程式を書くに当って，h が y 軸と平行であるか否かを常に意識し，それに応じて場合をわけた．しかしこれは煩わしいので，こんな‘場合わけ’をしないでも済む**直線の方程式の一般形**を述べておこう．それは次の形である．

(14)　$$\alpha x+\beta y+\gamma = 0$$

ただしここで α(アルファ)，β(ベータ)の少なくとも一方は0でないものとする．なぜなら，$\alpha=\beta=0$ ならば(14)は

(15)　$$0\cdot x+0\cdot y+\gamma = 0$$

の形となる．これを満たす(x, y)は，γ(ガンマ)が0であれば任意の(x, y)でよい．すなわち，$\alpha=\beta=\gamma=0$ のときは，(14)は**全平面 $\boldsymbol{\Gamma}$ を表わす**．γ が0でなければ，(15)を満たす(x, y)は存在しない．すなわち(14)は**空集合を表わす**．

そこで $\alpha\neq 0$ または $\beta\neq 0$ の少なくとも一方が成り立つとしよう．(もちろん両方が成り立っていても差支えない．) もし $\beta\neq 0$ ならば，(14)の両辺を β で割って移項すれば，(14)は

$$y = -\frac{\alpha}{\beta}x-\frac{\gamma}{\beta}$$

となる．これは，傾きが $-\dfrac{\alpha}{\beta}$ で，y 切片が $-\dfrac{\gamma}{\beta}$ である直線の方程式である．同様に $\alpha\neq 0$ のときは，(14)は

$$x = -\frac{\beta}{\alpha}y-\frac{\gamma}{\alpha}$$

となる．これは y 軸を水平方向と見ての傾きが $-\dfrac{\beta}{\alpha}$ で，x 切片が $-\dfrac{\gamma}{\alpha}$ である直線の方程式である．

念のために α, β の一方のみが $=0$ である場合も述べておこう．

$\alpha=0,\ \beta\neq 0$ のとき	(14)は直線 $y=-\dfrac{\gamma}{\beta}$ を表わす． これは x 軸に平行である．
$\alpha\neq 0,\ \beta=0$ のとき	(14)は直線 $x=-\dfrac{\gamma}{\alpha}$ を表わす． これは y 軸に平行である．

問2　2点$(1, 2)$，$(3, 4)$を通る直線の方程式を書け．

問3　点$(1,2)$を通り，傾きが1の直線の方程式を書け．

問4　上問2,3の2つの直線は一致するか．

問5　3点$(1,2)$, $(3,4)$, $(5,6)$は同一直線上にあるか．

問6　点$(1,2)$を通り，x軸に平行な直線の方程式を書け．またy軸に平行な直線の方程式も書け．

問7　3点$(1,2)$, $(3,4)$, $(100,c)$が同一直線上にあるようにcの値を定めよ．

問8　2つの方程式

$$\alpha x+\beta y+\gamma=0 \qquad (\alpha\neq 0 \text{ または } \beta\neq 0)$$

$$\alpha' x+\beta' y+\gamma'=0 \qquad (\alpha'\neq 0 \text{ または } \beta'\neq 0)$$

が同じ直線を表わすのはどういうときか．

問9　α,βのうち少なくとも一方は0でないとき，$\alpha x+\beta y+\gamma>0$および$\alpha x+\beta y+\gamma<0$はそれぞれどんな領域を表わすか．

§2　2直線の交点，ツルカメ算・イカタコ算

ツルカメ算は小学校の想い出と共に懐しく読者の心の中に残っているのではなかろうか．“ツルとカメがいくつかいて，頭数の総計は5，足数の総計は14である．ツルとカメの頭数をそれぞれ求めよ”——というタイプの問題である．別にツルとカメの必要はない．イカタコ算でもよい．“イカとタコがいくつかいて，頭数の総計は5，足数の総計は44である．イカとタコの頭数をそれぞれ求めよ．”——というわけである．

ツルカメ算を**座標平面上の問題に直す**ことができる．以下に見るようにツルカメ算とは座標平面上で2直線が方程式の形に与えられたとき，その**交点の座標を求める作業**のことにほかならないのである．

上述のツルカメ算の問題を考えよう．いまツルの頭数をx，カメの頭数をyとする．与えられた条件(情報)は

$$(1)\qquad \begin{cases} x+\ y=\ 5 & ① \\ 2x+4y=14 & ② \end{cases}$$

である．求めたいのは x と y の値であるが，それは座標平面上で2直線 $x+y=5$ と $2x+4y=14$ の交点の座標にほかならない．x, y の値を求めるには連立方程式(1)を解けばよい．①×4−② を作って

$$2x=6, \qquad \therefore \quad x=3$$

となる．$x=3$ を ① へ代入して $y=2$ となる．よってツルは3羽，カメは2匹となる．

ツルカメ算の古典的解法と上述の解法の関係を図2.2.1上で調べてみよう．

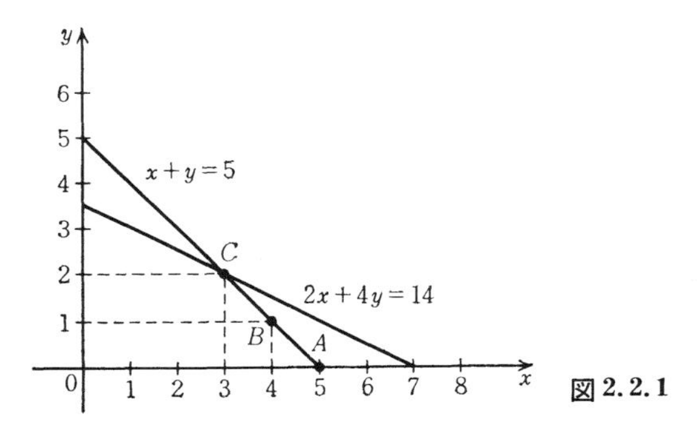

図2.2.1

古典的解法では，まず全部ツルだったとする．すると

(イ)　ツル5羽　カメ0匹……足の総数は10となり，真の数14より小さい．

そこでツルを1羽減らした場合を次に想定する．そうすると

(ロ)　ツル4羽　カメ1匹……足の総数は12となり，まだ真の数14に足りない．

そこでさらにツルを1羽減らした場合を想定する．そうすると

(ハ)　ツル3羽　カメ2匹……足の総数は14となり，みごと正

解に達する．

図2.2.1上でいえば，出発点 A から調べ始めて，B, C と進み，首尾よく正解に至るというわけである．イカタコ算でも同様である．

*　　　*　　　*

一般に，座標平面 $\Gamma(O; E, F)$ 上に2直線 g, h が与えられているとしよう．g と h の方程式がそれぞれ

$$g:\ ax+by+c=0$$

$$h:\ a'x+b'y+c'=0$$

であるとする．2直線 g と h の交点を求めよう．交点の座標は g, h 両方の方程式を満たすから，連立1次方程式

$$(2)\qquad \begin{cases} ax+by=-c & ③ \\ a'x+b'y=-c' & ④ \end{cases}$$

の解 (x_0, y_0) を求めれば交点がわかる．(2)はツルカメ算の一般形である．(2)を解くため，まず ③ に着目する．a, b の少なくとも一方が $\neq 0$ であるから，例えば $b\neq 0$ としよう．すると ③ は

$$y=-\frac{a}{b}x-\frac{c}{b}$$

となる．これを ④ へ代入すると

$$a'x+b'\left(-\frac{a}{b}x-\frac{c}{b}\right)=-c'$$

となる．これを書き直せば(x について整頓して)

$$\left(a'-\frac{b'a}{b}\right)x=\frac{b'c}{b}-c'$$

となる．分母 b を両辺に掛けると

$$(3)\qquad (ba'-b'a)x=b'c-bc'$$

となる．これを解けば，交点の x 座標が求まることになる．そうすれば，その x の値を ③ に代入して，交点の y 座標も求められる．

しかし，ちょっと気掛りな点がないわけではない．(3)を解けば……と上で述べたが，(3)が解をもたぬ場合(**不能の場合**)もあるし，また(3)の解が無数にあって1つに定まらぬ場合(**不定の場合**)もある．それを調べておこう．

不能の場合

これは，(3)の右辺 $b'c-bc'$ が $\neq 0$ で，(3)の左辺の x の係数 $ba'-b'a$ が $=0$ の時である．この時は g と h とは交点をもたない．すなわち **g と h とは互いに平行である．**

不定の場合

これは(3)の左辺も右辺も0の場合，すなわち $b'c=bc'$，$ba'=b'a$ の場合である．すると任意の実数 x が(3)を満たすことになる．さて上の条件は $b'/b=k$ とおけば

(4) $$a'=ak, \quad b'=bk, \quad c'=ck$$

を意味する．よって直線 h の方程式は

(5) $$k(ax+by+c)=0$$

となる．さて a', b' の少なくとも一方は $\neq 0$ だから(4)より $k\neq 0$ である．よって h の方程式(5)は直線 g の方程式 $ax+by+c=0$ と同値である．すなわち，この場合には，**2直線 g と h とは一致する．**

さて(3)に戻ろう．もし(3)における x の係数 $ba'-b'a$ が $\neq 0$ なら，(3)の解 $x=x_0$ は

(6) $$x_0=\frac{b'c-bc'}{ba'-b'a}$$

と定まる．これを ③ または ④ に代入すると交点の y 座標 $y=y_0$ も出る：

$$y_0=-\frac{a}{b}x_0-\frac{c}{b}=-\frac{a}{b}\,\frac{b'c-bc'}{ba'-b'a}-\frac{c}{b}$$

$$= -\frac{a(b'c-bc')+c(ba'-b'a)}{b(ba'-b'a)}$$

$$= -\frac{b(a'c-ac')}{b(ba'-b'a)} = -\frac{a'c-ac'}{ba'-b'a}$$

となる．

以上の結果は $b \neq 0$ として出したものであるが，$b=0$ のときは $a \neq 0$ となり，上と同様な推論ができる．それを実行してみれば，上と同じ結論となる．ここではいちいち詳しくは書かないが，読者は $a \neq 0$ として同様な計算を試みられたい．以上をまとめて定理の形にしよう．

定理 2.2.1　2直線

$$g:\ ax+by+c=0$$
$$h:\ a'x+b'y+c'=0$$

に対して，

（イ）　$ab'-ba' \neq 0$ ならば，g と h とはただ1点(x_0, y_0)で交わる．

そして x_0, y_0 は次の公式

$$x_0 = \frac{b'c-bc'}{ba'-b'a}, \qquad y_0 = -\frac{a'c-ac'}{ba'-b'a}$$

で与えられる．

（ロ）　$ab'-ba'=0$ ならば次の2つの場合が起る．

（＊）　$b'c-bc' \neq 0$ の時は，g と h とは平行であって，交点がない．

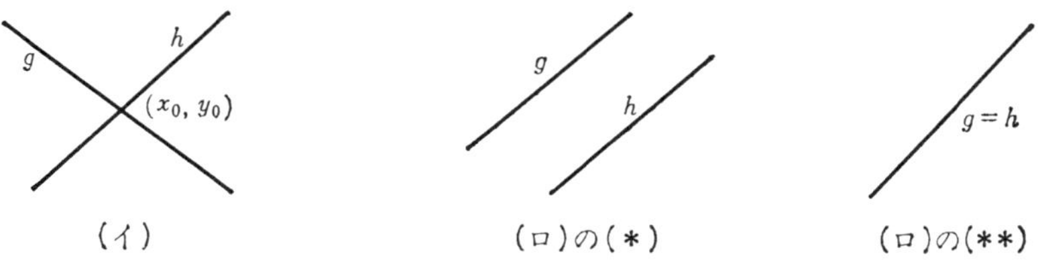

図 2.2.2

(＊＊)　$b'c-bc'=0$ の時は，g と h とは一致する．

注意　ツルカメ算やイカタコ算の場合はいつも(イ)の場合である．

問1　2直線 g, h が次のように与えられているとき，定理2.2.1のどの場合に属するかを判定し，1点で交わる場合には交点の座標も求めよ．また，グラフを描いてそのことを確かめよ．

(i)　g: $x+y-5=0$

　　h: $10x+8y-44=0$

(ii)　g: $2x-y+6=0$

　　h: $4x-2y+12=0$

(iii)　g: $x-y-1=0$

　　h: $-x+y-1=0$

例題1　点$(1, -2)$を通り，直線 $2x-3y-4=0$ に平行な直線の方程式を求めよ．

解　求める直線の方程式を $ax+by+c=0$ とおく．定理2.2.1より((ロ)の(＊)を用いて)

$$(\sharp)\qquad \begin{cases} 2b-(-3)a=0, \\ -4b-(-3)c\neq 0 \end{cases}$$

となる．よって

$$b=-\frac{3}{2}a \qquad ①$$

となる．

点$(1, -2)$は直線 $ax+by+c=0$ 上にあるから

$$a-2b+c=0 \qquad ②$$

ここへ①を代入して

$$c=2b-a=-3a-a=-4a$$

となる．よって求める直線の方程式は

$$ax-\frac{3}{2}ay-4a=0$$

となる．両辺を a で割ってよい．(もし $a=0$ なら $b=-\frac{3}{2}a$ も 0 となり，a も b も 0 となって，$ax+by+c=0$ が直線の方程式となれない！) さらに見やすくするために分母 2 を払うと

$$2x-3y-8=0$$

となる．これが求める直線の方程式である．((♯)第 2 式も OK.)

問 2　2 点 $(-1,3)$, $(4,2)$ を通る直線を g とする．点 $(2,4)$ を通り g に平行な直線の方程式を書け．

§3　2点間の距離の公式(ピタゴラスの定理の化けた形)

座標平面 $\Gamma(O;E,F)$ 上の 2 点 O と $P(3,4)$ の間の距離 $\overline{OP}$ を求めよう(図 2.3.1)．点 $(3,0)$ を Q とすれば，三角形 OQP は直角三角形($\angle PQO$ が直角)である．よってピタゴラスの定理(三平方の定理)により

(1)
$$\overline{OP}^2=\overline{OQ}^2+\overline{QP}^2$$

が成り立つ．よって $\overline{OP}$ を求めるには $\overline{OQ}$, $\overline{PQ}=\overline{QP}$ を求めればよい．ところが点 $(0,4)$ を R とすると，$OQPR$ は矩形(長方形)となる．よって $\overline{QP}=\overline{OR}$ である．

さて x 軸上で点 Q の座標が 3 であるから，座標直線(第 1 章)のところでやったように，$\overline{OQ}=3$ である．同様に y 軸上で点 R の座標が 4 であるから，$\overline{OR}=4$ である．よって(1)より

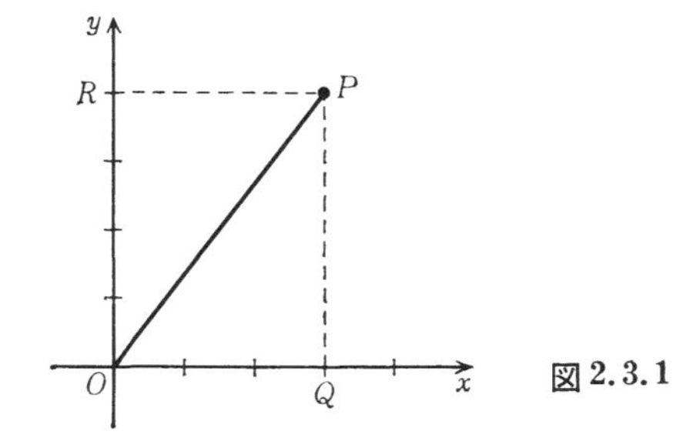

図 2.3.1

$$\overline{OP}^2 = 3^2+\overline{QP}^2 = 3^2+4^2 = 25$$

$$\therefore \quad \overline{OP} = 5$$

＊　　＊　　＊

上記の例はさらに一般化される．点 $P(a, b)$ が第 I 象限中にあれば，上と同様に公式

$$(2) \qquad \overline{OP}^2 = a^2+b^2$$

が得られる．さらに，この公式は点 P が第 II, III, IV 象限中にあっても成り立つことが上と同様にしてわかる．(座標の値が負になっても，平方すれば $\overline{OQ}^2, \overline{OR}^2$ と等しくなるから.) また点 P が x 軸または y 軸上にあるときは，座標直線の上の事実として(2)がすぐ確かめられる．

かくして，公式(2)は平面 Γ 上のすべての点 $P(a, b)$ について成り立つことがわかる．

さて公式(2)は原点$(0, 0)$と点(a, b)の間の距離の公式である．一般に平面 Γ 上の 2 点(a, b), (c, d)間の距離の公式はどうなるであろうか．例えば点 $A(1, 2)$ と点 $B(5, 8)$ の間の距離を求めてみよう(図 2.3.2)．

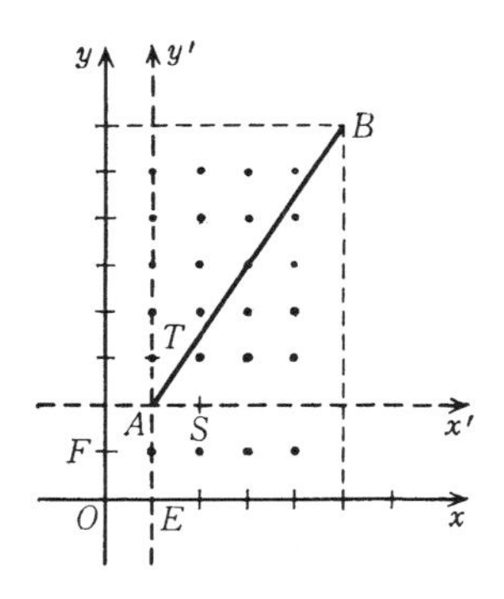

図 2.3.2

座標平面 $\Gamma(O\,; E, F)$ の基準系を**平行移動して**，新しい基準系$(A\,; S, T)$を作る．それは A を原点とし，座標軸はそれぞれもとの x 軸,

y 軸と平行であり，しかも正の向きについてもそれぞれもとの x 軸，y 軸と同じ向きとする(図 2. 3. 2)．新座標軸の x 軸，y 軸に相当するものをそれぞれ x' 軸，y' 軸と呼ぶ．**新座標系に関しては**，A が原点であり，点 B の新座標(α, β)は図からわかるように

$$\alpha = 5-1, \qquad \beta = 8-2$$

である．よって，公式(2)を新座標系に用いて

$$\overline{AB}^2 = \alpha^2+\beta^2 = 16+36 = 52$$

$$\therefore \quad \overline{AB} = \sqrt{52} = 2\sqrt{13}$$

この考え方は一般に，点 A, B の初めの基準系$(O\,;E, F)$に関する座標が上のように特定値でなくてもそのまま使える．まず A, B の座標をそれぞれ(a, b), (c, d)とする．基準系$(O\,;E, F)$を平行移動して原点が A になるようにし，新しく得られる基準系を$(A\,;S, T)$とする(図 2. 3. 3)．新基準系に関しては A, B の新座標はそれぞれ

$$(0, 0), \ (c-a, d-b)$$

となる．これは

$$c > a, \qquad d > b$$

のときは上述の実例と同様にしてわかる．大小関係が異なる場合も場合をわけて図を描いて考えれば，やはり成り立つことがわかる．

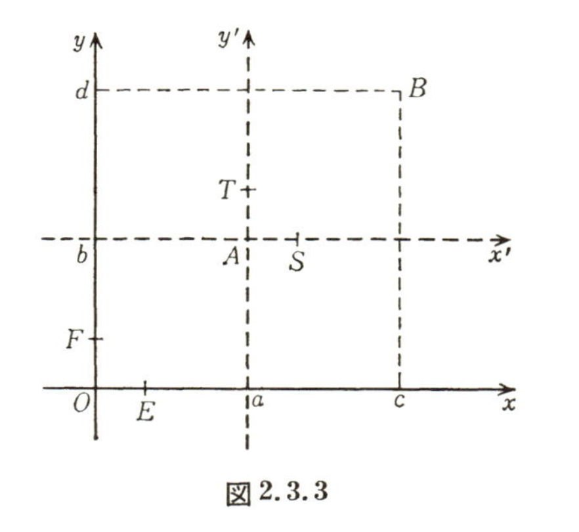

図 2.3.3

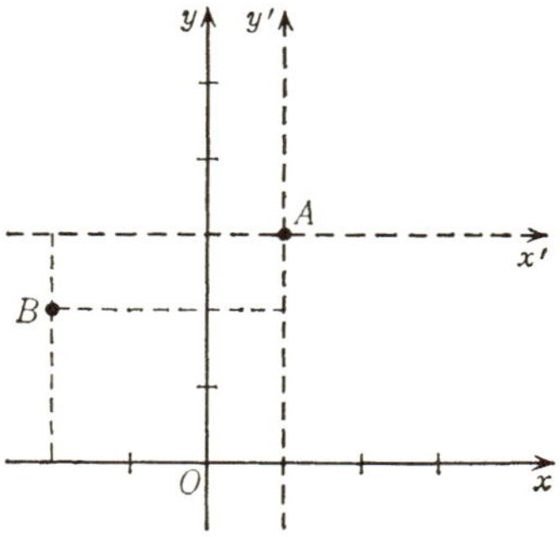

図 2.3.4

(例えば $a=1$, $c=-2$, $b=3$, $d=2$ の場合に図 2.3.4 を見て確かめて見よ．B の新座標は $(-3,-1)$ となる.) したがって，$\overline{AB}^2$ は公式 (2) を用いて得られる．すなわち次のような一般の場合の公式が得られる.

$$(3) \qquad \overline{AB}^2 = (c-a)^2 + (d-b)^2$$

公式(3)，およびこれを導くために使用した**座標軸の平行移動による旧座標と新座標の間の関係式**をまとめておこう.

定理 2.3.1 (i) 平面 Γ 上の直交軸 Oxy を Γ 上で平行移動して直交軸 $Ax'y'$ が得られたとし，x 軸と x' 軸の正の向きは一致し，また y 軸と y' 軸の正の向きも一致しているとする．さらに，Oxy 軸に関して $A=(a,b)$ とする．このとき Γ 上の点 P に対し

$$P=(x,y) \qquad (Oxy\ \text{軸で})$$
$$P=(x',y') \qquad (Ax'y'\ \text{軸で})$$

ならば，(x,y) と (x',y') の間には次の関係がある.

$$\boxed{\begin{aligned} x' &= x-a \\ y' &= y-b \end{aligned}}$$

(ii) Oxy 軸に関して $A=(a,b)$，$B=(c,d)$ ならば，2 点 A, B 間の距離 $\overline{AB}$ は次式で与えられる.

$$\overline{AB} = \sqrt{(c-a)^2 + (d-b)^2}$$

問 1 座標平面上の 2 点 $(1,3)$, $(-2,2)$ 間の距離を求めよ.

例題 1 (垂直 2 等分線) 相異なる 2 点 $A(a,b)$, $B(c,d)$ から等距離にある点 $P(x,y)$ の全体は直線をなすことを示し，かつこの直線の方程式を求めよ.

解

$$\overline{AP}^2 = (x-a)^2 + (y-b)^2$$
$$\overline{BP}^2 = (x-c)^2 + (y-d)^2$$

であるから

$$\overline{AP}=\overline{BP} \iff ① \quad (x-a)^2+(y-b)^2=(x-c)^2+(y-d)^2$$

である．① を変形すると

$$② \quad x^2-2ax+a^2+y^2-2by+b^2=x^2-2cx+c^2+y^2-2dy+d^2$$

となるから，これをさらに変形して

$$③ \quad 2(c-a)x+2(d-b)y+(a^2+b^2-c^2-d^2)=0$$

となる．ここで $A \neq B$ より，$c-a \neq 0$ または $d-b \neq 0$ の少なくとも一方が成り立つ．よって ③ は或る直線 g を表わす方程式である．$\overline{AP}=\overline{BP} \iff$ "③ の成立" であるから，求める点 P の全体は直線 ③ となる．

注意　線分 AB の中点 M は $\overline{AM}=\overline{MB}$ を満たすから g 上にある．実は，g は M を通り AB と直交する直線 g^* と一致することを示そう．(このため g を線分 AB の**垂直2等分線**という.)

g^* 上に任意に点 P をとる．P が g 上にあること，すなわち $\overline{AP}=\overline{BP}$ を満たすことをいえばよい．(そうすれば直線 g^* が直線 g に含まれることになるから，g^* と g とは一致せざるを得ない!) まず $P=M$ のときはよい．$P \neq M$ とすると図 2.3.5 で 2 つの三角形 AMP と BMP はどちらも(M を直角の頂点にもつような)直角三角形である．よってピタゴラスの定理が使えて

$$\overline{AP}^2=\overline{AM}^2+\overline{MP}^2 \quad および \quad \overline{BP}^2=\overline{BM}^2+\overline{MP}^2$$

が得られる．しかし $\overline{AM}=\overline{MB}$($\because$ M は線分 AB の中点)を思い出

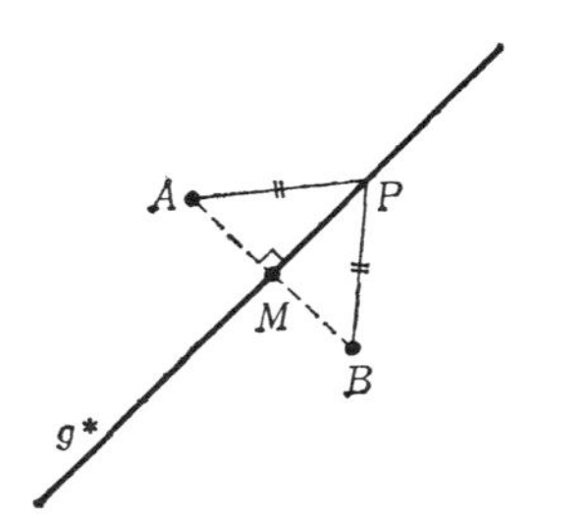

図2.3.5

せば上の2式より $\overline{AP}^2=\overline{BP}^2$,　∴　$\overline{AP}=\overline{BP}$. よって P は g 上にある. これで $g=g^*$ が示された.

問2　2点 $(3,4)$, $(5,6)$ を結ぶ線分の垂直2等分線の方程式を求めよ.

問3　$A=(3,4)$, $B=(5,6)$ とするとき, $\overline{AP}<\overline{BP}$ を満たす点 P の全体はどんな領域をなすか. また, その領域を表わす式を求めよ.

§4　円の方程式

座標平面 $\Gamma(O\,;E,F)$ 上で原点 O を中心とし, 半径が r(r は正の数)の円を c とする(図2.4.1). 点 $P(x,y)$ が円 c 上にあるための必要十分条件を与えるような x,y 間の関係式, すなわち, 円 c の方程式を求めよう.

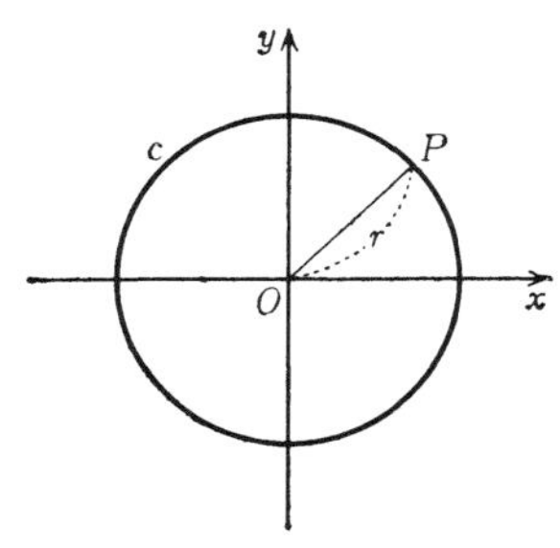

図2.4.1

$\overline{OP}=r$ が, P が c 上にあるための必要十分条件だから, **これを x, y 間の関係式に直せばよい**. $r>0$ だから $\overline{OP}=r \Longleftrightarrow \overline{OP}^2=r^2$ である. ところが§3の $\overline{OP}^2$ を与える公式(2)により, $\overline{OP}^2=x^2+y^2$ である. よって円 c の方程式は

(1)
$$x^2+y^2=r^2$$

となる.

問1　(i)　原点を中心とする半径2の円の方程式を求めよ.

(ii)　$(1,1)$ を中心とする半径 $\sqrt{2}$ の円の方程式を求めよ.

(iii)　2点 $(0,0)$, $(3,4)$ を直径の両端とするような円の方程式を求めよ.

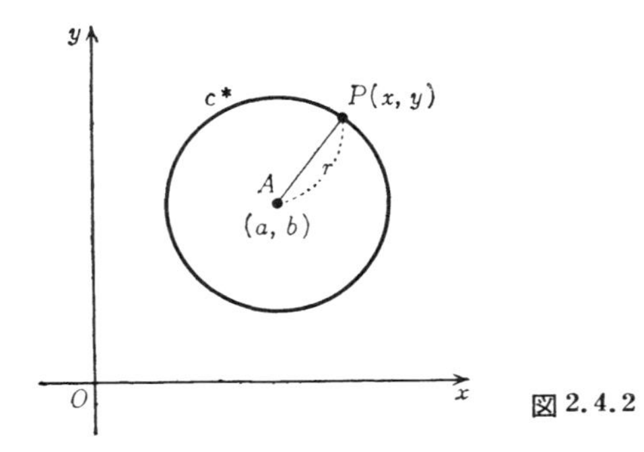

図 2.4.2

問 2　不等式 $x^2+y^2>r^2$ および $x^2+y^2<r^2$ は，それぞれどんな領域を表わすか．

より一般に点 $A(a, b)$ を中心とし，半径が $\boldsymbol{r}$ の円 $\boldsymbol{c}^*$ の方程式も上と同様に求められる(図 2.4.2)．点 $P(x, y)$ が円 $\boldsymbol{c}^*$ 上にあるための必要十分条件は $\overline{AP}=r \Leftrightarrow \overline{AP}^2=r^2(\because\ r>0)$ だから，§3 の公式(3)により，この条件は

$$(2)\qquad (x-a)^2+(y-b)^2=r^2$$

上の式(2)の左辺を展開してみよう．すると(2)は

$$(2')\qquad x^2-2ax+y^2-2by+(a^2+b^2-r^2)=0$$

の形に書き直される．(2′)の左辺は次のようにさらに書き直される．

$$(3)\qquad x^2+y^2+\alpha x+\beta y+\gamma=0$$

ただし，$\alpha=-2a$，$\beta=-2b$，$\gamma=a^2+b^2-r^2$ である．方程式(3)の左辺の特徴は x, y の特殊な形の 2 次式 x^2+y^2 と，x, y の一般の形の 1 次式 $\alpha x+\beta y+\gamma$ との和の形をしているということである．一般にこのような形の方程式(3)は，つねに平面 Γ 上の或る円を表わすであろうか．例えば α, β, γ の間に**何らかの関係が成立する必要はないであろうか？**

(3)が α, β, γ のいかんにかかわらずいつも或る円の方程式にな

る——というわけには実はゆかないのである．それは，例えば $\alpha=\beta=0$，$\gamma=1$ の場合を見ればよい．(3)は

$$(3') \qquad x^2+y^2+1=0$$

となる．しかし x, y がどのような実数であっても(3′)の左辺は >0 となり，$=0$ とはならない．すなわち(3′)という方程式を満たす点 (x, y) は存在しない．すなわち(3′)は**空集合を表わす**方程式である．

次に $\alpha=\beta=\gamma=0$ の場合はどうであろうか．(3)は

$$(3'') \qquad x^2+y^2=0$$

となる．これを満たす実数 (x, y) は $x=0$，$y=0$ に限る．したがって，方程式(3″)は**原点 O を表わし**，円の方程式ではない．

そこで，α, β, γ の間にどのような関係があれば(3)が円の方程式(2)(ただし $r>0$)と一致するか——を考えてみよう．そのとき a, b, r と α, β, γ の間に上述の関係があるから，

$$(4) \qquad a=-\frac{\alpha}{2}, \qquad b=-\frac{\beta}{2}$$

$$(5) \qquad r^2=a^2+b^2-\gamma=\frac{\alpha^2+\beta^2-4\gamma}{4}$$

となる．よって，α, β, γ が与えられたとき，a, b, r は(4)，(5)で定めればよい．ただし $r>0$ となる必要があるから，(5)を満たす $r>0$ が存在するための必要十分条件として

$$(6) \qquad \alpha^2+\beta^2-4\gamma>0$$

が得られる．すなわち，方程式(3)が**或る円の方程式となるための必要十分条件は(6)**である．

ついでに

$$(7) \qquad \alpha^2+\beta^2-4\gamma=0$$

ならば(5)の r は $r=0$ に限るから，(4)を用いて(3)が

$$(8) \qquad (x-a)^2+(y-b)^2=0$$

と書き直される．これの解は $x=a$, $y=b$ に限るから，(7)のとき(3)は**1点$(\boldsymbol{a}, \boldsymbol{b})$を表わす**．(これを，(3)は**点円**を表わすともいう．)

さらに

$$\alpha^2+\beta^2-4\gamma < 0 \tag{9}$$

のときは，(4)を用いて(3)が

$$(x-a)^2+(y-b)^2 = \alpha^2+\beta^2-4\gamma \tag{10}$$

と書き直される．これの解(x, y)は存在しない．すなわち(9)の場合には(3)は**空集合を表わす**．

以上を定理の形にまとめよう．

定理 2.4.1 座標平面 Γ 上において，方程式

$$x^2+y^2+\alpha x+\beta y+\gamma = 0$$

の表わす図形は $\alpha^2+\beta^2-4\gamma$ の値に応じてそれぞれ次のようになる．

(i) $\alpha^2+\beta^2-4\gamma>0$ のときは中心 $\left(-\dfrac{\alpha}{2}, -\dfrac{\beta}{2}\right)$，半径 $r=\sqrt{\alpha^2+\beta^2-4\gamma}\ /2$ の円

(ii) $\alpha^2+\beta^2-4\gamma=0$ のときは1点 $\left(-\dfrac{\alpha}{2}, -\dfrac{\beta}{2}\right)$

(iii) $\alpha^2+\beta^2-4\gamma<0$ のときは空集合

問3 方程式 $x^2+y^2-6x-8y=0$ の表わす図形は円，点，空集合のいずれであるか．円のときは中心の座標と半径の値を求めよ．

問4 方程式 $x^2+y^2-6x-8y+\gamma=0$ の表わす図形が円になるためには，γ はどんな範囲にあればよいか．

問5 3点 $A(1,2), B(0,4), C(-3,0)$ を通る円 c の方程式を求めよ．さらに，その中心の座標と半径の値をも求めよ．(円 c を三角形 ABC の**外接円**という．円 c の中心を三角形 ABC の**外心**という．)

問6 2点 $A(2,1), B(4,3)$ に対し，

(i) $\overline{AP}=2\overline{BP}$ となる点 P 全体の集合はどんな図形をなすか．またその方程式を求めよ．

(ii) k を正の定数とするとき，$\overline{AP}=k\overline{BP}$ となる点 P 全体の集合は，k の値に応じてどんな図形をなすか．

§5　楕円の方程式

平面 Γ 上の2点 F, F^*(ただし $F \neq F^*$)が与えられているとき，Γ 上の点 P であって，“P から F と F^* へ至る距離の和 $\overline{PF}+\overline{PF^*}$ が与えられた一定値 l(ただし $\overline{FF^*}<l$ とする)に等しい”という条件を満たすような P の全体は1つの曲線 c を描く．c を実験により見いだすには(図2.5.1)，画用紙を平面 Γ と想定し，次に，長さ l の糸の両端にピンをとりつけ，その2つのピンを点 F, F^* に想定した画用紙上の2点に刺して固定する．次によくとがらした鉛筆の先端で，F, F^* 間にたるんでいる糸を一杯に張りながら，鉛筆を動かしていく．すると画用紙上に1つの曲線が描かれる．

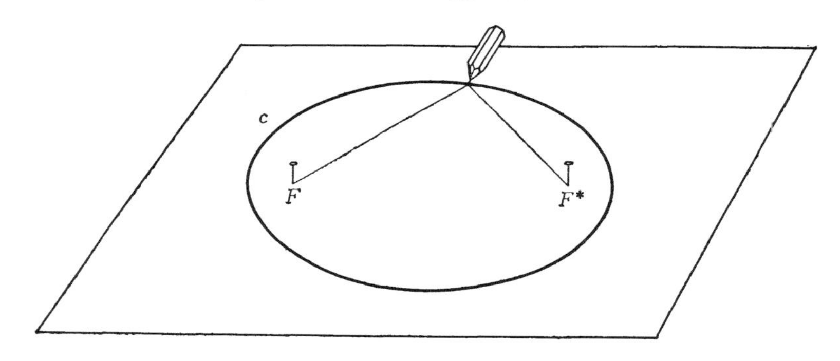

図2.5.1

c を F, F^* を**焦点**とする**楕円**という．Γ 上に1つの座標軸を設定して，Γ を座標平面化する．原点 O としては線分 FF^* の中点をとる．x 軸としては直線 FF^* をとり，y 軸としては線分 FF^* の垂直2等分線をとる．次に x 軸の正の向きとしては点 F から点 F^* に向かう向きをとる．y 軸の正の向きとしては F を左側に見つつ，そして F^* を右側に見ながら進む向きをとる(図2.5.2)．

すると F, F^* の座標はそれぞれ$(-f, 0)$，$(f, 0)$の形となる．($f>0$ である.) そして点 $P(x, y)$ が楕円 c 上にあるための条件式は

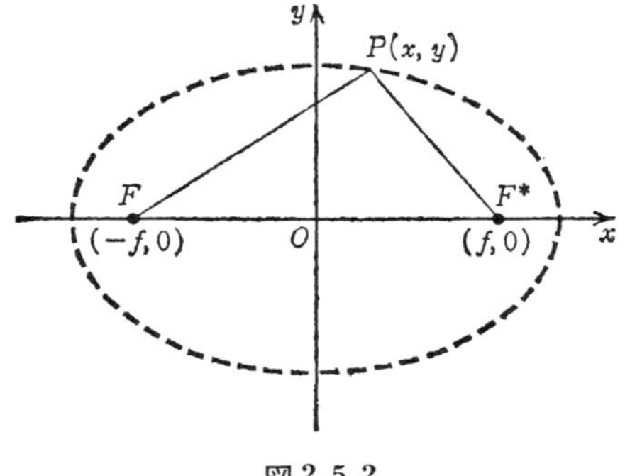

図 2.5.2

(1) $$\overline{PF}+\overline{PF^*}=l$$

である．これを座標で書くと

(1′) $$\sqrt{(x+f)^2+y^2}+\sqrt{(x-f)^2+y^2}=l$$

となる．(1′)を c の方程式と呼んでもよいのだが，(1′)の左辺に平方根号 $\sqrt{}$ ががんばって居座っているのが目ざわりである．これを"(x, y の整式)$=0$"の形の方程式に直してみよう．(1′)から

(1″) $$\sqrt{(x+f)^2+y^2}=l-\sqrt{(x-f)^2+y^2}$$

両辺を平方して

(1‴) $$(x+f)^2+y^2=l^2+(x-f)^2+y^2-2l\sqrt{(x-f)^2+y^2}$$

となる．これを整理して

(1*) $$4fx-l^2=-2l\sqrt{(x-f)^2+y^2}$$

となる．両辺を平方すると

(1**) $$16f^2x^2-8l^2fx+l^4=4l^2(x^2-2fx+f^2+y^2)$$

となる．これを整理すると，

(2) $$(4l^2-16f^2)x^2+4l^2y^2=l^2(l^2-4f^2)$$

となる．仮定より $2f=\overline{FF^*}<l$ であるから，$l^2-4f^2>0$ である．(2)の両辺を $l^2(l^2-4f^2)$ で割れば

$$(2') \qquad \frac{x^2}{\left(\frac{l}{2}\right)^2}+\frac{y^2}{\left(\frac{\sqrt{l^2-4f^2}}{2}\right)^2}=1$$

となる．いま

$$(3) \qquad a=\frac{l}{2}, \qquad b=\frac{\sqrt{l^2-4f^2}}{2}$$

とおくと，$a>b>0$ であり，$(2')$は

$$(4) \qquad \frac{x^2}{a^2}+\frac{y^2}{b^2}=1 \qquad (a>b>0)$$

となる．これで楕円 c 上の点(x, y)は方程式(4)を満たすことがわかった．逆に(4)を満たす点(x, y)が$(1')$すなわち(1)を満たすことも確かめられる．なぜならそのとき

$$|x| \leqq a=\frac{l}{2}, \qquad |y| \leqq b=\frac{\sqrt{l^2-4f^2}}{2}$$

となるから，$4fx-l^2<4\cdot\frac{l}{2}\cdot\frac{l}{2}-l^2=0$ および

$$(x-f)^2+y^2 \leqq \left(\frac{l}{2}+f\right)^2+\frac{l^2-4f^2}{4}=\frac{l(l+2f)}{2}<l^2$$

$$(\because \quad 0<2f<l)$$

を得る．よって $l>\sqrt{(x-f)^2+y^2}$ となるから，(4)から出発して(4)$\to(2')\to(2)\to(1^{**})\to(1^*)\to(1''')\to(1'')\to(1')\to(1)$ の順に逆にたどれる．よって(4)から(1)が出るから，**(4)が楕円 c の方程式である．**

方程式(4)で楕円が与えられたとき，長さ l および c の焦点 $F(-f, 0)$，$F^*(f, 0)$を求めるには，a, b と l, f の関係(3)を使えばよい．

問1　2点 $F(-2, 0)$, $F^*(2, 0)$ を焦点とし，$l(=\overline{PF}+\overline{PF^*})=5$ である楕円の方程式を求めよ．

問2　楕円 $\frac{x^2}{25}+\frac{y^2}{9}=1$ の2焦点 F, F^* の座標および l の値を求めよ．

問 3　2点 $F(-1,-1)$，$F^*(1,1)$ を焦点とし，$l=4$ である楕円の方程式を，本文と同様の方法で求めよ．

§6　双曲線の方程式

平面 Γ 上に2点 F, F^* (ただし $F \neq F^*$) が与えられているとき，Γ 上の点 P であって，“P から F と F^* へ至る距離の差 $|\overline{PF}-\overline{PF^*}|$ が与えられた一定値 l (ただし $0<l<\overline{FF^*}$ とする) に等しい”という条件を満たすような P の全体は1つの曲線 c を描く．c を F, F^* を**焦点**とする**双曲線**という．

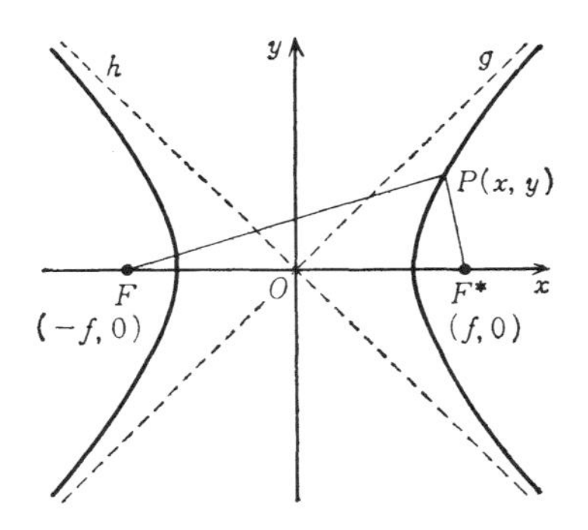

図 2.6.1

双曲線の方程式を求めよう．座標軸のとり方は§5の楕円のときと同様にとる(図 2.6.1)．すると点 F, F^* の座標はそれぞれ $(-f,0)$，$(f,0)$ となる．($f>0$ である．) そして点 $P(x,y)$ が c 上にあるための必要十分条件は

(1)　$\left|\sqrt{(x+f)^2+y^2}-\sqrt{(x-f)^2+y^2}\right| = l \qquad (0<l<2f)$

となる．これは

$$\sqrt{(x+f)^2+y^2}-\sqrt{(x-f)^2+y^2} = \pm l$$

と同値である．すなわち

$$\sqrt{(x+f)^2+y^2} = \sqrt{(x-f)^2+y^2} \pm l$$

となる．両辺を平方して整理すると

$$4fx-l^2 = \pm 2l\sqrt{(x-f)^2+y^2}$$

となる．さらに両辺を平方すると§5の(2)が出る：

(2)
$$(4l^2-16f^2)x^2+4l^2y^2 = l^2(l^2-4f^2)$$

しかし今の場合は仮定が $0<l<2f$ であるから，$l^2-4f^2<0$ である．そこで

(3)
$$a = \frac{l}{2}, \qquad b = \frac{\sqrt{4f^2-l^2}}{2}$$

とおくと，(2)は両辺を $l^2(l^2-4f^2)$ で割って

(4)
$$\frac{x^2}{a^2}-\frac{y^2}{b^2} = 1 \qquad (a>0,\ b>0)$$

となる．(4)から逆に(1)が導けることも楕円の場合と同様にやればわかる．よって**(4)が双曲線 c の方程式である**．(4)だけを知って一定値 l と焦点 $F(-f,0)$，$F^*(f,0)$ を求めるには(3)を使えばよい．

(4)の右辺を0とした方程式

(5)
$$\frac{x^2}{a^2}-\frac{y^2}{b^2} = 0$$

は $\left(\frac{x}{a}-\frac{y}{b}\right)\left(\frac{x}{a}+\frac{y}{b}\right)=0$ と因数分解した形に書き直せるから，2直線

$$g: \quad y = \frac{b}{a}x$$

および

$$h: \quad y = -\frac{b}{a}x$$

からなる図形を表わす．この g, h を双曲線 c の**漸近線**という．それは双曲線 c 上の点 P が c 上を無限の遠方に去っていくとき，P から g または h への距離が限りなく0に近づくことが示せるからである．つまり g と h とは限りなく c に近づいていく直線なので漸近線という名がある．

問1　2点 $F(-2,0)$，$F^*(2,0)$ を焦点とし，$l=|\overline{PF}-\overline{PF^*}|=2$ である双曲線の方程式を求めよ．またその漸近線の方程式を求めよ．さらに，双曲線の概形および漸近線を図示せよ．

問2　双曲線 $\dfrac{x^2}{9}-\dfrac{y^2}{16}=1$ の2焦点 F, F^* の座標，漸近線の方程式および l の値を求めよ．

問3　2点 $F(-1,-1)$，$F^*(1,1)$ を焦点とし，$l=2$ である双曲線およびその漸近線の方程式を，本文と同様の方法で求めよ．

§7　放物線の方程式

平面 Γ 上に直線 l と点 F があり，F は l 上にはないとする．このとき，Γ 上の点 P であって，P から l に下ろした垂線の足を P' とするとき，$\overline{PP'}=\overline{PF}$ が成り立つような点 P の全体のなす曲線 c を，F を**焦点**とし，l を**準線**とする**放物線**という．

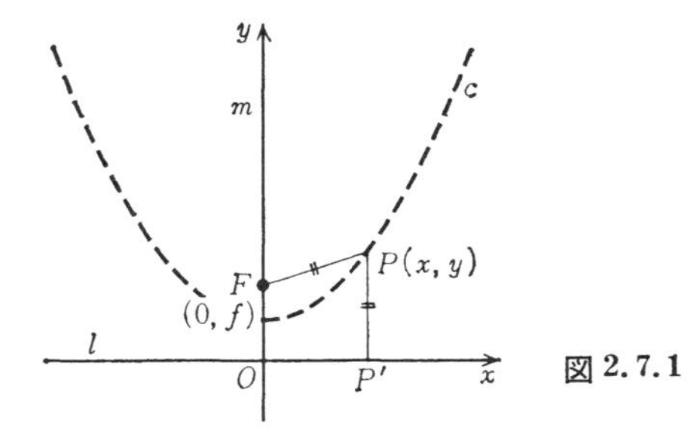

図 2.7.1

いま l を x 軸にとり，F を通って l に垂直な直線 m を y 軸にとる．x 軸の正の向きとしては，l の2つの向きのうち一方を任意に正の向きにとる．y 軸の正の向きとしては，原点 O(すなわち l と m の交点)から F へ向かう向きをとる(図 2.7.1)．このとき P の座標を (x, y) とし，F の座標を $(0, f)$ $(f>0)$ とおけば，$\overline{PP'}=|y|$ となるから，$\overline{PP'}=\overline{PF}$ という条件は，座標で書けば

(1)　$$|y|=\sqrt{x^2+(y-f)^2}$$

となる．これは(1)の両辺を平方した次式と同値である．

$$(2)\qquad y^2 = x^2+y^2-2fy+f^2$$

(2)を変形すると

$$(3)\qquad y = \frac{1}{2f}(x^2+f^2)$$

となる．**(3)が放物線 c の方程式である．**

一般に座標平面 $\Gamma(O;E,F)$ において，$y=$(x の 2 次式)の形の方程式で表わされる曲線，すなわち曲線

$$(4)\qquad y = ax^2+bx+c \qquad (a \neq 0)$$

を考えよう．もし $a<0$ ならば，原点および x 軸の正の向きはそのままにして，y 軸の正の向きを反対にすれば，点 $P(x,y)$ の座標は $P(x,-y)$ となるから，(4)は $-y=ax^2+bx+c$，すなわち $y=-ax^2-bx-c$ となる．よって曲線(4)を調べるのに $a>0$ としてもよい．次に座標軸を平行移動して，点 $\left(-\frac{b}{2a}, \frac{4ac-b^2}{4a}\right)$ を新原点 O' にとる．旧座標系で座標(x,y)をもつ点 P が新しい座標系で座標(x',y')をもつとすれば，(x,y) と (x',y') の間には定理 2.3.1, (i) により

$$(5)\qquad \begin{cases} x = x'+\alpha & \left(\text{ただし } \alpha=-\dfrac{b}{2a}\right) \\ y = y'+\beta & \left(\text{ただし } \beta=\dfrac{4ac-b^2}{4a}\right) \end{cases}$$

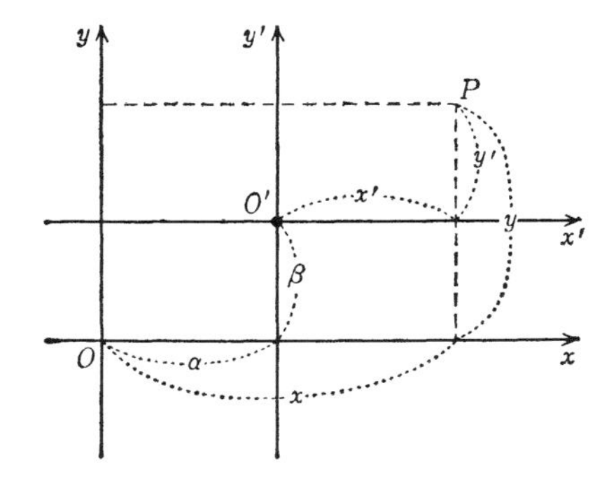

図 2.7.2

という関係がある(図 2.7.2)．よって(4)は

$$y'+\beta = a(x'+\alpha)^2+b(x'+\alpha)+c$$

すなわち

$$\begin{aligned} y' &= ax'^2+(2a\alpha+b)x'+(c+b\alpha+a\alpha^2-\beta) \\ &= ax'^2+\frac{4ac-2b^2+b^2-4ac+b^2}{4a} \end{aligned}$$

となる．これは

(6) $$y' = ax'^2$$

と一致する．よって2次式(4)のグラフを考えるには，初めから $b=c=0$ の場合を Oxy 軸で考えれば十分である．そこで方程式

(7) $$y = ax^2$$

のグラフを考えよう．Oxy 軸で $A=\left(0, -\dfrac{1}{4a}\right)$ とし，Oxy 軸を平行移動して A を原点にもつ新直交軸を $Ax'y'$ とする．点 P が

$$P = (x, y) \qquad (Oxy \text{ 軸で})$$

$$P = (x', y') \qquad (Ax'y' \text{ 軸で})$$

とすれば，両座標間には

$$x' = x, \qquad y' = y-\left(-\frac{1}{4a}\right) = y+\frac{1}{4a}$$

という関係がある(定理 2.3.1)．よって条件(7)は $Ax'y'$ 軸では

$$y'-\frac{1}{4a} = ax'^2$$

となる．これは $f=\dfrac{1}{2a}$ とおくと

(8) $$y' = \frac{1}{2f}(x'^2+f^2)$$

となる．よって，これは $Ax'y'$ 軸において $(0, f)$ を焦点 F とし，x' 軸を準線 l とする放物線の方程式である．したがって，(7)のグラ

フは Oxy 軸では点 $\left(0, \dfrac{1}{4a}\right)$ を焦点とし，直線 $y=-\dfrac{1}{4a}$ を準線とする放物線である(図 2.7.3).

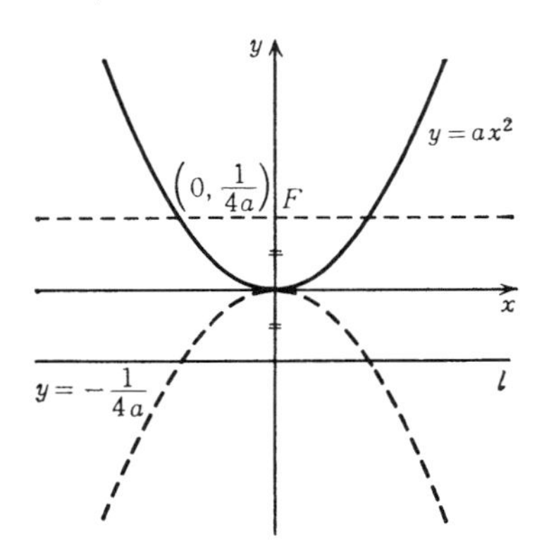

図 2.7.3

以上では $a>0$ として話を進めたが，$a<0$ でも同様である．そのときは(7)のグラフは図 2.7.3 の点線状の曲線になる．その準線は点線状の直線である．

問 1　点 $(0, 2)$ を焦点とし x 軸を準線とする放物線の方程式を求めよ．

問 2　放物線 $y=5x^2+3x+2$ のグラフを描け．また焦点の座標および準線の方程式を求めよ．

問 3　点 $(-1, -1)$ を焦点とし直線 $y=-x$ を準線とする放物線の方程式を，本文と同様の考え方で求めよ．

練習問題 2

1. 2点 F, F' を焦点とする双曲線は図 2.0.1 のようにすれば描けることを証明し，$\overline{FF'}$，糸の長さ k，棒の長さ l を用いて双曲線の方程式を書け．

2. 点 F を焦点とし，直線 l を準線とする放物線は図 2.0.2 のようにすれば描けることを証明せよ．

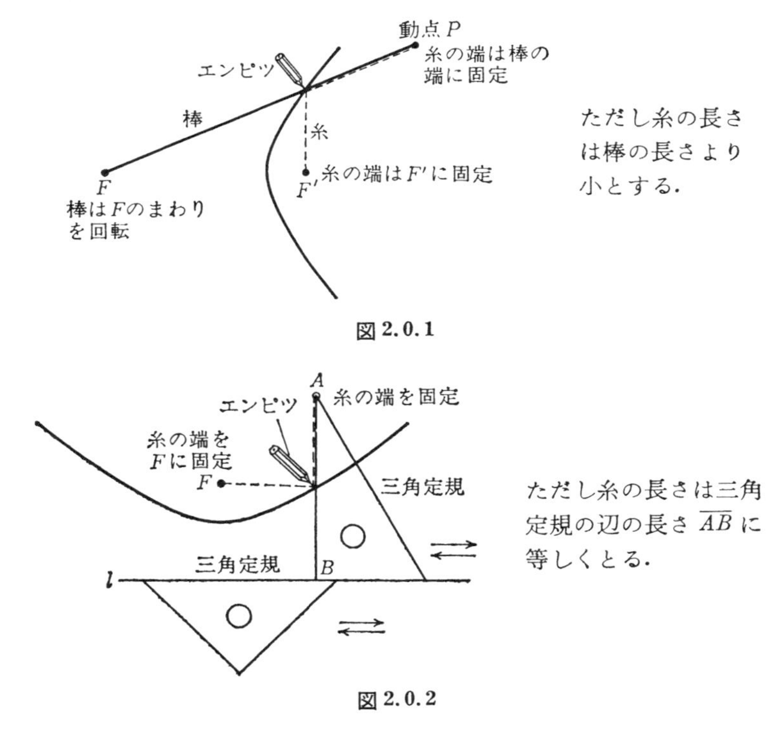

図 2.0.1

図 2.0.2

3. 平面 Γ 上に点 A と直線 l があり，A は l 上にないとする．$\alpha>0$ を与えられた定数とする．Γ の点 P から l に下ろした垂線の足を Q とするとき $\overline{PQ}=\alpha\overline{PA}$ を満たすような点 P の全体が Γ 上に描く曲線(これを上の性質をもつ点 P の軌跡ともいう)は何か．($\alpha>1, \alpha=1, \alpha<1$ の場合にわけて考えよ.)

第3章
変位とベクトル

§1 変　位

地図上の位置 P に物体甲がいたとしよう．ここで物体甲は人間でも自動車でも，あるいは蟻でも汽船でも何でもよい．ただし以下に述べる説明の都合上，物体甲の大きさは無視してよいものとする．例えば太平洋上に浮ぶ汽船の位置を示すとき，汽船の大きさが問題にならないのと同様なわけである．

さてこの物体甲が移動して位置 Q に行ったとする．移動の途中経過は問題にしないことにして，物体甲の P から Q への“位置の変化”を**変位**という．(文字の節約！)

では変位をどのように表わせばよいであろうか？ 例えば出発点が P で到着点が Q であるから，矢印を用いて

$$P \longrightarrow Q$$

と書くのもよいであろう．地図上で書けば図 3.1.1 のようになる．すなわち，P と Q を結ぶ線分を引き，P から Q に行くことを示す矢印を線分上のどこかに書く．図 3.1.1 では慣例にならって到着点 Q のところに矢印 → が書いてある．

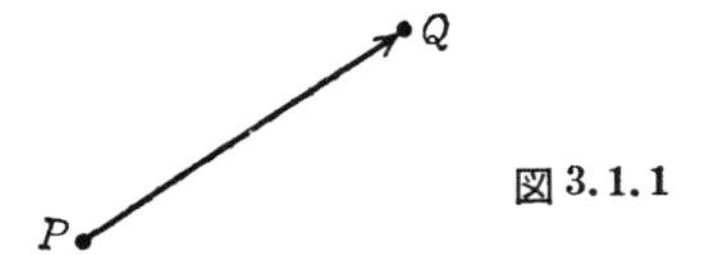

図 3.1.1

理論上からは $P \to Q$ という記号だけで変位を表わすには十分であるが，実用上の見地からは，$P \to Q$ だけでは甚だ不親切である．この変位を丁寧に記述しようとすれば，東西南北の向きの表示，移動の向きの明示，移動距離の明示などがあることが望ましい．さらに地図すなわち平面上に直交軸 Oxy を設定して，出発点 P と到着点 Q の座標を明示してあれば完璧である．図 3.1.2 がこれらの要求に答えたもので，x 軸の正の向き，負の向きがそれぞれ東方，西方に対応し，y 軸の正の向き，負の向きがそれぞれ北方，南方に対応している．

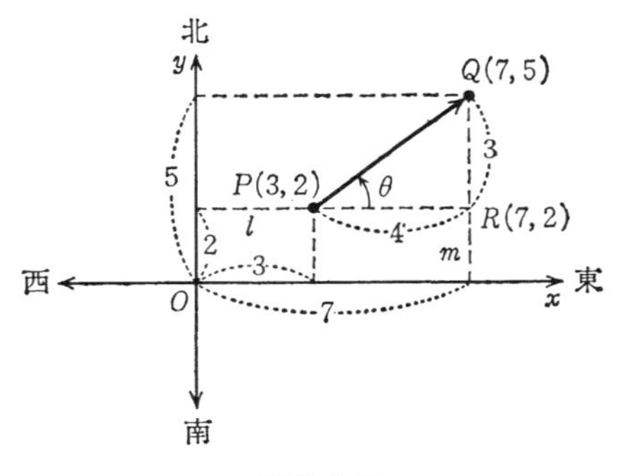

図 3.1.2

直交軸 Oxy に関して P の座標は$(3, 2)$，Q の座標は$(7, 5)$であったとする．すると変位 $P \to Q$ という記号の代りに，変位

$$(3, 2) \longrightarrow (7, 5)$$

という記法を用いてもよい．(ただし直交軸 Oxy に関してという添え書が必要なこともある．平面上に直交軸をいくつも考える時がそうである.)

変位を表わす記述法はまだほかにもある．いま P を通り x 軸に平行な直線 l と，Q を通り y 軸に平行な直線 m との交点を R とすれば，R の座標は$(7, 2)$である．そこで点 Q が点 P から見てどの向きにあるか，そしてまた点 Q は点 P からどれだけの距離にあるかを調べるのである．

もし点 Q が点 P のちょうど真右にあれば，Q は P の東方にあると記述されるし，また Q が P の真上にあれば Q は P の北方にあると記述できて甚だ便利なのだが，今の場合残念ながらそうではない．そこで回転角を用いて P から見た Q の向きを記述することにする．いま x 軸の正の向きから y 軸の正の向きへ向かって，原点 O の回りに何度(あるいは何ラジアン)回転したかによって回転角を測ることにし，P から R に向かう向き(P から出て R を通る半直線といってもよい)をどれだけ回転すれば初めて P から Q に向かう向きになるか——という問に答える回転角を θ(シータ)とする．(角の単位はラジアンを用いる．) すると θ は第 I 象限の角で

$$\tan\theta = \frac{\overline{RQ}}{\overline{PR}} = \frac{3}{4}$$

である．$3/4=0.75<1$ であるから θ は $45°=\pi/4$ ラジアンより少し小さい．三角関数表を引くと θ は $37°$ 弱の値である．(ついでながら，回転角がもし $45°$ ならこれを北東の向きといい，また回転角が一般に $22.5°\times n\,(n=0, 1, 2, \cdots, 15)$ のときは図 3.1.3 のように各向きに名前がついている．)

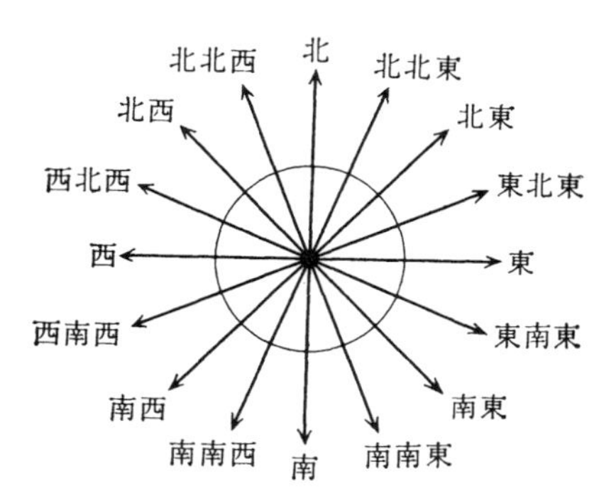

図 3.1.3

さて図 3.1.2 に戻って，移動距離，すなわち 2 点 P, Q の距離 $\overline{PQ}$ は何であろうか.（距離の単位は簡単のためわざと省略した．粁(km)でも，糎(cm)でも以下の議論には影響しないからである.）$\overline{PQ}$ はピタゴラスの定理(三平方の定理)を用いて

$$\overline{PQ}^2 = \overline{PR}^2 + \overline{RQ}^2 = 4^2 + 3^2 = 25$$

$$\therefore \quad \overline{PQ} = 5$$

となる．

以上で変位 $P \to Q$ を精密に記述する 2 つの方法が得られた．すなわち

（イ）　$P(3, 2) \longrightarrow Q(7, 5)$　　（直交軸 Oxy に関して）

または

（ロ）　$P(3, 2)$ より $\tan\theta = 3/4$ を満たす第 I 象限の角 θ（$=37°$ 弱）の向きへ距離 $\overline{PQ} = 5$ だけの変位

である．（ロ）においても向きを角度を用いて述べているので，それを測る基準となる向き，すなわち x 軸の正の向きが用いられている．だから（ロ）でも（イ）と同様の添え書“直交軸 Oxy に関して”をつけるべきであるが，見掛けがくどくなるので省いてある．

上記から読者はもう気がつかれたことと思うが，一般に，直交軸 Oxy に関して上記（イ）の形式で変位が

（イ）　$P(x, y) \longrightarrow Q(x', y')$

と与えられているとき，これを（ロ）の形式に直すには次のような計算をすればよい．まず

(i)　$$u = x' - x, \qquad v = y' - y$$

とおく．次に

(ii)　$$\tan\theta = \frac{v}{u}$$

を満たす θ をとる．次に

(iii)　$$d=\sqrt{u^2+v^2}$$

とおく．

すると上の変位 $P(x,y)\to Q(x',y')$ は

(ロ)　点 $P(x,y)$ より θ の向きへ距離 d だけの変位

と述べられる．(ii)の θ の単位はラジアンである．しかし，(ii)を満たす θ は1つではないので，どの値をとるか心配となる読者もおられるであろう．そこで，そこを明確にするには，(i)を用いて(iii)の d をまず求めておき，(ii)の代りに

(ii*)　$$\cos\theta=\frac{u}{d},\qquad \sin\theta=\frac{v}{d}$$　(θ の単位はラジアン)

(ただし，$0\leqq\theta<2\pi$)

を用いればよい．

しかしそれでもなお，次の心配をされる読者がおられるであろう．すなわち，もし(ii*)で $d=0$ なら，θ はどうして定めるのか？

これは鋭い疑問である．では $d=0$ となるのはどういう場合なのか調べて見よう．(iii)より

$$d=0 \iff u^2+v^2=0 \iff u=0,\ v=0$$

である(u,v は実数だから)．しかし，このとき(i)により，$u=0$, $v=0$ $\iff x=x'$, $y=y'$ $\iff P=Q$ となる．すなわち，$d=0$ となるのは出発点 P と到着点 Q とが一致する場合である．つまり変位 $P\to Q$ は実は変位 $P\to P$ なのであって，変位とはいうものの，結局は変位はなかったのである．このようなものも変位と見なすかどうかといえば，そこが数学と医学の違うところで，数学ではこれも変位の**特別の場合**と見なし，これに**零変位**という名称をつけている．形式的に定義を書けば

定義　変位 $P\to Q$ において，$P=Q$ であるとき，この変位を零変位という．——

零変位については，変位の向きは定義しない(考えない！)．(定義するにも動かないのだから定義のしようがない.) また零変位では移動距離はもちろん0である.

§2　同等な変位(変位の全体の組分け)

さて平面上の直交軸 Oxy に関し，2つの変位

$$(2, 2) \longrightarrow (4, 4), \qquad (3, 5) \longrightarrow (5, 7)$$

があるとしよう(図 3. 2. 1)．以下変位の出発点を**始点**，到着点を**終点**と呼ぶことにする．上の変位の始点$(2, 2)$, $(3, 5)$をそれぞれ P, U とし，終点$(4, 4)$, $(5, 7)$をそれぞれ Q, V とする．すると変位 $P \to Q$ と $U \to V$ の間には或る共通点がある．それは始点こそ異なっているが，向きおよび移動距離が一致しているということである．向きはどちらも北東の向きで，移動距離はどちらも $\sqrt{2^2+2^2}=2\sqrt{2}$ である.

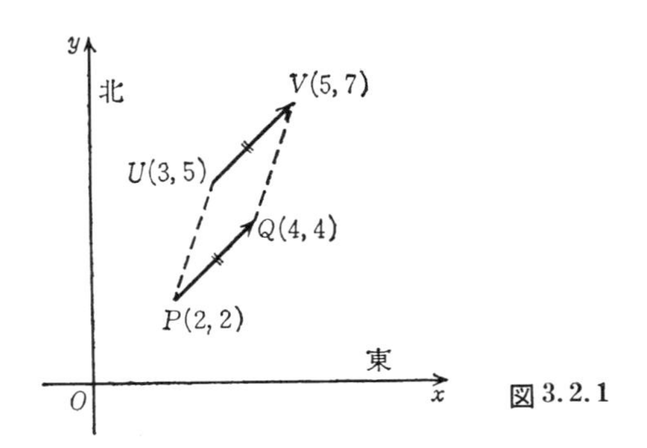

図 3.2.1

このように同一平面の2つの変位 $P \to Q$ と $U \to V$ に対して，その向きと移動距離とが一致するとき，これら2つの変位は**同等である**——と定義したいところなのであるが，その前に若干の問題点を始末しておかねばならない.

(i)　変位 $P \to Q$ が零変位のとき(すなわち $P=Q$ のとき).

このときには，§1の終りに述べたように零変位には向きという

ものを考えないのだから，あらためて同等性を定義せねばならない．それを次のように行なう．

定義　零変位 $P \to P$ と変位 $U \to V$ とは $U \to V$ が零変位のときに(すなわち $U = V$ のときに)同等であるという．——

(ii)　次の問題点は，移動距離の方はよいのだが，向きを考えるとき，一定の直交軸を基準にとっている．さてそれでは1つの直交軸 Oxy で測って向きと移動距離が一致するような2つの変位 $P \to Q$ と $U \to V$(どちらも零変位ではないとする)については，他の直交軸 $O'x'y'$ でもそうなるか？——という心配である．

この心配は次のように幾何学的に解決される．向きと移動距離の一致という条件は

(イ)　もし4点 P, Q, U, V が同一直線上にないならば4点 $PQVU$ がこの順で1つの平行四辺形の4頂点をなす(図 3.2.1 参照)——という条件と同値である．

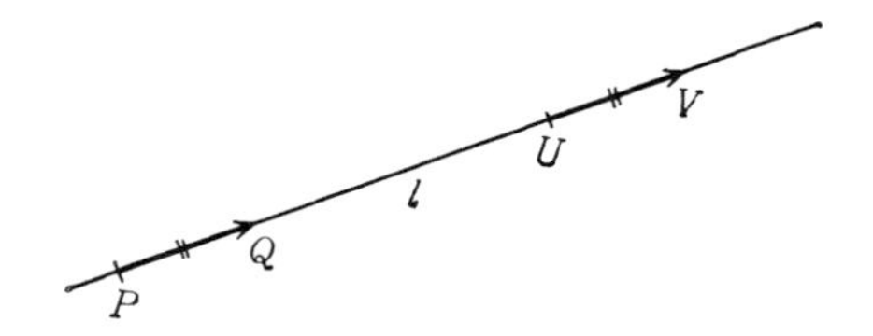

図 3.2.2

(ロ)　もし4点 P, Q, U, V が同一直線 l 上にあれば，線分 PQ と線分 UV の長さが等しく，かつ l 上で P から Q へ向かう向きと U から V へ向かう向きが一致する(図 3.2.2 参照)——という条件と同値である．

したがって，上の(イ)も(ロ)も直交軸のとり方には依存しないから，変位の同等性ということの定義は $P \to Q$, $U \to V$ という4点にのみ依存し，直交軸のとり方にはよらないことがわかった．

問1　平面上に4点 $P(2,3)$, $Q(5,8)$, $U(3,7)$, $V(r,s)$ がある．変位 $P \to Q$

と $U\to V$ とが同等となるように r, s を定めよ．(方眼紙上に描いて見よ.)

§3　ベクトル概念の誕生

いま1つの平面をとり，その上の変位の全体からなる集合を考え，これを $\boldsymbol{A}$ と書く．$\boldsymbol{A}$ は無限個の要素からなる巨大な集合である．$\boldsymbol{A}$ 中の2つの要素，すなわち2つの変位 $P\to Q$ と $U\to V$ とが§2に述べた意味で同等であるとき，これを記号

$$(P\to Q)\sim(U\to V)$$

で表わす．すると，記号 $\sim$(ティルダ)は次の3性質(A), (B), (C)をもつ．(このことを $\sim$ は集合 $\boldsymbol{A}$ 上の**同値関係**であるという.)

(A)　$(P\to Q)\sim(P\to Q)$　**(反射律)**

(B)　$(P\to Q)\sim(U\to V)$　ならば　$(U\to V)\sim(P\to Q)$　**(対称律)**

(C)　$(P\to Q)\sim(U\to V)$　かつ　$(U\to V)\sim(R\to S)$　ならば

$(P\to Q)\sim(R\to S)$　**(推移律)**

すると同値関係 $\sim$ を用いて変位の全体からなる集合 $\boldsymbol{A}$ が組分けされる．つまり $\boldsymbol{A}$ はこの同値関係 $\sim$ により，いくつかの部分集合に分割される．変位 $P\to Q$ と同等な変位の全体からなる $\boldsymbol{A}$ の部分

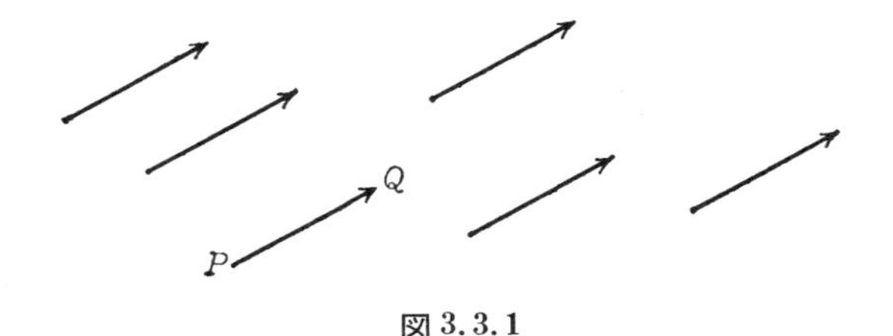

図 3.3.1

集合を記号 $\overrightarrow{PQ}$ で表わす．$\overrightarrow{PQ}$ は変位 $P\to Q$ と同等な無数の変位からなる．これら無数の変位のいくつかを記した概念図が図 3.3.1 である．

$\overrightarrow{PQ}$ を**ベクトル**といい，矢印のついた線分 PQ(または変位 $P\to Q$)

を，ベクトル $\overrightarrow{PQ}$ を代表する(あるいはベクトル $\overrightarrow{PQ}$ を表わす)**有向線分**という．

2つのベクトル $\overrightarrow{PQ}$ と $\overrightarrow{UV}$ に対しては，次の(a), (b)の場合のいずれかが起る．

(a)　$\boldsymbol{A}$ の部分集合として $\overrightarrow{PQ}$ と $\overrightarrow{UV}$ とは一致する：$\overrightarrow{PQ}=\overrightarrow{UV}$
(これは $(P\to Q)\sim(U\to V)$ と同じことである．)

(b)　$\overrightarrow{PQ}$ と $\overrightarrow{UV}$ とは共通の変位をもたない．したがって $\boldsymbol{A}$ の部分集合として，$\overrightarrow{PQ}$ と $\overrightarrow{UV}$ の共通部分 $\overrightarrow{PQ}\cap\overrightarrow{UV}$ は空集合 ϕ となる．(ベクトルとは有向量——向きをもった量——という意味で，中国では向量と書くようである．)

零変位 $\overrightarrow{PP}$ によって代表されるベクトルを**零ベクトル**という．

§4　ベクトルの成分

今後はベクトルを表わすのに $\vec{z}, \vec{e}$ 等の記号(アルファベット小文字の上に矢印→をのせた記号)も用いる．さて，平面上に直交軸 Oxy を設定しておく．この平面のベクトル $\vec{z}$ の，直交軸 Oxy に関する**成分**なるものを導入しよう．そのために，まず変位 $P\to Q$ の成分を定義しよう．いま点 P と Q の座標をそれぞれ

$$P=(a, b), \qquad Q=(c, d)$$

とするとき，2つの実数

$$u=c-a, \qquad v=d-b$$

が生ずる．u, v をそれぞれ，変位 $P\to Q$ の直交軸 Oxy に関する $\boldsymbol{x}$ **成分**，$\boldsymbol{y}$ **成分**という．ベクトル $\vec{z}$ に対し，$\vec{z}$ を代表する変位 $P\to Q$ の x 成分，y 成分をそれぞれ $\vec{z}$ の $\boldsymbol{x}$ **成分**，$\boldsymbol{y}$ **成分**と定義する．実は定理3.4.1からわかるように，この定義は $\vec{z}$ を代表する変位 $P\to Q$ のとり方によらない．また一方，ベクトルはその2つの成分によって定まってしまうのである．そして，例えばベクトル $\vec{z}$ が(直

交軸 Oxy に関して) x 成分 α と y 成分 β をもつならば，これを

$$\vec{z} = \begin{pmatrix} \alpha \\ \beta \end{pmatrix} \qquad (Oxy\ \text{系で})$$

と書く．(添え書"Oxy 系で"は誤解の恐れがない時には省略してもよい.) 零ベクトルを今後 $\vec{0}$ と書く．したがって $\vec{0}=\begin{pmatrix} 0 \\ 0 \end{pmatrix}$ である.

定理 3.4.1　平面上の2つのベクトル $\overrightarrow{PQ}$, $\overrightarrow{UV}$ に対して

(i)　$\overrightarrow{PQ}=\overrightarrow{UV}$ ならば，この平面の任意の直交軸に関して，変位 $P\to Q$ と $U\to V$ の x 成分と y 成分とはそれぞれ等しい.

(ii)　この平面の或る1つの直交系において，変位 $P\to Q$ と $U\to V$ の x 成分，y 成分が一致すれば $\overrightarrow{PQ}=\overrightarrow{UV}$ である.

証明　$P=Q$ の場合は"$P=Q \Longleftrightarrow P\to Q$ の x 成分も y 成分も 0"が成り立つから，(i)と(ii)の成立は容易にわかる．そこで $P\neq Q$ の場合を考えよう．直交軸 Oxy に関して，P, Q の座標をそれぞれ

$$P = (a, b), \qquad Q = (c, d)$$

とおくと，線分 PQ の長さ d は

$$d = \sqrt{u^2+v^2} \qquad \text{ただし}\quad u=c-a,\ v=d-b$$

で与えられる．また P から出て Q へ向かう半直線が x 軸の正の向きとなす角 θ (x 軸の正の向きから y 軸の正の向きへ向かう原点の回りの回転を正として測った角)は，§1で述べたように

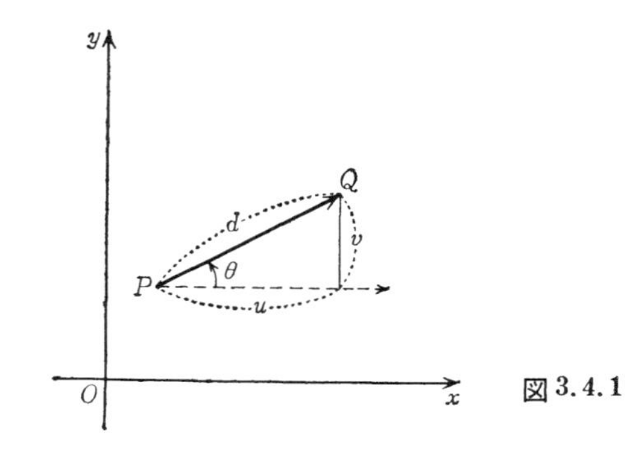

図 3.4.1

$$(*)\qquad d\cos\theta=u,\qquad d\sin\theta=v\qquad(0\leqq\theta<2\pi)$$

で与えられる(図3.4.1)．つまり，ベクトルの成分(u, v)がわかれば，移動距離dも向きを表わす量θも定まってしまう．したがって，成分同士が或る1つの直交系で一致するような2つの変位は同等である．これで定理中の主張(ii)が示された．

定理の主張(i)の方も上の計算をよく見るとわかる．というのは，2つのベクトルが一致すれば，移動距離dも，向きを表わす量θも一致する．ところが変位のx成分uとy成分vとはdとθを用いて上式$(*)$のごとく書けるから，uとvのところも一致する．これは(i)の成立を示している．▌ (▌は証明がここで終った記号)

問1　§2の問1を定理3.4.1を用いて解け．

§5　ベクトルのスカラー倍

いまベクトル$\vec{a}=\begin{pmatrix}\alpha\\ \beta\end{pmatrix}$と実数$\lambda$(ラムダ)が与えられたとする．ベクトルに対し，実数をスカラーともいう．ベクトルが2つの成分をもつ量，つまり2次元的な量であるのに対し，実数は単一の量なので，ベクトルとの区別を意識的に強調したい時に用いるのである．さて，$\vec{a}$のλ倍$\lambda\vec{a}$なるベクトルを

$$\lambda\vec{a}=\begin{pmatrix}\lambda\alpha\\ \lambda\beta\end{pmatrix}$$

で定義する．一般にベクトルの実数倍を，このベクトルの**スカラー**

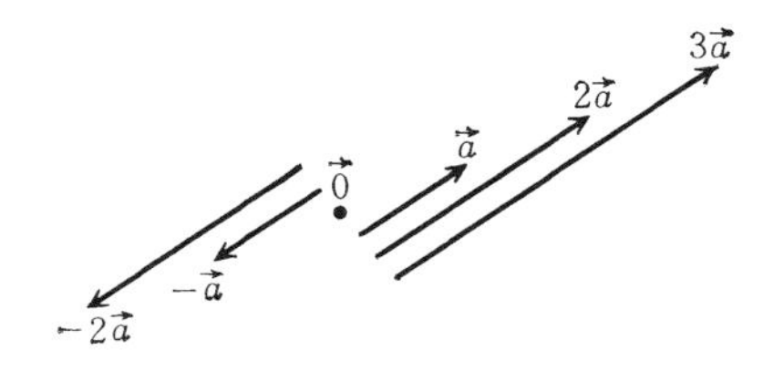

図3.5.1

倍という．$\lambda=3, 2, 1, 0, -1, -2$ の場合，$\lambda\vec{a}$ が具体的にどのようになるかを図 3.5.1 に示した．$\lambda=-1$ の時は，$\lambda\vec{a}=\begin{pmatrix}-\alpha\\-\beta\end{pmatrix}$ となるが，図 3.5.1 ではこれを $(-1)\vec{a}$ と書かずに，$-\vec{a}$ と記した．この方が簡明だからである．$-\vec{a}$ を $\vec{a}$ の**逆ベクトル**ということもある．

$\vec{a}, \lambda\vec{a}\,(\lambda\neq 0)$ の向きと移動距離をそれぞれ $\theta, d\,;\theta', d'$ とすると，定理 3.4.1 の証明によって

$$d=\sqrt{\alpha^2+\beta^2},\qquad d'=\sqrt{(\lambda\alpha)^2+(\lambda\beta)^2}=|\lambda|d,$$

$$\cos\theta=\frac{\alpha}{d},\qquad \cos\theta'=\frac{\lambda\alpha}{d'}=\frac{\lambda}{|\lambda|}\cos\theta,$$

$$\sin\theta=\frac{\beta}{d},\qquad \sin\theta'=\frac{\lambda\beta}{d'}=\frac{\lambda}{|\lambda|}\sin\theta$$

ゆえに $\lambda>0$ ならば $\lambda\vec{a}$ は向きが $\vec{a}$ と同じで移動距離が λ 倍，$\lambda<0$ ならば向きが $\vec{a}$ と反対で移動距離が $-\lambda$ 倍である．このことから，ベクトルのスカラー倍が直交系のとり方によらないこともわかる．

ベクトルのスカラー倍について次の法則が成り立つ．

定理 3.5.1　ベクトル $\vec{a}$ と実数 λ, μ(ミュー)に対し

$$(\lambda\mu)\vec{a}=\lambda(\mu\vec{a})\qquad\text{(結合律)}$$

$$1\cdot\vec{a}=\vec{a}\qquad\text{(1倍の性質)}$$

$$0\cdot\vec{a}=\vec{0}\qquad\text{(0倍の性質)}$$

証明は，$\vec{a}, \lambda\vec{a}, \lambda(\mu\vec{a}), (\lambda\mu)\vec{a}$ 等の成分表示をして両辺を比較してみればよい．そうするといずれも実数に関する周知の公式に帰着することがすぐわかる(試みられたい)．この定理の結果として，$\lambda(\mu\vec{a})$ とか $(\lambda\mu)\vec{a}$ とか書かずに，単に $\lambda\mu\vec{a}$ と書いてよいわけである．

問 1　$\vec{a}=\begin{pmatrix}x\\y\end{pmatrix}$, $\vec{b}=\begin{pmatrix}3\\4\end{pmatrix}$, $3\vec{a}=\vec{b}$ のとき x, y を求めよ．

§6　ベクトルの合成(加法)および減法

読者は力学で力の合成法則というものを学習された経験があるで

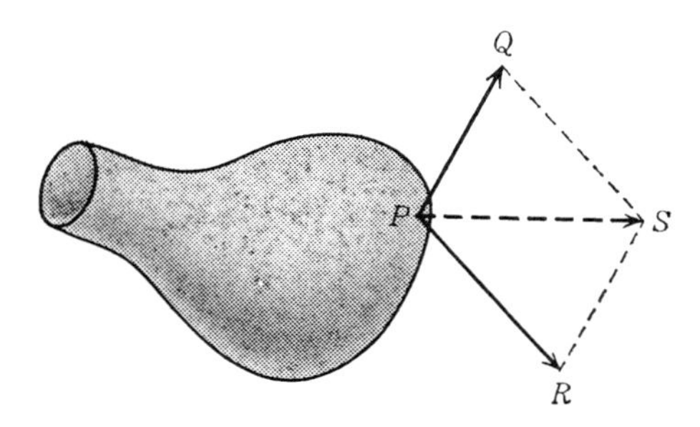

図 3.6.1

あろう．物理の運動学や力学に出現する速度，加速度，力などは実はベクトルの実例なのである．力の合成法則というのは，力を有向線分を用いて表わせば“物体の1点 P に働く2つの力 $\overrightarrow{PR}$ と $\overrightarrow{PQ}$ とがあるとき(図 3.6.1)，これを1つの力 $\overrightarrow{PS}$ の作用に直せる”というものである．ただしここで S は $PRSQ$ がこの順で平行四辺形をなすように定めた点である．これは2力 $\overrightarrow{PQ}$ と $\overrightarrow{PR}$ の合成が，ただ1つの力 $\overrightarrow{PS}$ の作用に直ることを述べているのであるが，これを繰り返せば多くの力の合成が(同一作用点のとき)単一の力の作用に直せるわけである．

さてここに登場した力の合成法則がヒントとなって，ベクトルというものの間にも加法の演算が持ち込めるのである．

まず任意のベクトル $\overrightarrow{AB}$ と任意の点 C に対して

$$\overrightarrow{AB} = \overrightarrow{CD}$$

となる点 D が必ずただ1つ存在することに注意しよう．(なぜなら，A, B, C が1直線上にあるときは§2の(ロ)から D が定まるし，A, B, C が同一直線上にないときは $ABDC$ が平行四辺形という条件から D が定まってしまうからである.)

上のことは，“どんなベクトル $\vec{u}=\overrightarrow{AB}$ も，これを特定の始点 C をもつ変位 $C \to D$ により代表させることができる”ということを示し

ている．したがって任意の点 A に対して，どんなベクトル $\vec{u}$ も，

$$\vec{u}=\overrightarrow{AP}$$

と書ける．もう1つのベクトル $\vec{v}$ をとり，

$$\vec{v}=\overrightarrow{PQ}$$

の形に表わしておく．そしてベクトル $\vec{u}$ と $\vec{v}$ の和 $\vec{u}+\vec{v}$ を次のように定義する．つまりベクトル $\vec{u}$ が変位 $A\to P$ を代表し，ベクトル $\vec{v}$ が変位 $P\to Q$ を代表するとき，合成変位 $A\to P\to Q$，すなわち変位 $A\to Q$ によって代表されるベクトル $\overrightarrow{AQ}$ をベクトル $\vec{u}$ と $\vec{v}$ の**和ベクトル** $\vec{u}+\vec{v}$ といい，これを

$$\vec{u}+\vec{v}=\overrightarrow{AQ}$$

とおく(図3.6.2)．

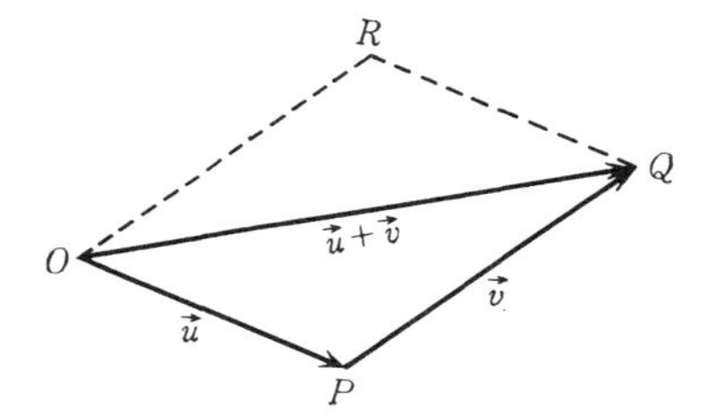

図 3.6.2

いま直交軸 Oxy を任意に1つ定め，これに関して和ベクトル $\vec{w}=\vec{u}+\vec{v}$ の成分を $\vec{u}$ と $\vec{v}$ の成分を用いて表わそう．いま

$$\vec{u}=\begin{pmatrix}\alpha\\ \beta\end{pmatrix},\qquad \vec{v}=\begin{pmatrix}\gamma\\ \delta\end{pmatrix}$$

(δ はデルタと読む)とおくと，和ベクトル $\vec{w}$ の x 成分と y 成分はそれぞれ $\vec{u},\vec{v}$ の x 成分，y 成分同士の和となる．すなわち

$$\text{(1)}\qquad \vec{w}=\begin{pmatrix}\alpha+\gamma\\ \beta+\delta\end{pmatrix}$$

となる．これを確かめよう．Oxy 軸に関して

$$A=(a,b),\qquad P=(c,d),\qquad Q=(e,f)$$

とおけば，§4により

$$\alpha = c-a, \qquad \gamma = e-c$$
$$\beta = d-b, \qquad \delta = f-d$$

である．また

$$\vec{w} = \begin{pmatrix} \xi \\ \eta \end{pmatrix}$$

(ξ はグザイ，η はイータと読む)とおけば，$\vec{w} = \overrightarrow{AQ}$ だから，

$$\xi = e-a = \alpha+\gamma$$
$$\eta = f-b = \beta+\delta.$$

よって(1)が示された．

(1)から和ベクトル $\vec{w} = \vec{u}+\vec{v}$ は $\vec{u}$ と $\vec{v}$ のみで定まり，和を定めるためにとった‘出発点’A の選び方にはよらないこともわかる．

ベクトルのスカラー倍の演算と和の演算については，実数の場合と似た次の法則が成り立つ．

定理 3.6.1 任意のベクトル $\vec{a}, \vec{b}, \vec{c}$ と任意のスカラー λ, μ に対して

$\vec{a}+\vec{b} = \vec{b}+\vec{a}$ (加法の可換律)

$(\vec{a}+\vec{b})+\vec{c} = \vec{a}+(\vec{b}+\vec{c})$ (加法の結合律)

$\vec{0}+\vec{a} = \vec{a}+\vec{0} = \vec{a}$ (零ベクトルの性質)

$\vec{a}+(-\vec{a}) = (-\vec{a})+\vec{a} = \vec{0}$ (逆ベクトルの性質)

$\lambda(\vec{a}+\vec{b}) = \lambda\vec{a}+\lambda\vec{b}$ (第1分配律)

$(\lambda+\mu)\vec{a} = \lambda\vec{a}+\mu\vec{a}$ (第2分配律)

証明 ベクトル $\vec{a}, \vec{b}, \vec{c}, \vec{0}$ を成分で表示すれば，上のどの等式も実数に関する有名な法則(本シリーズ中の松坂和夫氏の“代数への出発”を参照されたい)

$$\alpha+\beta = \beta+\alpha$$
$$(\alpha+\beta)+\gamma = \alpha+(\beta+\gamma)$$

$$0+\alpha = \alpha+0 = \alpha$$
$$\alpha+(-\alpha) = (-\alpha)+\alpha = 0$$
$$\lambda(\alpha+\beta) = \lambda\alpha+\lambda\beta$$
$$(\lambda+\mu)\alpha = \lambda\alpha+\mu\alpha$$

に帰着してしまうからである．▌

ベクトルの減法についてはどうなるか？　そもそも減法というのは加法の逆演算として考えるべきものである．ベクトル $\vec{a}$ と $\vec{b}$ とが与えられたとき

$$\vec{a}+\vec{c} = \vec{b} \tag{2}$$

を満たすベクトル $\vec{c}$ がただ1つ定まる．実際

$$\vec{a} = \begin{pmatrix} \alpha \\ \beta \end{pmatrix}, \qquad \vec{b} = \begin{pmatrix} \gamma \\ \delta \end{pmatrix}$$

とおけば，(1)により，(2)の解 $\vec{c}=\begin{pmatrix} x \\ y \end{pmatrix}$ は

$$x = \gamma-\alpha, \qquad y = \delta-\beta$$

となる．(2)の解 $\vec{c}$ を

$$\vec{c} = \vec{b}-\vec{a} \tag{3}$$

と書く．したがって，成分で書けば(3)は

$$\begin{pmatrix} \gamma \\ \delta \end{pmatrix}-\begin{pmatrix} \alpha \\ \beta \end{pmatrix} = \begin{pmatrix} \gamma-\alpha \\ \delta-\beta \end{pmatrix} \tag{4}$$

となる．これがベクトルの引き算である．成分を使っていえば，“ベクトルの加法も減法も成分ごとの加法と減法にほかならない”のである．

定理 3.6.1 の結果として，ベクトルの演算についても実数のときと同様に，いちいちカッコをつけず $(\vec{a}+\vec{b})+\vec{c}$ を $\vec{a}+\vec{b}+\vec{c}$ と書いてもよいわけである．またたくさんのベクトル $\vec{a}_1, \vec{a}_2, \cdots, \vec{a}_k$ の和 $\vec{a}_1+\vec{a}_2+\cdots+\vec{a}_k$ についても，総和記号 $\sum$(シグマ)を使って

$$\sum_{i=1}^{k} \vec{a}_i$$

と書いてよい．(結合律や可換律のおかげでアイマイさが消えてくれるのである！).

問1 $\vec{a}=\begin{pmatrix}1\\2\end{pmatrix}$, $\vec{b}=\begin{pmatrix}5\\6\end{pmatrix}$ のとき

$$5\vec{a}+8\vec{b}=\begin{pmatrix}x\\y\end{pmatrix}$$

の解 x, y を求めよ．

§7 2つのベクトルの内積(スカラー積)

ベクトルの和の定義が力学の力の合成法則を反映していることを§6で述べたが，2つのベクトルの内積の定義は，力学でいう仕事の概念の反映である．力 $\vec{f}$ が質点 M に作用して，質点 M がベクトル $\vec{a}$ だけ変位したときの，力 $\vec{f}$ のなした仕事 w は次のように定められるスカラー(実数)である．いま図3.7.1のように，力も単位を決めて有向線分で表わして

(1) $$\vec{f}=\overrightarrow{MP}, \quad \vec{a}=\overrightarrow{MQ}$$

とおく．そして，$\overline{MP}$, $\overline{MQ}$ をそれぞれベクトル $\vec{f}$, $\vec{a}$ の**大きさ**といい，これを記号

(2) $$|\vec{f}|=\overline{MP}, \quad |\vec{a}|=\overline{MQ}$$

で表わす．

いま $\vec{f}$ または $\vec{a}$ の少なくとも一方が零ベクトル $\vec{0}$ であるときに

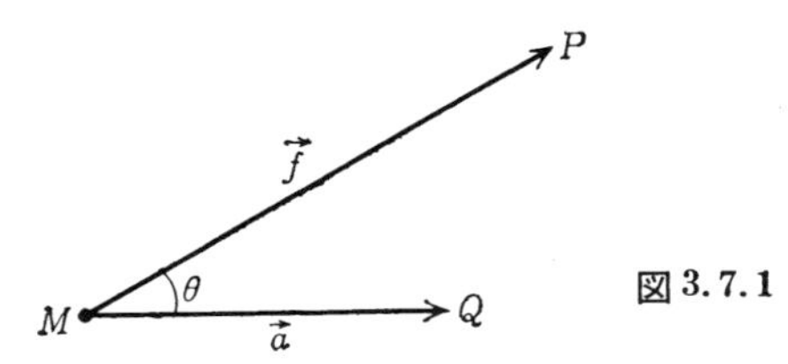

図3.7.1

は，$w=0$ とおく．

$\vec{f}\neq\vec{0}$，$\vec{a}\neq\vec{0}$ のときには，$M\neq P$，$M\neq Q$ となるから，M から出る2つの半直線 MP, MQ のなす角 θ が考えられる(図 3.7.1)．ただし，$0\leqq\theta\leqq\pi$(単位はラジアン)にとる．このとき θ を**ベクトル $\vec{f}$ と $\vec{a}$ のなす角**という．そして

$$w=|\vec{f}|\cdot|\vec{a}|\cdot\cos\theta \tag{3}$$

とおく．上の両方の場合をまとめて

$$w=\vec{f}\cdot\vec{a} \tag{4}$$

と書く．これは力学における仕事の概念を想起したのであるが，これをよく見ると，そのまま数学の定義として採用できることがわかる．すなわち，“2つのベクトル $\vec{f}$, $\vec{a}$ が与えられたとき，これを共通の始点 M をもつ変位により(1)の形に表わす．そして(3), (4)で $\vec{f}$ と $\vec{a}$ の**内積** $\vec{f}\cdot\vec{a}=w$ を定義する．ただし，$\vec{f}$ または $\vec{a}$ の一方が $\vec{0}$ ならば，角 θ が定義されないが，このときは $\vec{f}\cdot\vec{a}=0$ とおく.”

内積 $\vec{f}\cdot\vec{a}$ を**スカラー積**ともいう．(本によっては $\vec{f}\cdot\vec{a}$ を $(\vec{f},\vec{a})$ とも書くが本書では $\vec{f}\cdot\vec{a}$ の方を用いる.)

内積の基本的性質

まず定義から $\vec{f}\cdot\vec{a}$ はベクトルの順序をとりかえても変らない．すなわち

$$\vec{f}\cdot\vec{a}=\vec{a}\cdot\vec{f} \qquad \text{(対称性の公式)} \tag{5}$$

である．次に実数 λ に対し

$$(\lambda\vec{f})\cdot\vec{a}=\vec{f}\cdot(\lambda\vec{a})=\lambda(\vec{f}\cdot\vec{a}) \tag{6}$$

が成り立つ．なぜなら，$\lambda=0$ または $\vec{f}=\vec{0}$ または $\vec{a}=\vec{0}$ の場合には(6)の各項はすべて0となって成り立つ．そうでない場合を考えよう．もし $\lambda>0$ ならば，§5により

$$|\lambda\vec{f}|=\lambda\cdot|\vec{f}| \tag{7}$$

である．そして $\lambda\vec{f}=\overrightarrow{MP'}$ なる点 P' は半直線 MP 上にあるから，2つの半直線 MP' と MQ のなす角 θ' は前と同じ θ である．よって

$$(\lambda\vec{f})\cdot\vec{a} = |\lambda\vec{f}|\cdot|\vec{a}|\cdot\cos\theta'$$
$$= \lambda|\vec{f}|\cdot|\vec{a}|\cdot\cos\theta = \lambda(\vec{f}\cdot\vec{a})$$

を得る．すると対称性の公式(5)により次を得る：

$$\vec{f}\cdot(\lambda\vec{a}) = (\lambda\vec{a})\cdot\vec{f} = \lambda(\vec{a}\cdot\vec{f}) = \lambda(\vec{f}\cdot\vec{a})$$

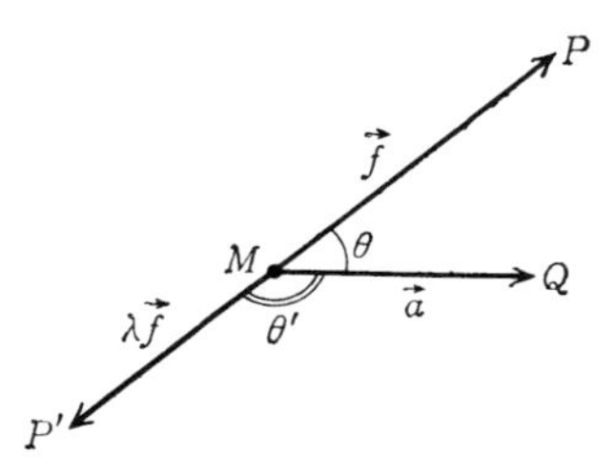

図 3.7.2

もし $\lambda<0$ ならば，半直線 MP' は半直線 MP と反対の向きをもつ(図 3.7.2)．よって今度は

$$\theta' = \pi-\theta$$

となる．したがって

$$\cos\theta' = \cos(\pi-\theta) = -\cos\theta \tag{8}$$

である．一方，

$$|\lambda\vec{f}| = |\lambda|\cdot|\vec{f}| = -\lambda|\vec{f}| \tag{9}$$

となるから，

$$(\lambda\vec{f})\cdot\vec{a} = |\lambda\vec{f}|\cdot|\vec{a}|\cdot\cos\theta'$$
$$= -\lambda|\vec{f}|\cdot|\vec{a}|\cdot(-\cos\theta)$$
$$= \lambda|\vec{f}|\cdot|\vec{a}|\cdot\cos\theta = \lambda(\vec{f}\cdot\vec{a})$$

を得る．$\vec{f}\cdot(\lambda\vec{a})=\lambda(\vec{f}\cdot\vec{a})$ の方も上と同様に(5)から出る．

(7)と(9)とをまとめて書けば次のようになる．

$$|\lambda\vec{f}| = |\lambda|\cdot|\vec{f}| \tag{10}$$

次に内積の定義自身から直ちに

$$(11) \qquad \vec{f}\cdot\vec{f} = |\vec{f}|^2$$

が得られる．(同一の半直線 MP と MP のなす角は 0 だから!)．

$\vec{f}\neq\vec{0}$，$\vec{a}\neq\vec{0}$ のとき，図 3.7.1 で MP と MQ とが直交するための必要十分条件は，$\theta=\dfrac{\pi}{2}$ である．これは $0\leqq\theta\leqq\pi$ なる範囲においては $\cos\theta=0$ という条件と同値である．よって

$$(12) \qquad \vec{f}\neq\vec{0},\ \vec{a}\neq\vec{0} \quad \text{ならば，} \theta=\frac{\pi}{2} \iff \vec{f}\cdot\vec{a}=0$$

となる．θ が $\dfrac{\pi}{2}$ のときベクトル $\vec{f}$ と $\vec{a}$ とは**直交する**という．また後々の記述を簡単にするために，零ベクトル $\vec{0}$ はすべてのベクトルと直交するということにする．この言葉を使えば，(12)はより簡潔に書ける：

$$(13) \qquad \vec{f} \text{ と } \vec{a} \text{ とが直交する} \iff \vec{f}\cdot\vec{a}=0$$

次に内積の定義を少しいい換えてみよう．図 3.7.1 で $\vec{a}\neq\vec{0}$ とし，平面上に直交系 $(M;X,Y)$ をとる．ただし X は M から出て Q を通る半直線上にあって，$\overline{MX}=1$ とする．(Y は直線 MQ に関して点 P と同じ側でも反対側でもよい．図 3.7.3) そしてこの直交系で

$$P=(\alpha,\beta), \qquad Q=(\gamma,0)$$

とする．すると，点 P から x 軸(すなわち直線 MQ)へ下ろした垂線の足 P^* の座標が正に $(\overline{MP}\cdot\cos\theta, 0)$ なる値である．(θ が鋭角で

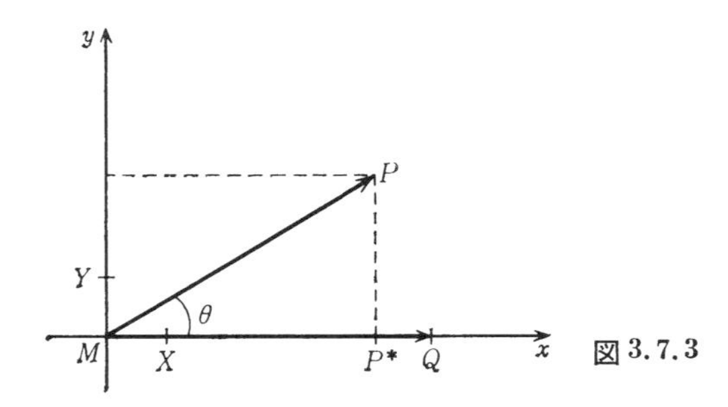

図 3.7.3

も鈍角でもそうなることを確かめよ.）一方 $P^*=(\alpha, 0)$ であるから,

$$\alpha = \overline{MP}\cdot\cos\theta = |\vec{f}|\cdot\cos\theta$$

である. また点 X のえらび方により $\gamma>0$ であって, しかも

$$\gamma = |\vec{a}|$$

である. よって, この直交系での座標を用いて内積を書けば

$$\vec{f}\cdot\vec{a} = \alpha\gamma \tag{14}$$

となる.

さて, そこでもう1つのベクトル $\vec{g}=\overrightarrow{MS}$ があったとし, $S=(\alpha', \beta')$ とすると, (14)と同様に

$$\vec{g}\cdot\vec{a} = \alpha'\gamma \tag{15}$$

となる. いま, $\vec{f}+\vec{g}=\overrightarrow{MT}$ とおけば, $T=(\alpha'', \beta'')$ とするとき

$$\begin{pmatrix}\alpha\\ \beta\end{pmatrix}+\begin{pmatrix}\alpha'\\ \beta'\end{pmatrix}=\begin{pmatrix}\alpha''\\ \beta''\end{pmatrix}$$

が成り立つ(§6参照). よって $\alpha''=\alpha+\alpha'$ から, (14)と同様に

$$(\vec{f}+\vec{g})\cdot\vec{a} = \alpha''\gamma = \alpha\gamma+\alpha'\gamma \tag{16}$$

となる. したがって(14), (15)を(16)に代入すれば, 公式

$$(\vec{f}+\vec{g})\cdot\vec{a} = \vec{f}\cdot\vec{a}+\vec{g}\cdot\vec{a} \qquad \text{(分配律)} \tag{17}$$

が得られる. ここで $\vec{a}\neq\vec{0}$ として論じたが, もし $\vec{a}=\vec{0}$ ならば(17)の両辺がどちらも $=0$ となり, (17)はこの場合でも成り立つ.

対称性の公式(5)を用いれば, (17)より

$$\vec{f}\cdot(\vec{a}+\vec{b}) = \vec{f}\cdot\vec{a}+\vec{f}\cdot\vec{b} \tag{18}$$

が成り立つこともわかる.

内積の公式

座標平面 $\Gamma(O\,;E, F)$ 中の2つのベクトル

$$\vec{a}=\begin{pmatrix}\alpha\\ \beta\end{pmatrix}, \qquad \vec{b}=\begin{pmatrix}\gamma\\ \delta\end{pmatrix} \tag{19}$$

に対し, 内積 $\vec{a}\cdot\vec{b}$ を, 成分 $\alpha, \beta, \gamma, \delta$ を用いて表わすとどうなるか

——という問題を考えよう．いま

$$\overrightarrow{OE}=\vec{e},\qquad \overrightarrow{OF}=\vec{f}$$

とおくと，定義そのものから

$$(20)\qquad \vec{e}=\begin{pmatrix}1\\0\end{pmatrix},\qquad \vec{f}=\begin{pmatrix}0\\1\end{pmatrix}$$

である．$\vec{e},\vec{f}$ を直交軸 Oxy に関する**基本単位ベクトル**という．$\vec{a},\vec{b}$ を $\vec{e},\vec{f}$ で表わせば

$$(21)\qquad \vec{a}=\alpha\vec{e}+\beta\vec{f},\qquad \vec{b}=\gamma\vec{e}+\delta\vec{f}$$

となる．さて内積の基本性質(17), (18)および(6)を用いれば，

$$\begin{aligned}(22)\qquad \vec{a}\cdot\vec{b}&=(\alpha\vec{e}+\beta\vec{f})\cdot\vec{b}=\alpha(\vec{e}\cdot\vec{b})+\beta(\vec{f}\cdot\vec{b})\\&=\alpha\vec{e}\cdot(\gamma\vec{e}+\delta\vec{f})+\beta\vec{f}\cdot(\gamma\vec{e}+\delta\vec{f})\\&=\alpha\gamma(\vec{e}\cdot\vec{e})+\alpha\delta(\vec{e}\cdot\vec{f})+\beta\gamma(\vec{f}\cdot\vec{e})+\beta\delta(\vec{f}\cdot\vec{f})\end{aligned}$$

となる．ところが，内積の定義それ自身にもどって考えれば

$$(23)\qquad \vec{e}\cdot\vec{e}=1,\qquad \vec{e}\cdot\vec{f}=\vec{f}\cdot\vec{e}=0,\qquad \vec{f}\cdot\vec{f}=1$$

である．これらを(22)に代入すると

$$(24)\qquad \vec{a}\cdot\vec{b}=\alpha\gamma+\beta\delta$$

という内積の公式が得られる．言葉でいえば，“直交系 Oxy での成分がわかっている2つのベクトルの内積の値を求めるには，x 成分同士の積と y 成分同士の積との和を作ればよい”——となる．

(19)で与えられる2つのベクトル $\vec{a},\vec{b}$ がどちらも $\neq\vec{0}$ のとき，そのなす角 θ は(24)を用いて得られる．すなわち

$$\vec{a}\cdot\vec{b}=|\vec{a}|\cdot|\vec{b}|\cdot\cos\theta$$

であることと，(11), (24)から得られる

$$|\vec{a}|=\sqrt{\vec{a}\cdot\vec{a}}=\sqrt{\alpha^2+\beta^2}$$
$$|\vec{b}|=\sqrt{\vec{b}\cdot\vec{b}}=\sqrt{\gamma^2+\delta^2}$$

とを用いて

$$\cos\theta = \frac{\alpha\gamma+\beta\delta}{\sqrt{\alpha^2+\beta^2}\sqrt{\gamma^2+\delta^2}} \tag{25}$$

となる．特に $\theta=\dfrac{\pi}{2}$ となるための条件，すなわち $\vec{a}$ と $\vec{b}$ とが直交するための必要十分条件は

$$\alpha\gamma+\beta\delta = 0 \tag{26}$$

となる．

問1　$\vec{a}=(5, 4)$ と $\vec{b}=(2, x)$ とが直交するように x を定めよ．

問2　$\vec{a}=(2, 1)$ と $\dfrac{\pi}{3}$ の角をなす長さ2のベクトルをすべて求めよ．

§8　直線のパラメータ表示

座標平面 $\Gamma(O\,;E, F)$ 上の2点 $A, B\,(A\neq B)$ を通る直線 g 上を動く点 P がある(図3.8.1)．Γ 上の直交軸 Oxy に関し

$$P=(x, y),$$
$$A=(a, b),$$
$$B=(c, d)$$

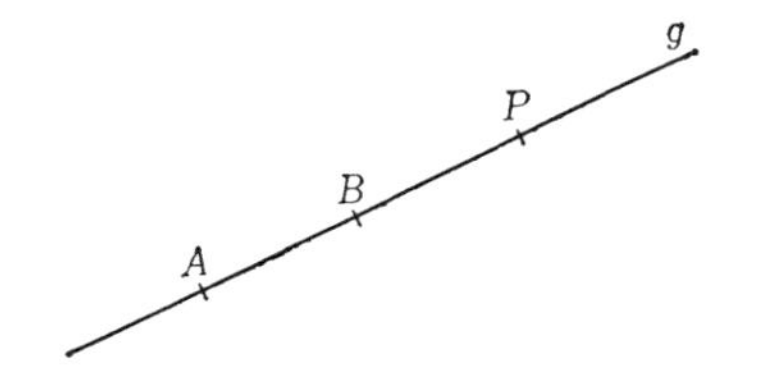

図3.8.1

とする．P が g 上にあることをベクトルの言葉でいえば，

$$\vec{a}=\overrightarrow{AB}, \quad \vec{z}=\overrightarrow{AP}$$

とおくと，

P が g 上にある $\Longleftrightarrow$ $\vec{z}$ は $\vec{a}$ のスカラー倍である

となる．なぜなら，g を平行移動して，A が原点 O に重なるようにしたものを g' とする．このとき B, P が B^*, P^* へきたとすれば

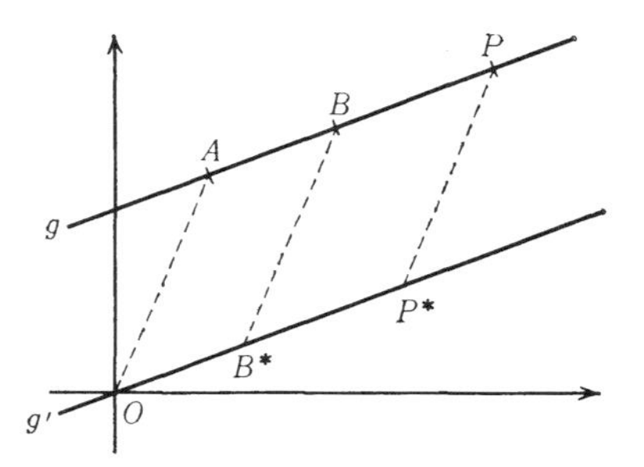

図 3.8.2

(図 3.8.2)，O, B^*, P^* が直線 g' 上にある．すなわち，

$$B^* = (c', d'), \qquad P^* = (x', y')$$

とおけば，直線 g' : $y = mx$ 上に B^*, P^* があるから，

$$d' = mc', \qquad y' = mx'$$

ここで $c' \neq 0$ である．なぜなら $c'=0$ なら $d'=0$ となり，$B^*=O$．これは $A \neq B$ に反する．よって，$t=x'/c'$ とおけば

$$\overrightarrow{OP^*} = \begin{pmatrix} x' \\ y' \end{pmatrix} = \begin{pmatrix} x' \\ mx' \end{pmatrix} = t\begin{pmatrix} c' \\ mc' \end{pmatrix} = t\begin{pmatrix} c' \\ d' \end{pmatrix} = t\overrightarrow{OB^*}$$

となる．一方，$\overrightarrow{OP^*}=\overrightarrow{AP}$，$\overrightarrow{OB^*}=\overrightarrow{AB}$ であるから，

(1)
$$\overrightarrow{AP} = t\overrightarrow{AB}$$

である．よって P が g 上にあれば $\overrightarrow{AP}$ が $\overrightarrow{AB}$ のスカラー倍となることがわかった．上の推論を逆にたどれば，$\overrightarrow{AP}$ が $\overrightarrow{AB}$ のスカラー倍であるときには，点 P が直線 AB 上にあることもわかる．(上の議論では g が y 軸に平行でない場合を扱っている．g が y 軸に平行なときには，同様な議論がもっと容易に行なえる.)

問 1　3 点 $A(1,3)$，$B(-2,-3)$，$C(3,7)$ が同一直線上にあるかどうかを判定せよ．

そこで(1)をベクトル成分を用いて書き直せば

(2)
$$\begin{pmatrix} x-a \\ y-b \end{pmatrix} = t\begin{pmatrix} c-a \\ d-b \end{pmatrix}$$

すなわち

$$(3)\qquad \begin{cases} x = a+t\alpha & (\alpha=c-a) \\ y = b+t\beta & (\beta=d-b) \end{cases}$$

となる．t がすべての実数を動くとき，$P(x, y)$ が直線 g 上を動くわけである．ベクトル $\overrightarrow{AB}$ を，直線 g に A から B へ行く向きを与えたときの，g の**方向ベクトル**という．もし $\overline{AB}=1$，すなわち

$$(4)\qquad \alpha^2+\beta^2 = 1$$

が成り立つなら，$\overrightarrow{AB}$ を直線 g の**単位方向ベクトル**という．例えば x 軸の単位方向ベクトルは $\overrightarrow{OE}$，その成分は $\begin{pmatrix} 1 \\ 0 \end{pmatrix}$ である．y 軸の単位方向ベクトルは $\overrightarrow{OF}$，その成分は $\begin{pmatrix} 0 \\ 1 \end{pmatrix}$ である．

注意 $\overrightarrow{AB}$ の代りに $\overrightarrow{BA}$ を直線 g の方向ベクトルにとれば，g の向きは B から A に行く向きである．

(3)を直線 g の**パラメータ表示**という．t を時刻と思えば，時刻 t に g 上の動点 $P(x, y)$ のいる位置を与える式が(3)である．(3)は

$$(5)\qquad \overrightarrow{OP} = \overrightarrow{OA}+\overrightarrow{AP}, \qquad \overrightarrow{AP} = t\overrightarrow{AB}$$

を表わしている．

問2 直線 $y=2x-3$ に，x 座標が増加する向きを与えたときの単位方向ベクトルを求めよ．またこの向きのその他の方向ベクトルはどのような形をしているか．またこの直線のパラメータ表示を与えよ．

§9 2直線のなす角

向きを与えた2直線 g, h の方向ベクトルが $\vec{u}, \vec{v}$ であるとき，ベクトル $\vec{u}, \vec{v}$ のなす角 θ(ラジアン)を**2直線 g, h のなす角**(または**交角**)という(図 3.9.1)．したがって，g または h の一方の向きを逆にすれば，交角は $\pi-\theta$ になる．§7 により，g と h の交角 θ は，g と h の方向ベクトル $\vec{u}, \vec{v}$ を用いて

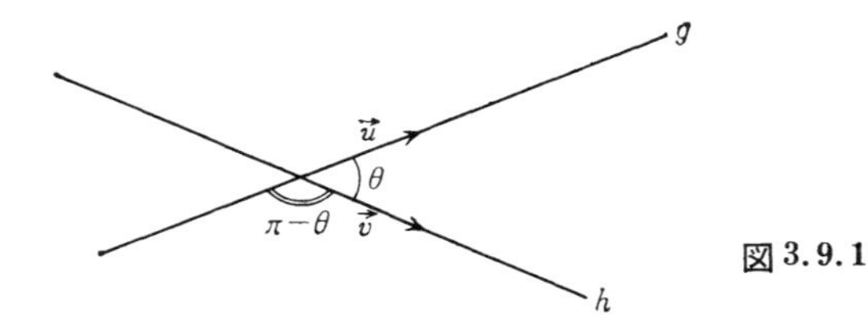

図 3.9.1

$$(1) \qquad \cos\theta = \frac{\vec{u}\cdot\vec{v}}{|\vec{u}|\cdot|\vec{v}|}$$

により与えられる．よって特に

$$(2) \qquad g \text{ と } h \text{ が平行} \iff \vec{v} \text{ が } \vec{u} \text{ のスカラー倍}$$

$$(3) \qquad g \text{ と } h \text{ が垂直} \iff \vec{u}\cdot\vec{v}=0$$

がわかる．あるいは，$\theta=\dfrac{\pi}{3}$ または $\theta=\dfrac{2}{3}\pi$（すなわち交角 θ が 60° か 120°）になる条件は，$\cos\theta=\pm\dfrac{1}{2}$ であるから，(1)により

$$(4) \qquad \vec{u}\cdot\vec{v} = \pm\frac{1}{2}|\vec{u}|\cdot|\vec{v}|$$

と同値である．これはまた両辺を 2 乗した条件

$$(5) \qquad (\vec{u}\cdot\vec{v})^2 = \frac{1}{4}(\vec{u}\cdot\vec{u})(\vec{v}\cdot\vec{v})$$

とも同値である．

問 1　直線 $\sqrt{3}x-y-\sqrt{3}=0$ および $\sqrt{3}x-3y-3\sqrt{3}=0$ に，両方とも x 座標が増加する向きを与えたときの交角を求めよ．

問 2　2 直線 g と h の交角が $\dfrac{\pi}{4}$ または $\dfrac{3}{4}\pi$（すなわち 45° か 135°）となるための必要十分条件は，g, h の方向ベクトルを用いてどう書けるか．（ヒント：(4)の場合を参考にせよ．）

2 直線 g, h が方程式

$$g:\ y = mx+\alpha$$
$$h:\ y = m'x+\beta$$

で与えられているときは，g と h の方向ベクトルとしてそれぞれ

(6)
$$\begin{pmatrix}1\\m\end{pmatrix},\quad \begin{pmatrix}1\\m'\end{pmatrix}$$

がとれる.（なぜなら g は g' : $y=mx$ に平行であり，h は h' : $y=m'x$ に平行であるから，g' と h' の方向ベクトルを考えればよい．それが上記の2つのベクトルで与えられることはすぐわかる．点 $(1, m)$ が g' 上にあり，点 $(1, m')$ が h' 上にあるからである.）

したがって交角 θ は，(1)により次式

(7)
$$\cos\theta=\frac{1+mm'}{\sqrt{1+m^2}\sqrt{1+m'^2}}$$

で与えられる．（詳しくいえば，(7)で与えられる交角は，g と h の向きを，その上の点の x 座標が増加する向きにとった場合である.）(7)から，特に2直線 g と h が直交するための条件も得られる．すなわち，それは $\cos\theta=0$ という条件だから，(7)より

(8)
$$g \text{ と } h \text{ とが直交する} \iff mm'=-1$$

となる.

問3　2直線 $y=x+1$ と $y=-x+1$ のなす角を求めよ.

§10　直線の法線ベクトル

いま直交軸 Oxy に関して，方程式

(1)
$$ax+by+c=0 \qquad (a^2+b^2>0)$$

で与えられる直線 g を考えよう．（上式で $a^2+b^2>0$ とおいたのは，a と b の少なくとも一方は $\neq 0$ ということを式で簡潔に表わしたのである.）いま直線(1)上に点 $P_0(x_0, y_0)$ を1つとると

$$ax_0+by_0+c=0$$
$$\therefore\quad c=-ax_0-by_0$$

これを(1)へ代入して，(1)は

(2)
$$a(x-x_0)+b(y-y_0)=0$$

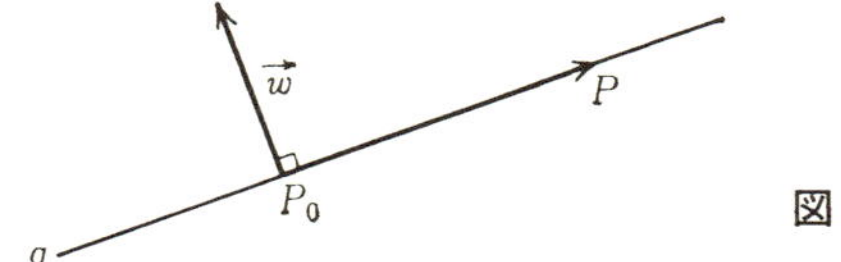

図 3.10.1

と書き直される．いま

(3) $$P=(x,y), \qquad \vec{w}=\begin{pmatrix} a \\ b \end{pmatrix}$$

とおくと，(2)は

(4) $$\vec{w}\cdot\overrightarrow{P_0P}=0$$

と書き直される．(4)は(1)と同値な式で，これが点 P が直線 g 上にあるための必要十分条件である．ところが P が g 上にあるときは，$\overrightarrow{P_0P}$ は g の方向ベクトルのスカラー倍である．よって(4)は $\vec{w}$ が g の方向ベクトルと直交することを示している．$\vec{w}$ を直線 g の**法線ベクトル**という．

原点 O を用いて，平面 Γ 上の点 P から作ったベクトル $\overrightarrow{OP}$ を点 P の**位置ベクトル**という．いま点 P, P_0 の位置ベクトルをそれぞれ

(5) $$\vec{z}=\overrightarrow{OP}, \qquad \vec{z}_0=\overrightarrow{OP_0}$$

とおくと，$\overrightarrow{P_0P}=\overrightarrow{OP}-\overrightarrow{OP_0}$ を用いて(4)は次のようにも書ける．

(6) $$\vec{w}\cdot(\vec{z}-\vec{z}_0)=0$$

問 1　直線 $y=3x+4$ の法線ベクトルの成分を求めよ．

§11　点と直線の間の距離

点 $A(a,b)$ と直線 $g: cx+dy+e=0\ (c^2+d^2>0)$ が与えられているとする．g 上を動く点 P に対し，$\overline{AP}$ のとる最小値 s を ***A* と *g* の間の距離**という．s を求める方法を考えよう．いま A を通り g に垂直な直線を h とする．すると g と h とは 1 点 H で交わる(図 3.11.1)．H を A から g に下ろした**垂線の足**という．$s=\overline{AH}$ であることを証

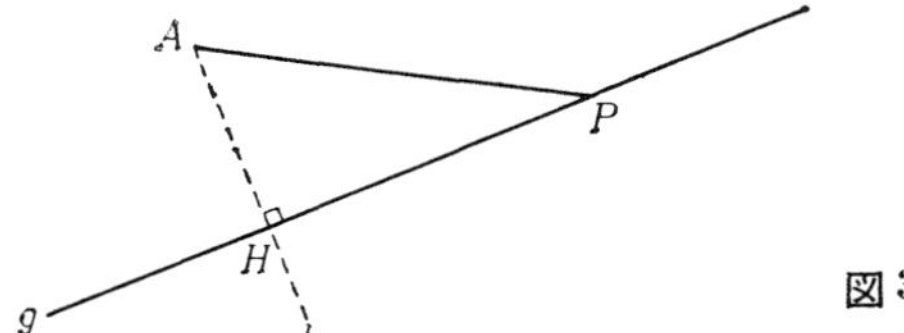

図 3.11.1

明しよう．いま g 上に点 $P(P \neq H)$ をとれば $\triangle AHP$($\triangle$ は三角形の略記)は $\angle H$ を直角にもつ直角三角形である．よってピタゴラスの定理により

$$\overline{AP}^2 = \overline{AH}^2 + \overline{HP}^2 > \overline{AH}^2$$

$\therefore$　$\overline{AP} > \overline{AH}$ となり，$s = \overline{AH}$ が示された．

s の値を具体的に知るにはどうしたらよいか？ それにはまず直線 h のパラメータ表示を作り，g と h の交点 H の座標を求めればよい．g の法線ベクトルが

$$\begin{pmatrix} c \\ d \end{pmatrix}$$

であるから，これが直線 h の方向ベクトルである．しかも h は点 $A(a, b)$ を通るから，h のパラメータ表示は

$$h: \begin{cases} x = a + tc \\ y = b + td \end{cases} \tag{1}$$

となる．h 上の点 (x, y) が g 上にもあるための必要十分条件は，(1) を g の方程式に代入して

$$c(a+tc) + d(b+td) + e = 0$$

となる．すなわち

$$t(c^2+d^2) + (ac+bd+e) = 0$$

となる．これを t について解いて

$$t = -\frac{ac+bd+e}{c^2+d^2} \tag{2}$$

となる．この t の値を(1)に代入して H の座標(x_0, y_0)が得られる．すなわち

$$(3)\qquad x_0 = a-\frac{ac+bd+e}{c^2+d^2}c, \qquad y_0 = b-\frac{ac+bd+e}{c^2+d^2}d$$

となる．したがって $s=\overline{AH}$ は次式からわかる．

$$s^2 = \overline{AH}^2 = (x_0-a)^2+(y_0-b)^2 = \left(\frac{ac+bd+e}{c^2+d^2}\right)^2(c^2+d^2)$$

$$= \frac{(ac+bd+e)^2}{c^2+d^2}$$

$s\geqq 0$ であるから，上式から($\sqrt{\xi^2}=|\xi|$ を用いて)

$$(4)\qquad s = \frac{|ac+bd+e|}{\sqrt{c^2+d^2}}$$

が得られる．

問 1　点$(1,2)$と直線 $3x+5y+6=0$ の間の距離を求めよ．

問 2　点$(1,2)$を焦点とし，直線 $3x+5y+6=0$ を準線とする放物線の方程式を求めよ．

§12　円，楕円，双曲線，放物線の接線

平面 Γ 上に直線 g と円 c があるとしよう．円の中心を原点 O とする直交軸をとれば，c の方程式は

$$(1)\qquad x^2+y^2 = r^2 \qquad (r>0)$$

となる．g の方程式を

$$(2)\qquad ax+by+c = 0 \qquad (a^2+b^2>0)$$

とする．円 c と直線 g の交点の個数は $0, 1, 2$ のいずれかであることを見よう．(2)で a または b の少なくとも一方が $\neq 0$ であるから，例えば $b\neq 0$ としよう．すると(2)は

$$(3)\qquad y = mx+\alpha \qquad \left(m=-\frac{a}{b},\ \alpha=-\frac{c}{b}\right)$$

の形になる．(1)と(3)を連立させた方程式

(4) $$\begin{cases} x^2+y^2=r^2 \\ y=mx+\alpha \end{cases}$$

の実解の個数が g と c の交点の個数であるから，(4)の実解の個数を調べよう．それには(4)の第2式を(4)の第1式に代入して

$$x^2+(mx+\alpha)^2=r^2$$

すなわち

(5) $$(1+m^2)x^2+2\alpha mx+(\alpha^2-r^2)=0$$

という x に関する2次方程式の実解の個数を調べればよい．それには(5)の左辺の判別式 D の符号を調べればよい．(本シリーズ中の松坂和夫氏の"代数への出発"を参照されたい.) さて

(6) $$D=4\alpha^2m^2-4(1+m^2)(\alpha^2-r^2)$$

であるが，この D の値に対して

(7) $$\begin{cases} D>0 & \text{ならば}\quad (5)\text{の実解の個数は}\ 2 \\ D=0 & \text{ならば}\quad (5)\text{の実解の個数は}\ 1 \\ D<0 & \text{ならば}\quad (5)\text{の実解の個数は}\ 0 \end{cases}$$

である．よって

(8) $$\begin{cases} D>0 & \text{ならば}\quad g\ \text{と}\ c\ \text{の交点は}\ 2\ \text{個} \\ D=0 & \text{ならば}\quad g\ \text{と}\ c\ \text{の交点は}\ 1\ \text{個} \\ D<0 & \text{ならば}\quad g\ \text{と}\ c\ \text{の交点は}\ 0\ \text{個} \end{cases}$$

となる．このとき，g と c の位置関係が図3.12.1のようになることをみよう．

m, α を a, b, c を用いて表わして D を書き直せば

$$D=4\frac{c^2}{b^2}\frac{a^2}{b^2}-4\left(1+\frac{a^2}{b^2}\right)\left(\frac{c^2}{b^2}-r^2\right)$$

$$=\frac{4}{b^4}\{c^2a^2-(b^2+a^2)(c^2-r^2b^2)\}$$

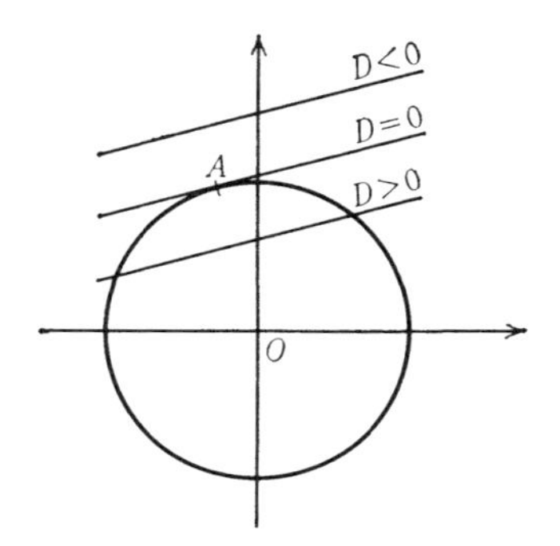

図 3.12.1

となる．よって $D>0$, $D=0$, $D<0$ のいずれであるかを判別するには

(9) $$f=c^2a^2-(b^2+a^2)(c^2-r^2b^2)=b^2\{r^2(a^2+b^2)-c^2\}$$

の正負を見ればよい．いま，原点 O と直線 g の間の距離を s とすれば，§11 により，

(10) $$s=\frac{|c|}{\sqrt{a^2+b^2}}$$

である．よって，

(11) $$f>0 \Leftrightarrow r^2(a^2+b^2)>c^2 \Leftrightarrow r>\frac{|c|}{\sqrt{a^2+b^2}} \Leftrightarrow r>s$$

である．同様にして

(12) $$f=0 \Leftrightarrow r=s$$

(13) $$f<0 \Leftrightarrow r<s$$

となる．以上は $b\neq 0$ の場合であったが，$a\neq 0$ の場合にも同様の結果が出る(試みられたい)．よって以上をまとめると次の定理になる．

定理 3.12.1 点 O を中心とし半径が r の円を c とする．点 O と直線 g の間の距離を s とすると

(i) $r>s$ なら c と g とは 2 点で交わる．

(ii) $r=s$ なら c と g とは 1 点で交わる．

(iii)　$r<s$ なら c と g とは交わらない．

問1　次の円 c と直線 g の交点の個数を求め，交点があるときはその座標も求めよ．

(i)　c：$x^2+y^2+4x-6y=0$

g：$y=\dfrac{2}{3}x$

(ii)　c：$x^2+y^2+4y-5=0$

g：$y=x-1$

(iii)　c：$x^2+y^2-6x-2y+6=0$

g：$x+2y+4=0$

定義　円 c と直線 g が1点 A で交わるとき，g を c の**接線**という．そして A を円 c と g の**接点**という．

このとき円 c の中心 O と直線 g の間の距離は(12)により円の半径 r に等しい．したがって A は O から g に下ろした垂線の足である．したがって，2直線 OA と g とは直交する．換言すれば，円 c 上の点 A を通る c の接線を引くには，A を通り OA に垂直な直線を引けばよい．

この事実を式の形に述べ直すことにしよう．いま円 c の方程式を

(14)　$$x^2+y^2=r^2$$

とし，c 上の点 A の座標を (x_0, y_0) とする．したがって

(15)　$$x_0{}^2+y_0{}^2=r^2$$

である．直線 OA の方程式は

(16)　$$y_0x-x_0y=0$$

である．(点 $(0, 0)$ も点 (x_0, y_0) も(16)を満たすから.)　g は A を通り(16)に垂直な直線であるから，その方程式は

$$x_0(x-x_0)+y_0(y-y_0)=0$$

となる．これを(15)を用いて書き直すと

(17)　$$x_0x+y_0y=r^2$$

となる．これが g の方程式である．よってつぎの定理が得られる．

定理 3.12.2　円 $x^2+y^2=r^2$ 上の点 (x_0, y_0) を通るこの円の接線の方程式は(17)で与えられる．

問 2　円 $x^2+y^2=25$ 上の点 $(3, 4)$ における接線の方程式を求めよ．

問 3　円 $x^2+y^2+2x+6y+5=0$ 上の点 $(0, -1)$ における接線の方程式を，本文と同様の考え方で求めよ．

*　　*　　*

曲線 c が楕円・双曲線・放物線の時にも接線を定義しようとすると，例えば双曲線と，漸近線に平行な直線のように，交点が 1 個でも接線といい難い場合がある．そこで，c と g の方程式から一方の変数を消去した方程式((5)に相当)が 2 次方程式で，かつ重解をもつ時に g を c の接線と定義する．具体形は練習問題 3 の 5 を参照．

練習問題 3

1. 平面上の直交軸 Oxy に関し $P=(a, b)$，$Q=(c, d)$ とする．平行四辺形 $OPRQ$ を作ると，その面積 s は

$$s = |ad-bc|$$

となることを示せ．

2. 上の問題 1 で a, b, c, d はすべて整数，$ad-bc \neq 0$ とする．点 $Z=(x, y)$ で次の性質(i), (ii), (iii)をもつものの全体のなす集合を $\mathfrak{F}$(エフ)とする．

(i)　x, y は整数(このような点 Z を**格子点**という)．

(ii)　点 Z は 2 辺 RP, RQ 上にはない．

(iii)　点 Z は平行四辺形 $OPRQ$ の内部または辺 OP か OQ(P と Q は除く)上にある．このとき，$\mathfrak{F}$ は $s=|ad-bc|$ 個の点からなることを示せ．

3. 上の問題 2 において，任意の格子点 W に対して，整数 m, n を適当にとって $\overrightarrow{OW'}=\overrightarrow{OW}-(m\overrightarrow{OP}+n\overrightarrow{OQ})$ とおけば点 W' は $\mathfrak{F}$ に属することを示せ．

4. 2 つのベクトル $\vec{a}, \vec{b}$ について

$$(\vec{a}\cdot\vec{b})^2 \leqq |\vec{a}|^2|\vec{b}|^2 \qquad \text{(シュヴァルツの不等式)}$$

を示せ．また，等号が成立するときの $\vec{a}$ と $\vec{b}$ の関係を求めよ．

5. (i) 楕円 $\dfrac{x^2}{a^2}+\dfrac{y^2}{b^2}=1$ 上に点(x_0, y_0)がある．点(x_0, y_0)でこの楕円に接する直線の方程式は $\dfrac{x_0x}{a^2}+\dfrac{y_0y}{b^2}=1$ であることを示せ．

(ii) 双曲線 $\dfrac{x^2}{a^2}-\dfrac{y^2}{b^2}=1$ 上に点(x_0, y_0)がある．点(x_0, y_0)でこの双曲線に接する直線の方程式は $\dfrac{x_0x}{a^2}-\dfrac{y_0y}{b^2}=1$ であることを示せ．

(iii) 放物線 $y=\dfrac{1}{2f}(x^2+f^2)$ 上に点(x_0, y_0)がある．点(x_0, y_0)でこの放物線に接する直線の方程式は $\dfrac{y+y_0}{2}=\dfrac{1}{2f}(x_0x+f^2)$ であることを示せ．

6. (i) 楕円上の点 P における接線 l は $\triangle PFF'$ の頂点 P での外角を2等分することを示せ(図3.0.1)(F, F' は楕円の焦点)．

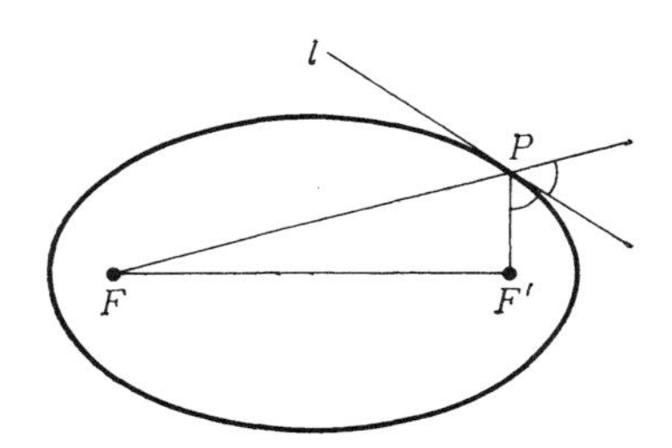

図3.0.1

(ii) 双曲線上の点 P における接線 l は $\triangle PFF'$ の頂点 P での内角を2等分することを示せ(図3.0.2)(F, F' は双曲線の焦点)．

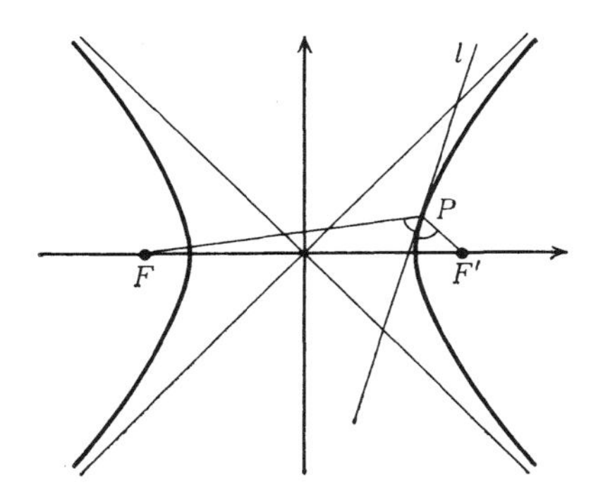

図3.0.2

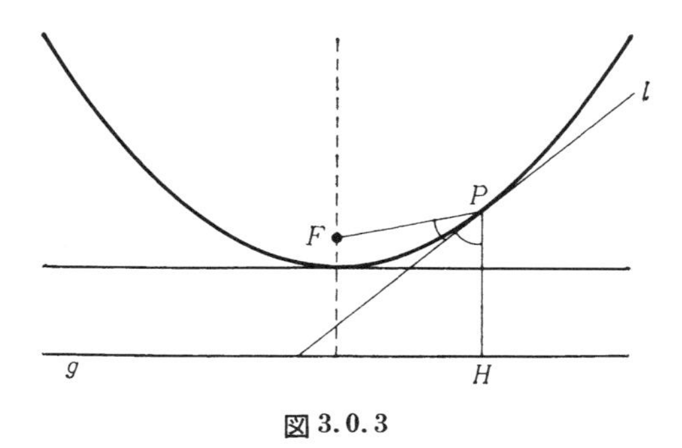

図 3.0.3

(iii)　放物線上の点 P から準線 g に下ろした垂線の足を H とすると，P における接線 l は $\angle FPH$ を 2 等分することを示せ (図 3.0.3)(F は放物線の焦点)．

第4章
2次行列とは何か

§1　2次行列とは何か

まず‘2次行列’とはそもそも何か？ ということから始めよう．——それがいったいどのような役に立つのか？ いつ頃，誰の手によってこの世に出現したのか？ 数学や物理学の世界ではどんな使われ方をしているのか？ などなど気になることはいっぱいあるわけだが，それらはしばらく後回しにする．

2次行列というのは4つの数(‘数’の範囲は実数または複素数のどちらかに統一して考える.) a, b, c, d を次のように正方形状に並べた‘もの’をいうのである．

$$\begin{pmatrix} a & b \\ c & d \end{pmatrix} \tag{1}$$

ここで両脇についているカッコ印(　)は仕切りをはっきりさせるための記号であって，特にカッコ印(　)でなくてもよい．ほかにもカッコ印の代りに使われるのは

$$\begin{bmatrix} a & b \\ c & d \end{bmatrix} \quad や \quad \begin{Vmatrix} a & b \\ c & d \end{Vmatrix} \tag{2}$$

などである．ただし記号

$$\begin{vmatrix} a & b \\ c & d \end{vmatrix} \tag{3}$$

だけは使わない習慣(伝統？)になっている．(3)は後で述べる行列

式なるものを表わす約束になっている．（行列式(3)は数 $ad-bc$ のことなのであるが，詳しくは後述する.）——しかし高校教科書などで行列を表わす記号として通用しているのは(1)なので，本書でもこれを用いる．

2次行列の実例

4つの数として，例えば3,7,8,15をもってこよう．これを(1)のように正方形状に並べると何通りの2次行列が生ずるだろうか？

その答は次の24通りである．

$$\begin{pmatrix}3&7\\8&15\end{pmatrix},\ \begin{pmatrix}3&7\\15&8\end{pmatrix},\ \begin{pmatrix}3&8\\7&15\end{pmatrix},\ \begin{pmatrix}3&8\\15&7\end{pmatrix},\ \begin{pmatrix}3&15\\7&8\end{pmatrix},\ \begin{pmatrix}3&15\\8&7\end{pmatrix}$$

$$\begin{pmatrix}7&3\\8&15\end{pmatrix},\ \begin{pmatrix}7&3\\15&8\end{pmatrix},\ \begin{pmatrix}7&8\\3&15\end{pmatrix},\ \begin{pmatrix}7&8\\15&3\end{pmatrix},\ \begin{pmatrix}7&15\\3&8\end{pmatrix},\ \begin{pmatrix}7&15\\8&3\end{pmatrix}$$

$$\begin{pmatrix}8&3\\7&15\end{pmatrix},\ \begin{pmatrix}8&3\\15&7\end{pmatrix},\ \begin{pmatrix}8&7\\3&15\end{pmatrix},\ \begin{pmatrix}8&7\\15&3\end{pmatrix},\ \begin{pmatrix}8&15\\3&7\end{pmatrix},\ \begin{pmatrix}8&15\\7&3\end{pmatrix}$$

$$\begin{pmatrix}15&3\\7&8\end{pmatrix},\ \begin{pmatrix}15&3\\8&7\end{pmatrix},\ \begin{pmatrix}15&7\\3&8\end{pmatrix},\ \begin{pmatrix}15&7\\8&3\end{pmatrix},\ \begin{pmatrix}15&8\\3&7\end{pmatrix},\ \begin{pmatrix}15&8\\7&3\end{pmatrix}$$

この $24=4\times3\times2\times1=4!$ 通りという答は，a, b, c, d という(1)の4つの場所に3,7,8,15を置く置き方，つまり，4つの物を並べる並べ方の総数(＝順列の個数)として出てきたものである．

2次行列が等しいというのはどういうことか

上記に述べた24個の2次行列は“等しくない”ことを自明のことのように述べたが，ここで2つの2次行列

$$\begin{pmatrix}a&b\\c&d\end{pmatrix} \quad と \quad \begin{pmatrix}x&y\\z&w\end{pmatrix}$$

とが**等しいということ**をはっきり定義しておこう．それは

$$(4)\qquad \begin{cases} a=x, & b=y \\ c=z, & d=w \end{cases}$$

という4つの等式が成り立つことをいう．この時記号で

$$\begin{pmatrix} a & b \\ c & d \end{pmatrix} = \begin{pmatrix} x & y \\ z & w \end{pmatrix} \tag{5}$$

と書く．普通の数の時と同様に等号 $=$ を用いるのである．(4)を別な言葉でいうと，2つの2次行列が等しいということは，“同じ場所にある数が一致している”ということである．

§2　一般の行列

2次行列だけでなく，もっと一般な‘行列’も数学には登場するので，これについても少し述べておく．

いま m と n を自然数とし，mn 個の数 $a_{11}, a_{12}, \cdots, a_{1n}, a_{21}, a_{22}, \cdots, a_{2n}, \cdots, a_{m1}, a_{m2}, \cdots, a_{mn}$ を次のように矩形状(長方形状)に並べる．

$$\begin{pmatrix} a_{11} & a_{12} & a_{13} & \cdots & a_{1n} \\ a_{21} & a_{22} & a_{23} & \cdots & a_{2n} \\ \cdots & & & & \cdots \\ a_{m1} & a_{m2} & a_{m3} & \cdots & a_{mn} \end{pmatrix} \tag{1}$$

両脇のカッコ印(　)の意味は2次行列の場合と同様である．(1)の縦幅は m で横幅は n である．これを(1)は **m 行 n 列の行列**である，あるいは**(m, n)型の行列**である，あるいは **$m \times n$ 型の行列**である――という．$m=n=2$ の場合が2次行列である．一般に $m=n$ のときは(1)は正方形状である．このときは(1)を **m 次の正方行列**，あるいは略して **m 次行列**という．

例1　3×2型の行列の例

$$\begin{pmatrix} \sqrt{5} & 8 \\ 2 & 1+i \\ 6 & 0 \end{pmatrix}$$

例2　3次行列の例

$$\begin{pmatrix} 1 & 2 & 3 \\ 0 & 8 & 9 \\ 4 & 5 & 6 \end{pmatrix}$$

特に $1\times n$ 型の行列

$$(a_1,\ a_2,\ \cdots,\ a_n)$$

を $\boldsymbol{n}$ **次の**(あるいは $\boldsymbol{n}$ **次元の**)**行ベクトル**という．また $m\times 1$ 型の行列

$$\begin{pmatrix} b_1 \\ b_2 \\ \vdots \\ b_m \end{pmatrix}$$

を $\boldsymbol{m}$ **次の**(あるいは $\boldsymbol{m}$ **次元の**)**列ベクトル**という．

例 3 座標平面 $\Gamma(O\,;E,F)$ において点 P の座標 (a,b) は 2 次の行ベクトルである．

例 4 座標平面 $\Gamma(O\,;E,F)$ においてベクトル $\vec{a}$ の成分

$$\begin{pmatrix} \alpha \\ \beta \end{pmatrix}$$

は 2 次の列ベクトルである．

以下では行列(1)を 1 つの大文字 $A, B, C, \cdots$ などで表わす．例えば例 2 の行列を B と呼ぶことにすれば，このことを

$$B=\begin{pmatrix} 1 & 2 & 3 \\ 0 & 8 & 9 \\ 4 & 5 & 6 \end{pmatrix}$$

と書く．

いま行列(1)を A と書くことにしよう．このとき行列 A の‘横列’を上から順に A の**第 1 行**，**第 2 行**，… という．例えば A の第 1 行は次の n 次行ベクトル

$$(a_{11},\ a_{12},\ \cdots,\ a_{1n})$$

である．また A の第 i 行は次の n 次行ベクトル

$$(a_{i1},\ a_{i2},\ \cdots,\ a_{in})$$

である．

次に(1)なる行列 A の‘縦列’を左から順に A の**第1列**，**第2列**，… という．例えば A の第1列は次の m 次列ベクトル

$$\begin{pmatrix} a_{11} \\ a_{12} \\ \vdots \\ a_{m1} \end{pmatrix}$$

である．また A の第 j 列は次の m 次列ベクトル

$$\begin{pmatrix} a_{1j} \\ a_{2j} \\ \vdots \\ a_{mj} \end{pmatrix}$$

である．

A の第 i 行と第 j 列の交叉点にある数 a_{ij} を，行列 A の$(\boldsymbol{i}, \boldsymbol{j})$**成分**という．例えば例2の行列 B の$(1, 1)$成分は1，B の$(2, 3)$成分は9である．

行列の相等

$m\times n$ 行列 A と $p\times q$ 行列 B とがあるとする．A の(i, j)成分を $a_{ij}(i=1, 2, \cdots, m\,;\, j=1, 2, \cdots, n)$ とし，B の(i, j)成分を $b_{ij}(i=1, 2, \cdots, p\,;\, j=1, 2, \cdots, q)$ とする．2つの行列 A と B とが等しいというのは

（イ）　行数も列数も一致する：$m=p$，$n=q$

および

（ロ）　A の(i, j)成分と B の(i, j)成分は等しい：

$$a_{ij}=b_{ij} \qquad (i=1, 2, \cdots, m \text{ と } j=1, 2, \cdots, n \text{ に対して})$$

が成り立つことをいう．このとき

$$A = B$$

と書く．つまり $A=B$ とは，A と B がサイズにおいても一致するのみならず，同番地にある成分同士も一致する——ということを表わす．すなわち，mn 個の等式 $a_{ij}=b_{ij}$ を書く代りに，簡単な1本の等式 $A=B$ で表わしたものが行列の等式である．

1×1型の行列 A とは，$A=(a)$ の形の行列である．つまり数 a の両側にカッコ記号をつけたものである．この場合には A を数 a と同一視して，カッコをつけない習慣になっている．

§3　行列のスカラー倍・和・差

A と B をいずれも $m\times n$ 型の行列とし，それぞれの (i,j) 成分を a_{ij}, b_{ij} $(1\leqq i\leqq m\,;\ 1\leqq j\leqq n)$ とする．このことを簡単に

(1)　$A=(a_{ij}),\ B=(b_{ij})\qquad(1\leqq i\leqq m\,;\ 1\leqq j\leqq n)$

と表わすことにする．数 λ をとり，A の各成分 a_{ij} の λ 倍 λa_{ij} を作り，λa_{ij} を (i,j) 成分とする $m\times n$ 型の行列を λA と書く．これを **A の λ 倍**という．λA の形の行列を **A のスカラー倍**という．

例1　$A=(a,b)$（2次行ベクトル）のときは

$$\lambda A = (\lambda a, \lambda b)$$

となる．

例2　座標平面 $\Gamma(O\,;E,F)$ 上のベクトル $\vec{a}$ の成分を

$$\begin{pmatrix}\alpha\\ \beta\end{pmatrix}$$

とし，λ を実数とするとき，

$$\lambda\begin{pmatrix}\alpha\\ \beta\end{pmatrix} = \begin{pmatrix}\lambda\alpha\\ \lambda\beta\end{pmatrix}$$

となる．これは第3章で述べたベクトルのスカラー倍に一致する．

例 3

$$3\begin{pmatrix} 8 & 2 & 6 & 4 \\ 0 & 1 & 2 & 5 \\ \sqrt{5} & 2 & 3 & 4 \end{pmatrix} = \begin{pmatrix} 24 & 6 & 18 & 12 \\ 0 & 3 & 6 & 15 \\ 3\sqrt{5} & 6 & 9 & 12 \end{pmatrix}$$

スカラー倍に対し次の法則(第3章と同様の)が成り立つ.

$$(2)\qquad \begin{cases} 1\cdot A = A & (1\text{倍の性質}) \\ 0\cdot A = O_{m,n} & (0\text{倍の性質}) \\ (\lambda\mu)A = \lambda(\mu A) & (\text{結合律}) \end{cases}$$

ここで $O_{m,n}$ と書いたのはどの成分も0であるような $m\times n$ 型の行列である. $O_{m,n}$ を **$m\times n$ 型の零行列**という.

(2)を証明するには, 結局両辺の各成分を比較して, それらが(同じ番地のものは)等しい——ということを示せばよい. しかしそれを実行してみると, 数に関するよく知られた次の公式に帰着してしまうことがわかる:

$$1\cdot\alpha = \alpha, \qquad 0\cdot\alpha = 0, \qquad (\lambda\mu)\alpha = \lambda(\mu\alpha)$$

(例えば(2)の第3式の左辺の(i,j)成分は

$$(\lambda\mu)a_{ij} \qquad (A=(a_{ij})\text{とする})$$

であり, 右辺の(i,j)成分は

$$\lambda(\mu a_{ij})$$

となる. よって両者は等しい.)

次に(1)の2つの行列の和 $C=A+B$ を定義しよう. $C=(c_{ij})$ は $m\times n$ 行列であって

$$(3)\qquad c_{ij} = a_{ij}+b_{ij} \qquad (1\leqq i\leqq m\,;\ 1\leqq j\leqq n)$$

で与えられる.

例 4

和を作る

$$\begin{pmatrix} 1 & 2 & 3 & 4 \\ 8 & 0 & 9 & 5 \\ 3 & 2 & 6 & 4 \end{pmatrix} + \begin{pmatrix} \sqrt{5} & 1 & 0 & 4 \\ 2 & -1 & -5 & 3 \\ 1 & 2 & 2 & 1 \end{pmatrix} = \begin{pmatrix} 1+\sqrt{5} & 3 & 3 & 8 \\ 10 & -1 & 4 & 8 \\ 4 & 4 & 8 & 5 \end{pmatrix}$$

(1)の2つの行列の差 $D=A-B$ の定義も同様である．$D=(d_{ij})$ は $m\times n$ 行列であって

$$d_{ij} = a_{ij}-b_{ij} \qquad (1\leqq i\leqq m\,;\ 1\leqq j\leqq n) \tag{4}$$

で与えられる．

例 5

差を作る

$$\begin{pmatrix} 8 & 9 & 6 \\ 2 & 3 & 4 \end{pmatrix} - \begin{pmatrix} 1 & 2 & 1 \\ 3 & 5 & 4 \end{pmatrix} = \begin{pmatrix} 7 & 7 & 5 \\ -1 & -2 & 0 \end{pmatrix}$$

行列の差は実は行列の加法に帰着する．いま B の (-1) 倍 $(-1)B$ を $-B$ と書くと，$-B$ の (i,j) 成分は $-b_{ij}$ となる．よって，$D=A-B$ は $A+(-B)$ にほかならない．

$A+B$, $A-B$ は A, B が同じ行数と同じ列数をもつときにのみ定義され，そうでない時は定義しない．例えば

$$\begin{pmatrix} \alpha & \beta \\ \gamma & \delta \end{pmatrix} + \begin{pmatrix} \lambda & \mu & \nu \\ \xi & \eta & \zeta \end{pmatrix}$$

(ν はニュー，ζ はゼータとよむ)などは定義しないのである．

行列の和・差・スカラー倍の間には次の法則が成り立つ．(これも第3章と同様である.)

$$(5)\quad \begin{cases} (\lambda+\mu)A = \lambda A+\mu A & \text{(第 1 分配律)} \\ A-A = O_{m,n} & \\ \lambda(A+B) = \lambda A+\lambda B & \text{(第 2 分配律)} \\ A+B = B+A & \text{(可換律)} \\ (A+B)+C = A+(B+C) & \text{(結合律)} \end{cases}$$

この証明も(2)の場合と同様に数に関するよく知られた公式に帰着する．(5)の等式を上から順に(i, j)成分間の等式で書けば，

$$(\lambda+\mu)\alpha = \lambda\alpha+\mu\alpha, \quad \alpha-\alpha = 0, \quad \lambda(\alpha+\beta) = \lambda\alpha+\lambda\beta,$$
$$\alpha+\beta = \beta+\alpha, \quad (\alpha+\beta)+\gamma = \alpha+(\beta+\gamma)$$

となるからである．

結合律を繰り返し使えば，$(A+B)+(C+D)$，$\{(A+B)+C\}+D$，$A+\{(B+C)+D\}$ などはいずれも同じ行列になる．よって煩雑なカッコを外して，これらをすべて

$$A+B+C+D \tag{6}$$

と書いてよい．また可換律を使用すれば，(6)で A, B, C, D の順序は任意にいれかえても結果が変らない．例えば，(6)は $A+C+B+D$ と一致する．

問1　次の計算を行なえ．

$$2\begin{pmatrix} 3 & 8 \\ 2 & 6 \end{pmatrix}-5\begin{pmatrix} 1 & 2 \\ 3 & 4 \end{pmatrix}, \qquad 6(8,2)+7(1,9)$$

§4　行列の積

$A=(a_{ij})$ を $m\times n$ 型の行列，$B=(b_{ij})$ を $p\times q$ 型の行列とする．行列の積 AB は，$n=p$ の時にのみ定義され，$n\neq p$ の時には定義されない．

$n=p$ の時に積 $C=AB$ とは次式で与えられる $m\times q$ 型の行列 $C=(c_{ij})$ をいう．

$$c_{ij} = a_{i1}b_{1j}+a_{i2}b_{2j}+\cdots+a_{in}b_{nj} \tag{1}$$
$$(1\leqq i\leqq m\,;\ 1\leqq j\leqq q)$$

行列のスカラー倍や和・差の定義は自然な形をしていた(各成分ごとにスカラー倍や和・差の演算をしていた!)のだが，行列の積の定義式(1)には‘自然さ’が全然感じられない．この定義の御利益は

後から判明する．しかしその前に，定義式(1)の別の把握の仕方を述べよう．((1)だけでは記憶するのもいやになるような形であるから.)

いま $m\times n$ 型の行列 A の第1行，第2行，…，第 m 行をそれぞれ

$$A_1,\ A_2,\ \cdots,\ A_m$$

とする．すると A はこれら m 個の行ベクトルを順に並べた形として

$$(2)\qquad A=\begin{pmatrix} A_1 \\ A_2 \\ \vdots \\ A_m \end{pmatrix}\qquad (\text{各 } A_i \text{ は } n \text{ 次行ベクトル})$$

と書ける．次に $n\times q$ 型の行列 B の第1列，第2列，…，第 q 列をそれぞれ

$$B_1,\ B_2,\ \cdots,\ B_q$$

とする．すると B はこれら q 個の列ベクトルを順に並べた形として，

$$(3)\qquad B=(B_1, B_2, \cdots, B_q)\qquad (\text{各 } B_j \text{ は } n \text{ 次列ベクトル})$$

と書ける．そこで $AB=C=(c_{ij})$ の (i,j) 成分を定義する式(1)をよく眺め直すと，

$$(4)\qquad c_{ij}=A_iB_j$$

となっていることがわかる．なぜなら $A_i=(a_{i1}, a_{i2}, \cdots, a_{in})$ であり，また

$$B_j=\begin{pmatrix} b_{1j} \\ b_{2j} \\ \vdots \\ b_{nj} \end{pmatrix}$$

であるから，A_iB_j は 1×1 型の行列 (c_{ij}) となるが，§2の末尾に述

べたように，(c_{ij})を数 c_{ij} と同一視するので，結局(4)が成り立つのである．

例 1

$$A=\begin{pmatrix}1 & 2\\ 3 & 4\end{pmatrix},\qquad B=\begin{pmatrix}5 & 6\\ 7 & 8\end{pmatrix}$$

に対しては，

$$A_1=(1,2)$$
$$A_2=(3,4)$$
$$B_1=\begin{pmatrix}5\\ 7\end{pmatrix},\qquad B_2=\begin{pmatrix}6\\ 8\end{pmatrix}$$

となるから，積 $AB=C=(c_{ij})$ は次のように計算される：

$$c_{11}=A_1B_1=(1,2)\begin{pmatrix}5\\ 7\end{pmatrix}=1\cdot5+2\cdot7=19$$

$$c_{12}=A_1B_2=(1,2)\begin{pmatrix}6\\ 8\end{pmatrix}=1\cdot6+2\cdot8=22$$

$$c_{21}=A_2B_1=(3,4)\begin{pmatrix}5\\ 7\end{pmatrix}=3\cdot5+4\cdot7=43$$

$$c_{22}=A_2B_2=(3,4)\begin{pmatrix}6\\ 8\end{pmatrix}=3\cdot6+4\cdot8=50$$

よって

$$C=\begin{pmatrix}c_{11} & c_{12}\\ c_{21} & c_{22}\end{pmatrix}=\begin{pmatrix}19 & 22\\ 43 & 50\end{pmatrix}$$

この例では A の行ベクトルへの分割と，B の列ベクトルへの分割とをわざわざ書いてあるが，それを頭の中でやれば行列の積 $C=AB$ の計算が暗算でもできるようになる．暗算用のパターンを書けば下の図式のようになる．

$$A=\left(\begin{array}{c}\boxed{}\\ \boxed{}\end{array}\right),\qquad B=\left(\begin{array}{cc}\boxed{} & \boxed{}\end{array}\right)$$

これは，A, B が2次行列の場合に限らず，一般の場合(すなわち $A=m\times n$ 型，$B=n\times q$ 型の時)でも同様である．

例 2

$$\begin{pmatrix}1 & 2 & 1\\ 8 & 1 & 3\end{pmatrix}\begin{pmatrix}6 & 2 & 1\\ 5 & 1 & 1\\ 0 & 0 & 1\end{pmatrix}=\begin{pmatrix}16 & 4 & 4\\ 53 & 17 & 12\end{pmatrix}$$

例 3

$$\begin{pmatrix}\alpha & \beta\\ \gamma & \delta\end{pmatrix}\begin{pmatrix}\lambda\\ \mu\end{pmatrix}=\begin{pmatrix}\alpha\lambda+\beta\mu\\ \gamma\lambda+\delta\mu\end{pmatrix},$$

$$(\lambda, \mu)\begin{pmatrix}\alpha & \beta\\ \gamma & \delta\end{pmatrix}=(\lambda\alpha+\mu\gamma,\ \lambda\beta+\mu\delta),$$

$$\begin{pmatrix}\alpha & \beta\\ \gamma & \delta\end{pmatrix}\begin{pmatrix}a & b\\ c & d\end{pmatrix}=\begin{pmatrix}\alpha a+\beta c & \alpha b+\beta d\\ \gamma a+\delta c & \gamma b+\delta d\end{pmatrix}$$ ——

以下本書に登場するのは，上の例3のタイプの積がほとんどであるが，行列の積の満たす公式を一般的な形で述べておこう．まずスカラー λ に対して

(5)　$$\lambda(AB)=(\lambda A)B=A(\lambda B)$$

の成立は容易にわかる．(5)の各項の (i, j) 成分はいずれも

$$\lambda\sum_{k=1}^{n}a_{ik}b_{kj}$$

となるからである．

次に $A=(a_{ij}), C=(c_{ij})$ がいずれも $m\times n$ 型の行列で，$B=(b_{ij})$ が $n\times q$ 型の行列ならば

(6)　$$(A+C)B=AB+CB$$　(左分配律)

が成り立つ．なぜなら，

$$(\text{左辺の}(i, j)\text{成分})=\sum_{k=1}^{n}(a_{ik}+c_{ik})b_{kj}$$

$$= \sum_{k=1}^{n} a_{ik}b_{kj} + \sum_{k=1}^{n} c_{ik}b_{kj}$$

であり，一方

$$(\text{右辺の}(i,j)\text{成分}) = \sum_{k=1}^{n} a_{ik}b_{kj} + \sum_{k=1}^{n} c_{ik}b_{kj}$$

だからである．

全く同様にして，D が $r\times m$ 型の行列ならば

(7)　$$D(A+C) = DA+DC \qquad (\text{右分配律})$$

の成り立つことがわかる．

次に行列の積が数の場合と同様に結合律を満たすことを述べよう．いま $A=(a_{ij})$ が $m\times n$ 型の行列，$B=(b_{ij})$ が $n\times q$ 型の行列，$C=(c_{ij})$ が $q\times r$ 型の行列であるならば

(8)　$$(AB)\cdot C = A\cdot(BC) \qquad (\text{結合律})$$

が成り立つ．

これを証明するには両辺の (i,j) 成分を比べてそれが一致する ($1\leqq i\leqq m$；$1\leqq j\leqq r$ に対して) ことを示せばよい．そのために

$$AB = P = (p_{ij}) \qquad (1\leqq i\leqq m;\ 1\leqq j\leqq q)$$
$$BC = Q = (q_{ij}) \qquad (1\leqq i\leqq n;\ 1\leqq j\leqq r)$$

とおく．すると(8)は行列等式

(9)　$$PC = AQ$$

に帰着する．さて

(*)　$$(PC\text{ の }(i,j)\text{成分}) = \sum_{s=1}^{q} p_{is}c_{sj}$$

$$= \sum_{s=1}^{q}\left(\sum_{t=1}^{n} a_{it}b_{ts}\right)c_{sj} = \sum_{s=1}^{q}\sum_{t=1}^{n} a_{it}b_{ts}c_{sj}$$

(**)　$$(AQ\text{ の }(i,j)\text{成分}) = \sum_{t=1}^{n} a_{it}q_{tj}$$

$$= \sum_{t=1}^{n} a_{it}\left(\sum_{s=1}^{q} b_{ts}c_{sj}\right)$$

$$= \sum_{t=1}^{n}\sum_{s=1}^{q} a_{it}b_{ts}c_{sj}$$

である．(＊)と(＊＊)とは和の順序をいれかえただけだから一致する．よって(9)が，したがって(8)が証明された．

結合律(8)の結果として，(8)の左辺および右辺を単に ABC と書いてもよい．$(AB)(CD)=((AB)C)D=A(B(CD))$ なども(8)を繰り返し使えばわかる．例えば $AB=P$ とおけば

$$(AB)(CD) = P(CD) = (PC)D = ((AB)C)D$$

となる etc. である．一般に r 個の行列 $A_1, A_2, \cdots, A_r$ があり，A_s が $m_s \times n_s$ 型であり $(s=1, 2, \cdots, r)$，しかも

$$n_1 = m_2, \quad n_2 = m_3, \quad \cdots, \quad n_{r-1} = m_r$$

であれば，積 $A_1A_2\cdots A_r$ はどのようなカッコづけをして計算しても同じ結果となる．よってカッコをつけず単に $A_1A_2\cdots A_r$ と書く．

特に，上記で $m_1=m_2=\cdots=m_r=n_1=n_2=\cdots=n_r$ であるとき，この共通の値を n とすれば，$A_1, \cdots, A_r$ はすべて n 次行列で，その積 $A_1\cdots A_r$ も n 次行列である．もしさらに $A_1=A_2=\cdots=A_r=A$ であれば $A_1A_2\cdots A_r$ を数の場合にならって A^r と書く．

例 4

$$\begin{pmatrix} \alpha & \beta \\ \gamma & \delta \end{pmatrix}^2 = \begin{pmatrix} \alpha & \beta \\ \gamma & \delta \end{pmatrix}\begin{pmatrix} \alpha & \beta \\ \gamma & \delta \end{pmatrix} = \begin{pmatrix} \alpha^2+\beta\gamma & \alpha\beta+\beta\delta \\ \gamma\alpha+\delta\gamma & \gamma\beta+\delta^2 \end{pmatrix}$$

単位行列

数の積の場合には数1がどんな数 α に対しても

$$1\cdot\alpha = \alpha$$

という乗法の公式を満たしている．では行列の場合に数1に相当するものはあるだろうか？――という疑問が自然に生ずる．数0に相

当するものは $m\times n$ 型の行列全体の世界の中では，§3 に述べた $m\times n$ 型の零行列 $O_{m,n}$ であった．$0+\alpha=\alpha+0=\alpha$ に相当する等式 $O_{m,n}+A=A+O_{m,n}=A$ がすべての $m\times n$ 型の行列 A に対して成り立つからである．

数1に相当する行列を探すという意味をもっとはっきりさせよう．m 次行列 $I=(a_{ij})$ であって，すべての $m\times n$ 型の行列 $X=(x_{ij})$ に対して

$$IX=X \tag{10}$$

を満たすものを求めようというのである．さて

$$IX \text{ の } (i,j) \text{ 成分} = \sum_{k=1}^{m} a_{ik}x_{kj}$$

であるから，(10)が成り立つための条件は

$$\sum_{k=1}^{m} a_{ik}x_{kj} = x_{ij} \qquad (1\leqq i\leqq m\,;\ 1\leqq j\leqq n) \tag{11}$$

である．(11)がどんな x_{ij} についても成り立つためには，a_{ik} たちがどんな条件を満たせばよいか？というのが問題点である．

それを見いだすために両辺の x_{kj} の係数を比較しよう．すると

$$\begin{cases} k\neq i \quad \text{のとき} \quad a_{ik}=0 \\ k=i \quad \text{のとき} \quad a_{ii}=1 \end{cases} \tag{12}$$

が必要十分条件であることがわかる．すなわち I の形がわかる：

$$I=\begin{pmatrix} 1 & 0 & 0 & \cdots & 0 \\ 0 & 1 & 0 & \cdots & 0 \\ 0 & 0 & 1 & \cdots & 0 \\ & & \cdots\cdots\cdots & & \\ 0 & 0 & 0 & \cdots & 1 \end{pmatrix} \qquad (I \text{ は } m \text{ 次行列}) \tag{13}$$

この形の行列 I を **m 次単位行列**という．m を明記したい時には I の代りに I_m と書く．

例 5 2次単位行列は

$$I_2 = \begin{pmatrix} 1 & 0 \\ 0 & 1 \end{pmatrix}$$

である．3次単位行例は

$$I_3 = \begin{pmatrix} 1 & 0 & 0 \\ 0 & 1 & 0 \\ 0 & 0 & 1 \end{pmatrix}$$

である．

さて上と同様に，n 次単位行列 I_n は任意の $m \times n$ 型の行列 X に対して

(14) $$XI_n = X$$

を満たし，しかもそのような n 次行列は I_n に限ることがわかる．

さらに，$m \times n$ 型の行列 X のスカラー倍 λX は，行列 λI_m や λI_n との積として次のようにも書かれる．(これは(10)，(14)から直ちにわかる．)

(15) $$\lambda X = \lambda I_m \cdot X = X \cdot \lambda I_n$$

このように，λI_m を掛けることが行列 X のスカラー倍を与えるので，λI_m の形の行列を**スカラー行列**という．

練習問題 4

1. 2次行列

$$A = \begin{pmatrix} \alpha & \beta \\ \gamma & \delta \end{pmatrix}$$

に対して，

$$s = \alpha + \delta, \qquad \varDelta = \alpha\delta - \beta\gamma$$

とおくと

$$A^2 = sA - \varDelta I$$

が成り立つことを示せ．またこれを用いて次式を示せ．

$$A^j = f_jA + g_jI \qquad (j=2,3,4,\cdots)$$

ただし

$$\begin{pmatrix} f_{j+1} \\ g_{j+1} \end{pmatrix} = \begin{pmatrix} s & 1 \\ -\Delta & 0 \end{pmatrix}\begin{pmatrix} f_j \\ g_j \end{pmatrix}, \qquad \begin{pmatrix} f_2 \\ g_2 \end{pmatrix} = \begin{pmatrix} s \\ -\Delta \end{pmatrix} \qquad (j=2,3,4,\cdots)$$

とおく．

2. 問題1の方法により，行列

$$A = \begin{pmatrix} 1 & 1 \\ 1 & 0 \end{pmatrix}$$

に対して，A^2, A^3, A^4, A^5, A^6 を求めよ．

3. 問題2の行列 A に対して $A^j\,(j=1,2,3,\cdots)$ の形は

$$A^j = \begin{pmatrix} a_{j+1} & a_j \\ a_j & a_{j-1} \end{pmatrix}$$

となることを示せ．ただし $a_0, a_1, a_2, a_3, \cdots$ は

$$a_0 = 0,\ \ a_1 = 1,\ \ a_j = a_{j-1} + a_{j-2} \qquad (j=2,3,\cdots)$$

で定めた数列(フィボナッチ数列)である．

4. 問題3の数列 $\{a_n\}$ に対して

$$\lim_{n\to\infty}\frac{a_n}{\alpha^n} = c \qquad (c\text{ は }0\text{ でない或る定数})$$

となる実数 α を求めよ．

5. n 人の人にテストをしたところ，点数が $x_1, \cdots, x_n$ であったとする．

$$X = (x_1, \cdots, x_n, 1), \qquad N = (\underbrace{\frac{1}{n}, \cdots, \frac{1}{n}}_{n\text{ 個}}, 0)$$

とおけば(平均)$=N\cdot{}^tX$ であり，さらに

$$M = \begin{pmatrix} 1 & 0 & \cdots & 0 & -m \\ 0 & 1 & \ddots & \vdots & \vdots \\ \vdots & \ddots & \ddots & 0 & \vdots \\ \vdots & & \ddots & 1 & -m \\ 0 & \cdots & \cdots & 0 & 0 \end{pmatrix} \qquad (m\text{ は平均})$$

とおけば(分散)$=\dfrac{1}{n}\{{}^t(M\cdot{}^tX)\cdot(M\cdot{}^tX)\}$ であることを示せ．ただし(平均)

$=\dfrac{1}{n}\sum_{i=1}^{n}x_i$, (分散)$=\dfrac{1}{n}\sum_{i=1}^{n}(x_i-m)^2$ であり，また $r\times s$ 型の行列 $A=(a_{ij})$ に対し，(i,j) 成分が a_{ji} である $s\times r$ 型の行列を ${}^tA$ と書く．

6. (i)　複素数 $\alpha=a+bi$ (a,b は実数)に対し，2 次行列 $\begin{pmatrix} a & -b \\ b & a \end{pmatrix}$ を $f(\alpha)$ で表わす．α,β が複素数のとき

$$f(\alpha+\beta)=f(\alpha)+f(\beta)$$
$$f(\alpha\beta)=f(\alpha)f(\beta)$$

が成り立つことを示せ．

(ii)　(i) と同様に，$\alpha=a+b\sqrt{2}$ (a,b は有理数) なる形の実数 α に対し，2 次行列 $\begin{pmatrix} a & b \\ 2b & a \end{pmatrix}$ を $g(\alpha)$ で表わす．α,β が上の形の実数のとき

$$g(\alpha+\beta)=g(\alpha)+g(\beta)$$
$$g(\alpha\beta)=g(\alpha)g(\beta)$$

が成り立つことを示せ．

7. 2 次行列 $X=\begin{pmatrix} x & y \\ z & w \end{pmatrix}$ に対して，X のトレースを $\mathrm{tr}(X)=x+w$ と定義し，2 次行列 X,Y に対して，$B(X,Y)=\mathrm{tr}(XY)$ とする．このとき次の (i), (ii) を示せ．

(i)　X,Y,Z を任意の 2 次行列，λ,μ を数とするとき，

① $B(X,Y)=B(Y,X)$

② $B(X+Z,Y)=B(X,Y)+B(Z,Y)$
　 $B(X,Y+Z)=B(X,Y)+B(X,Z)$

③ $B(\lambda X,Y)=\lambda B(X,Y)$
　 $B(X,\mu Y)=\mu B(X,Y)$

(ii)　任意の 2 次行列 Y に対して，$B(X,Y)=0$ ならば $X=O$．

第5章
平面のアフィン写像と1次変換

§1　線分の分割点

平面 Γ 上にある直線 g の上に2点 $A, B(A \neq B)$ が与えられているとする．g 上の点 P(ただし $P \neq A$)に対し，ベクトル $\overrightarrow{PB}$ はベクトル $\overrightarrow{AP}$ のスカラー倍となる．すなわち

(1)　$$\overrightarrow{PB} = \lambda\overrightarrow{AP}$$

を満足するような実数 λ がただ1つ定まる(図5.1.1)．このとき，点 P は線分 AB を**比 $1:\lambda$ に分割する**という．そして P を線分 AB の，**分割比 $1:\lambda$ の分割点**という．ここで $\lambda \neq -1$ である．なぜならば，もし $\lambda=-1$ ならば，(1)は $\overrightarrow{PB}=-\overrightarrow{AP}$ となる．よって $\overrightarrow{AP}+\overrightarrow{PB}=\vec{0}$，したがって $\overrightarrow{AB}=\vec{0}$，ゆえに $A=B$ となり，仮定 $A \neq B$ に反する．

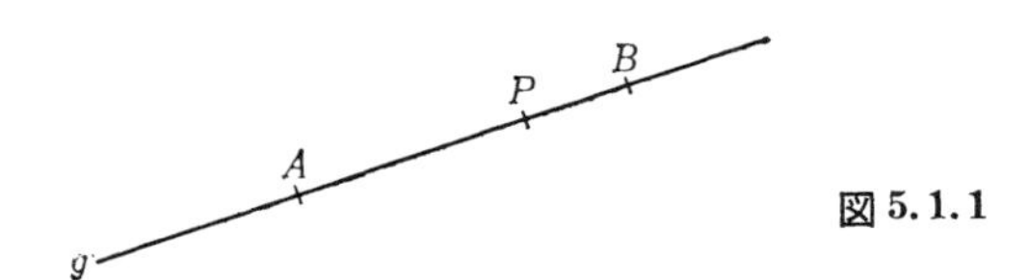

図5.1.1

逆に実数 λ(ただし $\lambda \neq -1$)を任意に与えると，(1)を満たす点 P が g 上にただ1つ存在することを示そう．のみならず平面 Γ 上に直交軸 Oxy があるとき，A と B の座標と λ とを用いて，P の座標を表わすことにしよう．いま

(2)　$$A = (a, b), \qquad B = (c, d), \qquad P = (x_0, y_0)$$

とおくと，ベクトル $\overrightarrow{AP}$, $\overrightarrow{PB}$ の成分表示

$$\overrightarrow{AP} = \begin{pmatrix} x_0 - a \\ y_0 - b \end{pmatrix}, \quad \overrightarrow{PB} = \begin{pmatrix} c - x_0 \\ d - y_0 \end{pmatrix} \tag{3}$$

が得られる(第3章§4)．よって(1)は

$$\begin{pmatrix} c - x_0 \\ d - y_0 \end{pmatrix} = \lambda \begin{pmatrix} x_0 - a \\ y_0 - b \end{pmatrix} \tag{4}$$

となる．すなわち

$$c - x_0 = \lambda(x_0 - a) \qquad \therefore \quad (1+\lambda)x_0 = c + \lambda a$$
$$d - y_0 = \lambda(y_0 - b) \qquad \therefore \quad (1+\lambda)y_0 = d + \lambda b$$

となる．仮定により $1+\lambda \neq 0$ だから，上式の解 x_0, y_0 はただ1通りに定まり，

$$\begin{cases} x_0 = \dfrac{1}{1+\lambda}(c + \lambda a) \\ y_0 = \dfrac{1}{1+\lambda}(d + \lambda b) \end{cases} \tag{5}$$

となる．

(5)が分割比 $1:\lambda$ の分割点 P の座標 x_0, y_0 を与える公式である．λ が比 $\dfrac{n}{m}$(ただし $m \neq 0, m+n \neq 0$) の形であれば

$$1 : \lambda = m : n$$

であるから，P を分割比 $m:n$ の分割点であるともいう．

例 1　分割比 $1:1$ の分割点 $P(x_0, y_0)$　(線分 AB の中点)

このとき(5)は

$$x_0 = \frac{1}{2}(a + c), \qquad y_0 = \frac{1}{2}(b + d)$$

となる．

例 2　分割比 $1:0$ の分割点 $P(x_0, y_0)$

$$x_0 = c, \qquad y_0 = d$$

となるから，$P=B$ である．

$1:\lambda=m:n$ を用いて公式(5)を書き直そう．$\lambda=\dfrac{n}{m}$ を(5)に代入して変形すれば

$$(6)\qquad \begin{cases} x_0=\dfrac{m}{m+n}\left(c+\dfrac{n}{m}a\right)=\dfrac{mc+na}{m+n} \\ y_0=\dfrac{m}{m+n}\left(d+\dfrac{n}{m}b\right)=\dfrac{md+nb}{m+n} \end{cases}$$

となる．よって分割比 $m:n$ の分割点 $P(x_0, y_0)$ の座標を与える次の公式が得られる．ただし印象を強めて記憶しやすくするために，A, B の座標をあらためて

$$A=(x_1, y_1),\qquad B=(x_2, y_2)$$

とする．すると(6)は

$$(7)\qquad \begin{cases} x_0=\dfrac{nx_1+mx_2}{m+n} \\ y_0=\dfrac{ny_1+my_2}{m+n} \end{cases}$$

となる．右辺の分子において，$m:n$ の n の方が x_1, y_1 に掛けられ，m の方が x_2, y_2 に掛けられる——という‘逆順’の現象に注意されたい．

$m:n=1:\lambda$ における λ の値により，分割比 λ の分割点 P の位置は図5.1.2のように変化する．$0<\lambda<\infty$ のときは P は線分 AB 上

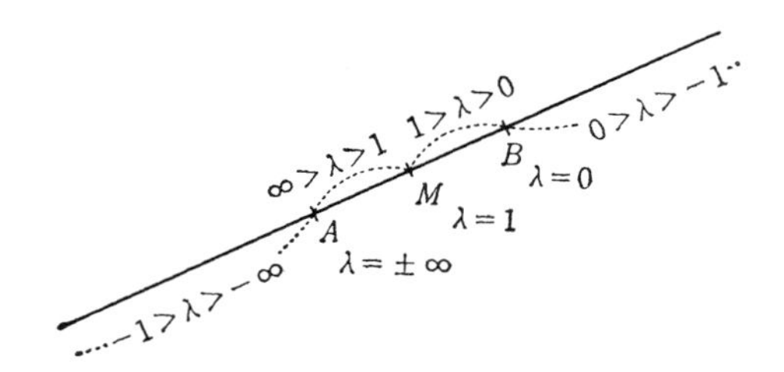

図5.1.2

を動く．(ただし両端の A と B を除く.) $\lambda=1$ のときは P は AB の中点 M である．$\lambda\to\infty$ (λ がいくらでも大きくなる) と共に P は A に近づく．$\lambda\to 0$ (λ が 0 に近づく) と共に P は B に近づく．

$-\infty<\lambda<-1$ のときは，P は直線 AB を点 A で 2 つの半直線に分割したときの，点 B を含まぬ方の半直線上を動く．$\lambda\to-1$ と共に P は無限遠に飛び去って行く．また $\lambda\to-\infty$ と共に P は A に近づく．

$-1<\lambda<0$ のときは，P は直線 AB を点 B で 2 つの半直線に分割したときの，点 A を含まぬ方の半直線上を動く．$\lambda\to-1$ と共に P は無限遠に飛び去って行く．また $\lambda\to 0$ と共に P は B に近づく．

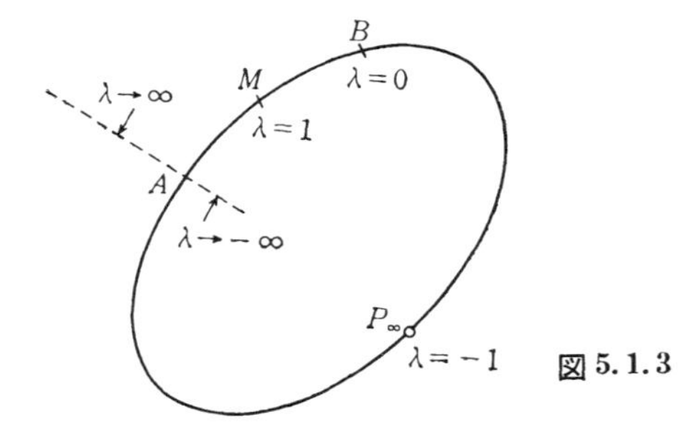

図 5.1.3

付記　直線 AB を両側に無限に延長すると，どちらも無限遠にある仮想の点 P_∞ に限りなく近づく——と夢想してもよい．直線 AB にこの“無限遠点 P_∞”をつけ加えたものを**射影直線**という (図 5.1.3)．射影直線上で分割比 λ を‘座標’と思えば，

$$A\longleftrightarrow\lambda=\pm\infty,\qquad B\longleftrightarrow\lambda=0,\qquad M\longleftrightarrow\lambda=1,$$

$$P_\infty\longleftrightarrow\lambda=-1$$

となる．P_∞ を直線 AB の定める**無限遠点**と呼ぶことにする．そしてこれを $P_\infty(AB)$ と書く．平面 Γ 上の他の直線 CD に対してもそれが定める無限遠点 $P_\infty(CD)$ を考える．ただし，直線 AB と直線 CD が一致するかまたは平行 ($AB/\!/CD$) である場合には $P_\infty(AB)$

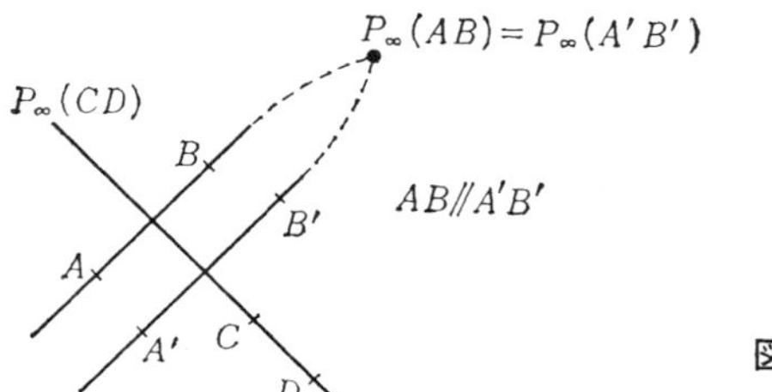

図 5.1.4

$=P_\infty(CD)$ と約束し，それ以外の場合には $P_\infty(AB)\neq P_\infty(CD)$ と約束する(図 5.1.4)．これらの無限遠点のすべてを平面 Γ につけ加えた集合を $\tilde{\Gamma}$ とし，$\tilde{\Gamma}$ を**射影平面**という．$\tilde{\Gamma}$ 中の $P_\infty(AB)$ の形の無限遠点の全体からなる $\tilde{\Gamma}$ の部分集合 l_∞ を**無限遠直線**という．

射影平面を具体的な‘もの’として感覚化するには次のようにすればよい(図 5.1.5)．

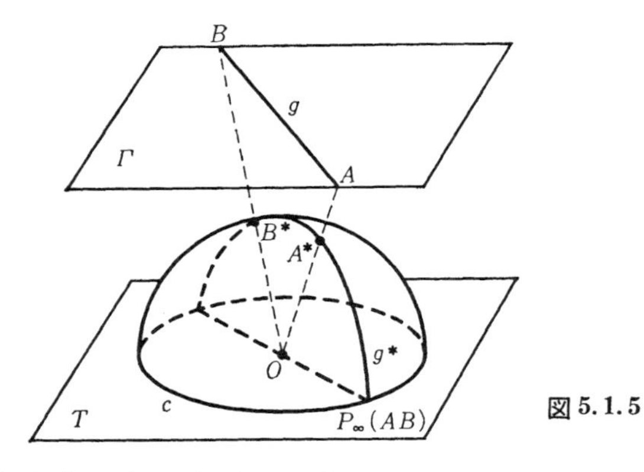

図 5.1.5

空間中に点 O を中心とし半径 1 の球面 S を作る．点 O を通る平面 T で S を 2 つの部分 S^+, S^- に分ける．ただし T による S の切り口(すなわち T と S の共通部分 $T\cap S$)は S^+ につけ加えておく．また平面 Γ はこの空間中にあって，S とは交わらず，かつ平面 T とは平行とする．

S^+ を射影平面 $\tilde{\Gamma}$ の具体化として採用することができるのである．

ただしこの時円周 $c=T\cap S$ 上の 2 点 X, Y が c の或る直径の両端をなすときは，X と Y とを同一視する(同じものと見なす)．このように点の同一視を行なったときの円周 c が $\tilde{\Gamma}$ 中の無限遠直線 l_∞ に対応する．Γ 中の直線 AB に対応するのは，S^+ 上の 2 点 A^*, B^* $(A^*\neq B^*)$(ただし A^*, B^* はそれぞれ直線 OA, OB と S^+ との交点とする)と点 O を通る平面 OA^*B^* と S^+ の交わりとして得られる半円周 g^* である．一般に中心 O の球面 S の，O を通る平面による切り口として得られる S 上の円を，S 上の**大円**(または**大円弧**)という．g^* は大円弧の半分であるから，g^* を S^+ 上の**半大円弧**と呼ぶことにする．Γ 中の 2 直線 g, h に対して，g と h が平行であるか，または一致するための条件は，対応する半大円弧 g^*, h^* の両端(c との交点)が一致することである(図 5.1.6)．

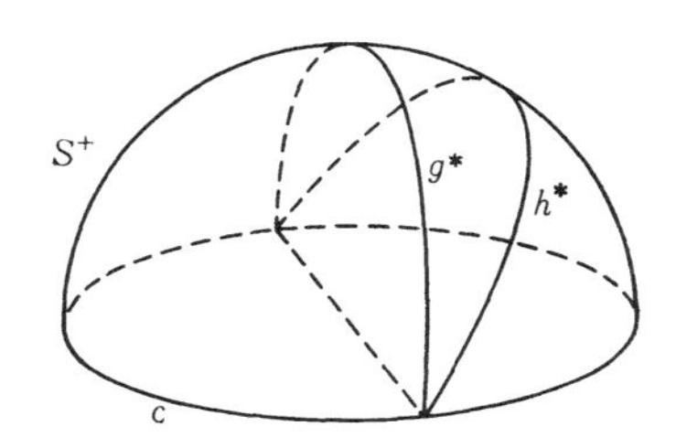

図 5.1.6

問 1　座標平面上の 2 点 $A(1,2), B(5,8)$ に対し線分 AB の

(i)　分割比 $3:2$ の分割点の座標を求めよ．

(ii)　分割比 $-3:2$ の分割点の座標を求めよ．

問 2　座標平面 Γ 上に相異なる 3 点 A, B, C がある．点 M が線分 AB を比 $1:2$ に分割し，点 N が線分 BC を比 $1:3$ に分割するとき，線分 AN と線分 CM の交点を D とする．このとき，点 D は線分 AN, CM をそれぞれいかなる比に分割するか．

問 3　平面 Γ 上に 4 点 A, B, C, D があり，$3\overrightarrow{AD}=\overrightarrow{AB}+2\overrightarrow{AC}$ を満たすとき $\triangle ABC$ と $\triangle ABD$ の面積比を求めよ．

問 4　図 5.1.5 と図 5.1.6 を参考にして，Γ 中の 2 直線 g と h が平行ま

たは一致するための条件は，対応する半大円弧 g^*, h^* の両端が一致することであることを証明せよ．

§2　平面のアフィン写像と1次変換

平面 Γ から Γ への写像 f があるとしよう．すなわち Γ の各点 P に対して Γ の点 P^* を対応させる規則が f である．f を具体的に記述するのに便利なように，Γ に直交軸 Oxy を設定しておく．$P=(x,y)$，$P^*=(x^*,y^*)$ とすると，x と y とが与えられれば，それに応じて x^* と y^* とが定まる——というのが，写像

$$(1)\qquad f\colon \Gamma \longrightarrow \Gamma$$

が与えられているということである．以下 P^* を $f(P)$ と書く：$P^*=f(P)$．換言すれば，f を与えるということは，x と y という2変数の関数

$$(2)\qquad x^* = F(x,y), \qquad y^* = G(x,y)$$

を与えるということにほかならない．

例1　$x^*=F(x,y)=x$，$y^*=G(x,y)=0$ のとき．f は点 (x,y) に点 $(x,0)$ を対応させる写像である(図5.2.1)．すなわち $P^*=f(P)$ は P から x 軸へ下ろした垂線の足である．P が平面 Γ 上を動いた時に，点 $P^*=f(P)$ の全体のなす集合を $f(\Gamma)$ と書くことにする．今の場合は $f(\Gamma)=(x$ 軸$)$ となるわけである．

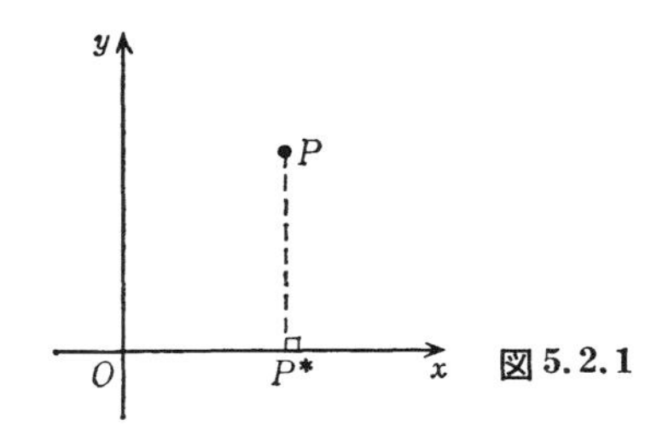

図5.2.1

例2　点 $P(x,y)$ に対して，P の x 軸に関する対称点を $P^*(x^*,y^*)$

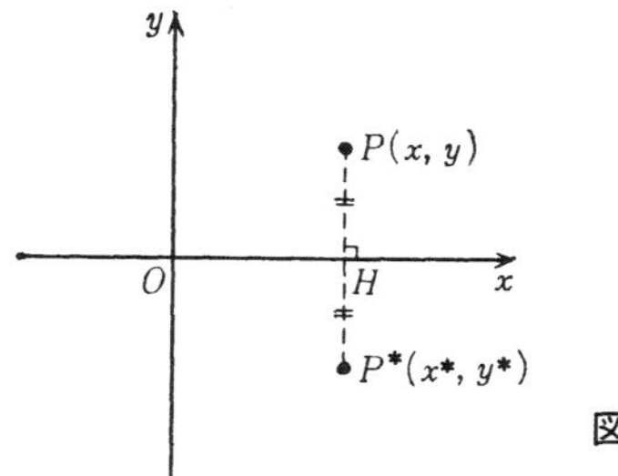

図 5.2.2

として写像 $P^*=f(P)$ を定める(図 5.2.2). すなわち P から x 軸に下ろした垂線の足を H として, P^* を

$$\overrightarrow{PH}=\overrightarrow{HP^*}$$

で定める. (したがって点 H は線分 PP^* の中点である.) 上式を座標で書き直そう. $H=(x,0)$ であるから,

$$\overrightarrow{PH}=\begin{pmatrix}x-x\\0-y\end{pmatrix}=\begin{pmatrix}0\\-y\end{pmatrix},\qquad \overrightarrow{HP^*}=\begin{pmatrix}x^*-x\\y^*-0\end{pmatrix}$$

となる. 両者を等しいとおけば

$$0=x^*-x,\qquad -y=y^*-0$$

となる. すなわち

$$\begin{cases}x^*=F(x,y)=x\\y^*=G(x,y)=-y\end{cases}$$

となる. $f(\Gamma)=\Gamma$ である.

例 3 上の例 2 と同様にして点 $P(x,y)$ に対して P の y 軸に関する対称点を $P^*(x^*,y^*)$ として写像 $P^*=f(P)$ を定めると,

$$\begin{cases}x^*=F(x,y)=-x\\y^*=G(x,y)=y\end{cases}$$

となる. $f(\Gamma)=\Gamma$ である.

例 4 点 $P(x,y)$ に対して, 定点 $A(a,b)$ に関する P の対称点を $P^*(x^*,y^*)$ として写像 $P^*=f(P)$ を定める(図 5.2.3). すなわち点

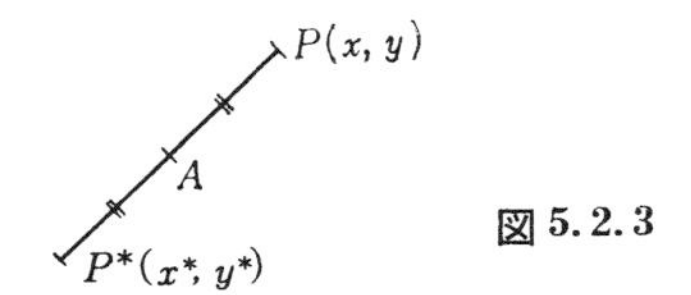

図 5.2.3

A が線分 PP^* の分割比 1:1 の分割点(A が PP^* の中点)となるように点 P^* を定める．このとき $\overrightarrow{PA}=\overrightarrow{AP^*}$ であるからベクトルの成分を比較して

$$a-x = x^*-a, \qquad b-y = y^*-b$$

となる．よって

$$\begin{cases} x^* = F(x, y) = 2a-x \\ y^* = G(x, y) = 2b-y \end{cases}$$

となる．$f(\Gamma)=\Gamma$ である．

上の例 1-例 4 を眺めると 1 つの共通性がある．それは $x^*=F(x, y)$ と $y^*=G(x, y)$ とがいずれも x, y の 1 次式になっているということである．すなわち

$$(3) \qquad \begin{cases} x^* = F(x, y) = \alpha x+\beta y+\gamma \\ y^* = G(x, y) = \alpha' x+\beta' y+\gamma' \end{cases}$$

の形であり，ここで $\alpha, \beta, \gamma, \alpha', \beta', \gamma'$ は x, y によらない定数(もちろん実数の)である．(3)の形で与えられる写像 $f: \Gamma\to\Gamma$ を，Γ から Γ への**アフィン写像**という．(3)においてさらに $\gamma=\gamma'=0$ であるとき，f を Γ から Γ への点 O を中心とする **1 次変換**という．例えば例 1，例 2，例 3 の f は 1 次変換である．例 4 の場合は，もし $A=O$ (原点)ならば f は点 O を中心とする 1 次変換であるが，$A\neq O$ のときは a または b の少なくとも一方が $\neq 0$ となるから，f はアフィン写像ではあるが点 O を中心とする 1 次変換ではない．

(3)で与えられたアフィン写像 f が点 O を中心とする 1 次変換となるための必要十分条件は f が点 O を変えない，すなわち

$$(4) \qquad f(O) = O$$

である．なぜなら，(3)により

$$\begin{cases} \gamma = F(0,0) \\ \gamma' = G(0,0) \end{cases}$$

であるから，点 $f(O)$ の座標は (γ, γ') となる．よって

$$f(O) = O \iff \gamma = \gamma' = 0$$

となるからである．

行列表示

行列の乗法の定義を用いると，(3)をまとめて行列間のただ1つの等式に直すことができる．いま

$$(5) \qquad Z^* = \begin{pmatrix} x^* \\ y^* \\ 1 \end{pmatrix}, \quad Z = \begin{pmatrix} x \\ y \\ 1 \end{pmatrix}, \quad A = \begin{pmatrix} \alpha & \beta & \gamma \\ \alpha' & \beta' & \gamma' \\ 0 & 0 & 1 \end{pmatrix}$$

とおけば，行列の積の定義(第4章§4)により，アフィン写像(3)は

$$(6) \qquad Z^* = AZ$$

という見掛けのすっきりした式になる．これを**アフィン写像(3)の行列表示**という．(5)の形を露骨に出した方が便利な場合には，(6)を次の形に書く．

$$(7) \qquad \begin{pmatrix} x^* \\ y^* \\ 1 \end{pmatrix} = \begin{pmatrix} \alpha & \beta & \gamma \\ \alpha' & \beta' & \gamma' \\ 0 & 0 & 1 \end{pmatrix} \begin{pmatrix} x \\ y \\ 1 \end{pmatrix}.$$

アフィン写像(3)が点 O を中心とする1次変換である場合には，(3)は

$$(8) \qquad \begin{cases} x^* = \alpha x + \beta y \\ y^* = \gamma x + \delta y \end{cases}$$

となるから，これを行列等式に直すと(7)よりもさらに簡潔な形の

式になる．すなわち

$$(9)\qquad Z_0{}^* = \begin{pmatrix} x^* \\ y^* \end{pmatrix}, \qquad Z_0 = \begin{pmatrix} x \\ y \end{pmatrix}, \qquad A_0 = \begin{pmatrix} \alpha & \beta \\ \gamma & \delta \end{pmatrix}$$

とおけば，(8)は

$$(10)\qquad Z_0{}^* = A_0 Z_0$$

となる．(7)のスタイルで書けば(10)は

$$(11)\qquad \begin{pmatrix} x^* \\ y^* \end{pmatrix} = \begin{pmatrix} \alpha & \beta \\ \gamma & \delta \end{pmatrix} \begin{pmatrix} x \\ y \end{pmatrix}$$

となる．

正則性と退化性

平面 Γ のアフィン写像 $f: \Gamma \to \Gamma$ が**正則**であるというのは，“Γ 上に相異なる2点 P, Q をどのようにとっても，$f(P)$ と $f(Q)$ が必ず相異なる”という性質をもつことをいう．アフィン写像 $f: \Gamma \to \Gamma$ が正則でないとき，f は**退化**しているという．すなわち平面 Γ 上に適当に相異なる2点 P, Q をとれば $f(P) = f(Q)$ となる——というのが f の退化性の定義である．正則性と退化性の定義は，アフィン写像の特別な場合である1次変換についてもそのまま適用される．

ではアフィン写像 $f: \Gamma \to \Gamma$ が，Γ の直交軸 Oxy を定めたときに具体的な形(3)で与えられているものとして，f の正則性や退化性を判定するにはどうしたらよいか——という問題を考えよう．

まず手始めに例1-例4について調べてみる．すると

例1……退化　　行列表示は

$$\begin{pmatrix} x^* \\ y^* \end{pmatrix} = \begin{pmatrix} 1 & 0 \\ 0 & 0 \end{pmatrix} \begin{pmatrix} x \\ y \end{pmatrix}$$

(y 軸に平行な直線上の点はすべて同一点にいく.)

例2……正則　　行列表示は

$$\begin{pmatrix} x^* \\ y^* \end{pmatrix} = \begin{pmatrix} 1 & 0 \\ 0 & -1 \end{pmatrix} \begin{pmatrix} x \\ y \end{pmatrix}$$

例 3……正則　　行列表示は

$$\begin{pmatrix} x^* \\ y^* \end{pmatrix} = \begin{pmatrix} -1 & 0 \\ 0 & 1 \end{pmatrix} \begin{pmatrix} x \\ y \end{pmatrix}$$

例 4……正則　　行列表示は

$$\begin{pmatrix} x^* \\ y^* \\ 1 \end{pmatrix} = \begin{pmatrix} -1 & 0 & 2a \\ 0 & -1 & 2b \\ 0 & 0 & 1 \end{pmatrix} \begin{pmatrix} x \\ y \\ 1 \end{pmatrix}$$

がわかる．(難しくはない．読者はチェックされたい．)

以上の例を見比べて正則性・退化性と行列表示との間に隠れている関係を見抜きたいのであるが，これらの例は特殊なものばかりなので，見抜けるかどうか少々心もとない．そこで一般形(3)で与えられるアフィン写像 f について考えよう．(3)が正則か否かを決定する代りに，同じことだから(3)が退化しているための条件を調べよう．

“(3)が退化” $\Longleftrightarrow$ “適当に相異なる2点 $P_1(x_1, y_1), P_2(x_2, y_2)$ をとると $f(P_1)=f(P_2)$ となる．すなわち

$$\left\{ \begin{aligned} \alpha x_1+\beta y_1+\gamma &= \alpha x_2+\beta y_2+\gamma \\ \alpha' x_1+\beta' y_1+\gamma' &= \alpha' x_2+\beta' y_2+\gamma' \end{aligned} \right. \tag{12}$$

となる.”

となるが，(12)を書き直すと

$$\left\{ \begin{aligned} \alpha(x_1-x_2)+\beta(y_1-y_2) &= 0 \\ \alpha'(x_1-x_2)+\beta'(y_1-y_2) &= 0 \end{aligned} \right. \tag{13}$$

となる．いま

$$u = x_1-x_2, \qquad v = y_1-y_2 \tag{14}$$

とおくと，$P_1 \neq P_2$ により

(15)　　　　u, v の少なくとも一方は0でない

となる．そして(13)は u, v を用いて

(16)
$$\begin{cases} \alpha u+\beta v=0 \\ \alpha' u+\beta' v=0 \end{cases}$$

と書かれる．(16)を u, v に関する連立1次方程式と見なせば，$u=v=0$ が(16)の解となることは誰にもすぐわかる．$u=v=0$ という(16)の解を**自明解**という．(16)の解 u, v が(15)を満たすときには，これを**自明でない解**という．この言葉を使えば，(12)-(16)においてわかったことは次のようになる．

(17)　"(3)が退化していれば(16)は自明でない解をもつ．"

実は(17)の逆も成り立つ．すなわち"(16)がもし自明でない解 u, v をもてば，アフィン写像(3)は退化している"．これを証明しよう．いま Γ 上に任意に点 $P_1(x_1, y_1)$ をとり，

(18)
$$x_2=x_1+u, \qquad y_2=y_1+v$$

とおく．そして点 $P_2(x_2, y_2)$ を考えると，$P_1 \neq P_2$ であり，しかも

$$\begin{cases} \alpha x_2+\beta y_2+\gamma=(\alpha x_1+\beta y_1+\gamma)+(\alpha u+\beta v)=\alpha x_1+\beta y_1+\gamma \\ \alpha' x_2+\beta' y_2+\gamma'=(\alpha' x_1+\beta' y_1+\gamma')+(\alpha' u+\beta' v)=\alpha' x_1+\beta' y_1+\gamma' \end{cases}$$

となる．すなわち $f(P_1)=f(P_2)$ である．よって写像(3)は退化していることがわかった．

実は，$f(P_1)=f(P_2)$ を満たすような点 P_2 は，上に(18)で作ったものだけでなく無数に存在することもわかる．それには(18)の代りに

(19)
$$x_t=x_1+tu, \qquad y_t=y_1+tv$$

とおく．t は任意の実数である．すると上述の計算と全く同様にして

$$\begin{cases} \alpha x_t+\beta y_t+\gamma=\alpha x_1+\beta y_1+\gamma \\ \alpha' x_t+\beta' y_t+\gamma'=\alpha' x_1+\beta' y_1+\gamma' \end{cases}$$

の成立がわかる．すなわち，点 $P_t(x_t, y_t)$ は $f(P_1)=f(P_t)$ を満足する．点 P_t は t が実数全体にわたって動くとき1つの直線 g 上を動く．g は点 $P_1(x_1, y_1)$ を通り方向ベクトル

$$\vec{a}=\begin{pmatrix} u \\ v \end{pmatrix}$$

をもつ直線である．

以上で

(20)　“アフィン写像(3)が退化” $\Longleftrightarrow$ “(16)が自明でない解をもつ”

がわかった．したがってまた

(21)　“アフィン写像(3)が正則” $\Longleftrightarrow$ “(16)の解は自明解のみである”

となる．では連立方程式(16)が自明でない解 u, v をもつための条件は何か？——を考えよう．そのとき u または v の少なくとも一方が $\neq 0$ であるから，例えば $v\neq 0$ とする．すると(16)の第1式，第2式よりそれぞれ

$$\beta=-\frac{\alpha u}{v}, \qquad \beta'=-\frac{\alpha' u}{v}$$

となる．したがって

$$\alpha\beta'-\beta\alpha'=\alpha\left(-\frac{\alpha' u}{v}\right)-\alpha'\left(-\frac{\alpha u}{v}\right)=\frac{1}{v}(\alpha'\alpha u-\alpha\alpha' u)=0$$

となる．$u\neq 0$ のときも同様である．これで(16)が自明でない解 u, v をもつための必要条件として

(22)　$$\alpha\beta'-\beta\alpha'=0$$

が得られた．

実は(22)は必要条件であるのみならず十分条件でもあることを示そう．いま(22)を仮定する．もし $\alpha=\beta=\alpha'=\beta'=0$ であれば，(16)

は自明でない解 $u=v=1$ をもつ．よって $\alpha, \beta, \alpha', \beta'$ のうちに少なくとも1つ $\neq 0$ なるものがあったとしよう．どれが $\neq 0$ であっても推論は同じであるから，例えば $\alpha \neq 0$ とする．$\alpha'/\alpha=\lambda$ とおく．すると(22)より $\alpha\beta'=\beta\alpha\lambda$, $\therefore$ $\beta'=\beta\lambda$. よって $u_0=\beta$, $v_0=-\alpha$ は

$$\begin{cases} \alpha u_0+\beta v_0 = \alpha\beta-\alpha\beta = 0 \\ \alpha' u_0+\beta' v_0 = \lambda(\alpha\beta-\alpha\beta) = 0 \end{cases}$$

を満たし，(16)の自明でない解 u_0, v_0 を与える．

(22)の左辺 $\alpha\beta'-\beta\alpha'$ は2次行列

$$A_0 = \begin{pmatrix} \alpha & \beta \\ \alpha' & \beta' \end{pmatrix}$$

に付随する量である．この値を2次行列 A_0 の**行列式**といい，記号

$$\det A_0 \quad \text{または} \quad \begin{vmatrix} \alpha & \beta \\ \alpha' & \beta' \end{vmatrix} \tag{23}$$

で表わす．det は行列式の原語 determinant の省略形である．(23)の第2の記号は行列の記号と少々紛らわしい．行列式の場合はまっすぐな2本の縦棒を両側にきちんと書かねばならない．

以上を定理の形にまとめておこう．

定理 5.2.1　直交軸 Oxy の与えられた座標平面 Γ のアフィン写像 $f: \Gamma\to\Gamma$ が

$$P^* = f(P), \qquad P = (x, y), \qquad P^* = (x^*, y^*)$$

$$\begin{cases} x^* = \alpha x+\beta y+\gamma \\ y^* = \alpha' x+\beta' y+\gamma' \end{cases}$$

で与えられているとする．このとき

$$\text{“}f \text{ が正則である”} \iff \begin{vmatrix} \alpha & \beta \\ \alpha' & \beta' \end{vmatrix} \neq 0$$

が成り立つ．

問1　1次変換

$$\begin{pmatrix} x^* \\ y^* \end{pmatrix} = \begin{pmatrix} 2 & 3 \\ 8 & k \end{pmatrix} \begin{pmatrix} x \\ y \end{pmatrix}$$

が退化しているように k の値を定めよ．

問2　アフィン写像 $f: \Gamma \to \Gamma$ が

$$\begin{pmatrix} x^* \\ y^* \\ 1 \end{pmatrix} = \begin{pmatrix} 3 & 2.5 & \\ 2 & 1 & 6 \\ 0 & 0 & 1 \end{pmatrix} \begin{pmatrix} x \\ y \\ 1 \end{pmatrix}$$

で与えられているとき，Γ 上の直線

$$g: \quad y = 3x-4$$

の f による像(行き先)$g^*=f(g)$ は直線となることを証明せよ．また g^* の方程式を書け．

問3　アフィン写像 $f: \Gamma \to \Gamma$ が

$$\begin{pmatrix} x^* \\ y^* \\ 1 \end{pmatrix} = \begin{pmatrix} 3 & 9 & 1 \\ 2 & 6 & 2 \\ 0 & 0 & 1 \end{pmatrix} \begin{pmatrix} x \\ y \\ 1 \end{pmatrix}$$

で与えられるとき $f(\Gamma)$ を求めよ．

§3　アフィン写像・1次変換の諸性質

直交軸 Oxy を定めた座標平面 Γ において，まず正則なアフィン写像のもつ諸性質から始めよう．

定理 5.3.1　正則なアフィン写像 $f: \Gamma \to \Gamma$ に対して次が成り立つ．

(i)　Γ の像は Γ 全体である：$f(\Gamma)=\Gamma$.

(ii)　Γ 中の直線 g の像はやはり Γ 中の直線である．

(iii)　Γ 中の直線 g 上の相異なる2点 A, B に対し，g 上の点 P が線分 AB を比 $1:\lambda$ に分割するならば(ただし $\lambda \neq -1$ とする)，直線 $g^*=f(g)$ 上で点 $P^*=f(P)$ は線分 A^*B^*(ただし $A^*=f(A)$，$B^*=f(B)$)を同じ比 $1:\lambda$ に分割する．

(iv)　f の逆写像 $f^{-1}: \Gamma \to \Gamma$ も正則なアフィン写像である．(f^{-1} は $f(P)=P^*$ のとき $f^{-1}(P^*)=P$ とおいて定義される写像である．)

(v)　さらにもう1つの正則なアフィン写像

$$f_1: \Gamma \longrightarrow \Gamma$$

があれば合成写像 $f_1 \circ f: \Gamma \to \Gamma$(すなわち点 P に対して点 $f_1(f(P))$ を対応させる写像)も正則なアフィン写像である.

証明　証明すべきことがたくさんあるのと，証明しながら行列のもつ有用な諸性質を浮き彫りにしたいのと両方の事情で，以下ゆっくりと述べることにする．まず $f: \Gamma \to \Gamma$ が

$$\text{(1)} \qquad \begin{cases} x^* = \alpha x + \beta y + \gamma \\ y^* = \alpha' x + \beta' y + \gamma' \end{cases}$$

で与えられているとする．f の正則性により

$$\alpha\beta' - \beta\alpha' \neq 0$$

である(定理 5.2.1).

| (i)の証明 |

Γ 中の任意の点 $Q=(\xi, \eta)$ に対して，$f(P)=Q$ となる点 $P=(x, y)$ が存在する——という主張が(i)なのであるから，それを示すには(1)の x^*, y^* をそれぞれ ξ, η で置き換えた連立1次方程式

$$\text{(2)} \qquad \begin{cases} \xi = \alpha x + \beta y + \gamma \\ \eta = \alpha' x + \beta' y + \gamma' \end{cases}$$

に解 (x, y)(もちろん実数解の意味である)があることをいえばよい．$\alpha\beta' - \beta\alpha' \neq 0$ だから $\alpha, \beta, \alpha', \beta'$ の少なくとも1つは0でない．例えば $\beta \neq 0$ とする．(他の場合も同様である.) すると(2)の第1式より

$$\text{(3)} \qquad y = \frac{1}{\beta}(\xi - \alpha x - \gamma)$$

となる．これを(2)の第2式に代入すると

$$\eta = \alpha' x + \beta' \frac{1}{\beta}(\xi - \alpha x - \gamma) + \gamma'$$

$$(4) \qquad \therefore \quad \eta = \frac{\beta\alpha' - \beta'\alpha}{\beta}x + \frac{\beta'\xi - \beta'\gamma + \beta\gamma'}{\beta}$$

(4)は x について1次方程式であって，しかも x の係数は0でない．よって，(4)はただ1つの解 x をもつ．それを(3)に代入して y を定めれば，(x, y) は(2)の第1式と第2式を満たすことがわかる．(上の計算を逆にたどればよい.)

(i)の別証明(逆行列の考え)

(2)を行列の乗法の形式に直して書いてみよう．すると

$$(5) \qquad \begin{pmatrix} \xi - \gamma \\ \eta - \gamma' \end{pmatrix} = \begin{pmatrix} \alpha & \beta \\ \alpha' & \beta' \end{pmatrix} \begin{pmatrix} x \\ y \end{pmatrix}$$

となる．これは

$$(6) \qquad U = \begin{pmatrix} \xi - \gamma \\ \eta - \gamma' \end{pmatrix}, \quad A = \begin{pmatrix} \alpha & \beta \\ \alpha' & \beta' \end{pmatrix}, \quad Z = \begin{pmatrix} x \\ y \end{pmatrix}$$

とおくと，行列等式

$$(7) \qquad U = AZ$$

となる．U, A を与えて Z を求めたいというわけである．そこで次のような発想(夢想？)をするのである．“もし(7)において，U, A, Z が普通の数であって，しかも A が0でないならば，(7)はすぐ解ける——U に A の逆数を掛けたものを Z とおけばよいのだから——のだが”．この発想をさらに進展させよう．いま実数を成分とする2次行列の全体のなす集合(それは実数全体よりもはるかに巨大な集合であってちょっと恐ろしい気もするが)を考え，これを $M_2(\boldsymbol{R})$ と書くことにする．(M は行列の原語 matrix の頭文字であり，2は2次行列を示し，そして $\boldsymbol{R}$ は数学で常用されている記号であって，実数全体のなす集合を表わす．$\boldsymbol{R}$ は実数の原語 real number の頭文字 R の太字体である.) 第4章で述べたように，$M_2(\boldsymbol{R})$ は加法，減法，乗法について閉じている．数の0や1に当るものもちゃんと

$M_2(\boldsymbol{R})$ にいるのであった．0, 1 に当るものはそれぞれ

$$\begin{pmatrix} 0 & 0 \\ 0 & 0 \end{pmatrix}, \quad \begin{pmatrix} 1 & 0 \\ 0 & 1 \end{pmatrix}$$

であった．以下これらを簡単のため O, I と書こう．さて $M_2(\boldsymbol{R})$ において数の演算の場合に成立する恒等式は全部成り立つか？——といえば，これも第4章で見たように，主要なものはほとんどすべて成り立つのであった．すなわち，$M_2(\boldsymbol{R})$ 中の A, B, C に対しつねに

$$(8)\quad \begin{cases} A+B = B+A, & O+A = A+O = A \\ (A+B)+C = A+(B+C) & \\ A(BC) = (AB)C, & A\cdot I = I\cdot A = A \\ A(B+C) = AB+AC, & (B+C)A = BA+CA \end{cases}$$

が成立していた．しかし，第4章で触れなかった重要な点があるので，これを次に述べよう．それは，乗法の交換法則

$$(9)\qquad AB = BA$$

は A, B のとり方によっては**成立しないこともある**——という点である．例えば

$$A = \begin{pmatrix} 0 & 1 \\ 0 & 0 \end{pmatrix}, \quad B = \begin{pmatrix} 0 & 0 \\ 1 & 0 \end{pmatrix}$$

ととれば，

$$AB = \begin{pmatrix} 1 & 0 \\ 0 & 0 \end{pmatrix}, \quad BA = \begin{pmatrix} 0 & 0 \\ 0 & 1 \end{pmatrix} \qquad \therefore\quad AB \neq BA$$

となる．

こういう次第で，$M_2(\boldsymbol{R})$ という行列集団は，数の体系と大へんよく似た演算(加法，減法，乗法，O と I の存在)を備えた体系ではあるが，乗法の可換性がつねに成り立つとは限らないという‘欠陥’をも含む体系である．だから $M_2(\boldsymbol{R})$ は一種の‘数もどき’としてとらえればよい．

さて数もどきである $M_2(\boldsymbol{R})$ においては，割り算の点はどうなっているであろうか？

数(実数や複素数)の場合にはもし $a \neq 0$ ならば，$ab=ba=1$ を満足する数 b(これを a の逆数といい a^{-1} または $\dfrac{1}{a}$ と書く)がただ1つ存在する．これにならって $M_2(\boldsymbol{R})$ 中の2次行列 A に対して，

$$AB = BA = I \tag{10}$$

を満たす行列 $B \in M_2(\boldsymbol{R})$($\in$ は B が集合 $M_2(\boldsymbol{R})$ の要素であることを表わす記号である)を A の**逆行列**という．もし $A=O$ なら(10)の左辺は O となるから，O の逆行列は存在しない．この点は数の場合と同じである．しかしもし $A \neq O$ ならば，数の場合のように A の逆行列は存在するだろうか？

答は残念ながら no である．数もどき $M_2(\boldsymbol{R})$ はこの点でも数の体系のような‘完成度’をもってはいないのである．no であることを検証するには，例えば行列

$$A = \begin{pmatrix} 0 & 1 \\ 0 & 0 \end{pmatrix}$$

をとればよい．$A \neq O$ であるが，どんな2次行列

$$X = \begin{pmatrix} p & q \\ r & s \end{pmatrix}$$

に対しても

$$AX = \begin{pmatrix} r & s \\ 0 & 0 \end{pmatrix} \neq I, \qquad XA = \begin{pmatrix} 0 & p \\ 0 & r \end{pmatrix} \neq I$$

となってしまう！

しかし $M_2(\boldsymbol{R})$ 中でも“特別の”2次行列 A は逆行列をもっている．例えば $A=I$ は I 自身を逆行列としてもつ．$A=5I$ も逆行列 $\dfrac{1}{5}I$ をもつ．ではどのような $A \in M_2(\boldsymbol{R})$ が逆行列をもつのか？　その答は次の定理で与えられる．

定理 5.3.2 2次行列

$$A=\begin{pmatrix}\alpha & \beta \\ \alpha' & \beta'\end{pmatrix}$$

が逆行列をもつための必要十分条件は，A の行列式 $\det A=\alpha\beta'-\beta\alpha'$ が0と異なることである．そのとき A の逆行列はただ1つ存在する．(A の逆行列を A^{-1} と書く.) ——

この定理の証明はちょっと後回しにして，目標である(i)の別証明が，定理 5.3.2 を認めれば，いとも簡単に得られることを先に示そう．$f: \Gamma\to\Gamma$ が正則だから(7)において $\det A\neq 0$ である．よって逆行列 A^{-1} が存在する．いま Z として $Z=A^{-1}U$ をとれば

$$AZ=A(A^{-1}U)=(AA^{-1})U=I\cdot U=U$$

となり，目的を達した．

そこで定理 5.3.2 の証明をせねばならないが，そのためにまず行列式の性質に関する1つの公式を定理の形で述べておく．

定理 5.3.3 2次行列 A, B に対して

$$\det(AB)=\det A\cdot\det B \qquad (\text{行列式の乗法公式})$$

証明 これは力ずくの計算で片づく．いま

$$A=\begin{pmatrix}a & b \\ c & d\end{pmatrix}, \qquad B=\begin{pmatrix}x & y \\ z & w\end{pmatrix}$$

とおくと，

$$AB=\begin{pmatrix}ax+bz & ay+bw \\ cx+dz & cy+dw\end{pmatrix}$$

$$\begin{aligned}\therefore\quad \det(AB)&=(ax+bz)(cy+dw)-(ay+bw)(cx+dz)\\&=acxy+adxw+bczy+bdzw\\&\quad -acxy-adyz-bcwx-bdzw\\&=ad(xw-yz)-bc(xw-yz)\\&=(ad-bc)(xw-yz)\end{aligned}$$

$$= \det A \cdot \det B$$ ▮

定理 5.3.2 の証明 A が逆行列 B をもてば $AB=I$ である．よって定理 5.3.3 より $\det A \cdot \det B = \det I$ となる．しかし I の形からすぐわかるように $\det I = 1 \neq 0$．よって $\det A \neq 0$ となる．

逆に $\det A \neq 0$ としよう．すなわち $\alpha\beta' - \alpha'\beta = \varDelta$ とおくと，$\varDelta \neq 0$ である．そこで

$$B = \frac{1}{\varDelta}\begin{pmatrix} \beta' & -\beta \\ -\alpha' & \alpha \end{pmatrix} \tag{11}$$

とおくと，

$$AB = \frac{1}{\varDelta}\begin{pmatrix} \alpha & \beta \\ \alpha' & \beta' \end{pmatrix}\begin{pmatrix} \beta' & -\beta \\ -\alpha' & \alpha \end{pmatrix} = \frac{1}{\varDelta}\begin{pmatrix} \alpha\beta' - \beta\alpha' & 0 \\ 0 & -\alpha'\beta + \beta'\alpha \end{pmatrix} = I$$

および

$$BA = \frac{1}{\varDelta}\begin{pmatrix} \beta' & -\beta \\ -\alpha' & \alpha \end{pmatrix}\begin{pmatrix} \alpha & \beta \\ \alpha' & \beta' \end{pmatrix} = \frac{1}{\varDelta}\begin{pmatrix} \beta'\alpha - \beta\alpha' & 0 \\ 0 & -\alpha'\beta + \alpha\beta' \end{pmatrix} = I$$

となる．よって B は A の逆行列である．

次に $\det A \neq 0$ のとき，A の逆行列は上の B に限ることを示そう．もし C が A の逆行列ならば

$$C = I \cdot C = (BA)C = B(AC) = B \cdot I = B$$

となり，$C=B$ を得る．▮ ((11) を逆行列の公式という.)

付記 2次行列のみならず，一般に n 次正方行列 A に対してもその行列式 $\det A$ が定義され，乗法公式(定理 5.3.3)や逆行列の存在条件(定理 5.3.2)もそのまま成り立つ．しかしそれは大学の課程で学習することで，本書の程度を越えるのでここには述べられない．しかし3次行列くらいなら，計算腕力に自信のある読者の中には上と同様に腕ずくでやってみようと思われる方もおられよう．そういう読者のために3次の行列式の定義と逆行列の公式を書いておくので試みられたい．(実は大学レベルの‘線型代数学’で，それらを腕

力でなく，計算のあまりないみごとな流れの中でとらえてしまうのであるが，詳述する余裕がないのが残念である.)

$$A=\begin{pmatrix} a_1 & b_1 & c_1 \\ a_2 & b_2 & c_2 \\ a_3 & b_3 & c_3 \end{pmatrix} \tag{12}$$

に対しては，A の行列式 $\det A$ の1つの定義は

$$\det A = a_1\begin{vmatrix} b_2 & c_2 \\ b_3 & c_3 \end{vmatrix} - a_2\begin{vmatrix} b_1 & c_1 \\ b_3 & c_3 \end{vmatrix} + a_3\begin{vmatrix} b_1 & c_1 \\ b_2 & c_2 \end{vmatrix} \tag{13}$$

である．$\det A=\varDelta$ が $\neq 0$ のとき，A の逆行列 A^{-1} は次式で与えられる.

$$A^{-1}=\frac{1}{\varDelta}\begin{pmatrix} x_1 & y_1 & z_1 \\ x_2 & y_2 & z_2 \\ x_3 & y_3 & z_3 \end{pmatrix} \tag{14}$$

ただし

$$\begin{cases} x_1 = \begin{vmatrix} b_2 & c_2 \\ b_3 & c_3 \end{vmatrix}, & y_1 = -\begin{vmatrix} b_1 & c_1 \\ b_3 & c_3 \end{vmatrix}, & z_1 = \begin{vmatrix} b_1 & c_1 \\ b_2 & c_2 \end{vmatrix} \\ x_2 = -\begin{vmatrix} a_2 & c_2 \\ a_3 & c_3 \end{vmatrix}, & y_2 = \begin{vmatrix} a_1 & c_1 \\ a_3 & c_3 \end{vmatrix}, & z_2 = -\begin{vmatrix} a_1 & c_1 \\ a_2 & c_2 \end{vmatrix} \\ x_3 = \begin{vmatrix} a_2 & b_2 \\ a_3 & b_3 \end{vmatrix}, & y_3 = -\begin{vmatrix} a_1 & b_1 \\ a_3 & b_3 \end{vmatrix}, & z_3 = \begin{vmatrix} a_1 & b_1 \\ a_2 & b_2 \end{vmatrix} \end{cases} \tag{15}$$

である．言葉でいえば，“A^{-1} の (i,j) 成分 p_{ij} は，A の第 j 行と第 i 列を A から取り去った残りの2次行列 M_{ji} を作り，$(-1)^{i+j}\det M_{ji}/\det A=p_{ij}$ として得られる”．(この規則は次数の高い場合へも拡張される.)

さて(i)の証明にからんでだいぶ道草をしたが，これは“行列を用いる考え方”を説明するために意識的にしたのである．(ii)以下もこの考え方で扱うことにする.

問1　2次行列 A に対し，

$$A\begin{pmatrix} a \\ b \end{pmatrix} = \begin{pmatrix} \alpha \\ \beta \end{pmatrix}, \quad A\begin{pmatrix} c \\ d \end{pmatrix} = \begin{pmatrix} \gamma \\ \delta \end{pmatrix}$$

とする. $ad-bc \neq 0$ のとき A を求めよ.

(ii) と (iii) の証明

Γ 中の直線 g に対し, g 上に相異なる 2 点 $A=(x_1, y_1)$, $B=(x_2, y_2)$ をとる.

$$f(A) = A^* = (x_1{}^*, y_1{}^*), \quad f(B) = B^* = (x_2{}^*, y_2{}^*)$$

とおく. f が正則だから, $A^* \neq B^*$ である. よって A^*, B^* を通る直線 g^* が定まる. g の f による像 $f(g)$ が g^* になることを示したい. そのため, アフィン写像一般に関する1つの定理を用意する.

定理 5.3.4 座標平面 Γ のアフィン写像 $f: \Gamma \to \Gamma$ および Γ 上の 3 点 A, B, P に対し $A^*=f(A)$, $B^*=f(B)$, $P^*=f(P)$ とおく. もし実数 t が

$$\overrightarrow{OP} = t\overrightarrow{OA} + (1-t)\overrightarrow{OB} \tag{16}$$

を満たせば次式が成り立つ.

$$\overrightarrow{OP^*} = t\overrightarrow{OA^*} + (1-t)\overrightarrow{OB^*} \tag{17}$$

証明 直交軸 Oxy に関してアフィン写像 f を表わす式が§2(3) で与えられるとする. いま

$$A = (x_1, y_1), \quad B = (x_2, y_2), \quad P = (x_3, y_3)$$
$$A^* = (x_1{}^*, y_1{}^*), \quad B^* = (x_2{}^*, y_2{}^*), \quad P^* = (x_3{}^*, y_3{}^*)$$

とおく. さて, §2(3) は

$$\begin{pmatrix} x^* \\ y^* \end{pmatrix} = \begin{pmatrix} \alpha & \beta \\ \alpha' & \beta' \end{pmatrix}\begin{pmatrix} x \\ y \end{pmatrix} + \begin{pmatrix} \gamma \\ \gamma' \end{pmatrix} \tag{18}$$

と書けるから, A^*, B^*, P^* の定め方によって

$$\begin{pmatrix} x_i{}^* \\ y_i{}^* \end{pmatrix} = \begin{pmatrix} \alpha & \beta \\ \alpha' & \beta' \end{pmatrix}\begin{pmatrix} x_i \\ y_i \end{pmatrix} + \begin{pmatrix} \gamma \\ \gamma' \end{pmatrix} \quad (i=1, 2, 3) \tag{19}$$

となる. さて

$$\overrightarrow{OA}^* = \begin{pmatrix} x_1{}^* \\ y_1{}^* \end{pmatrix}, \quad \overrightarrow{OB}^* = \begin{pmatrix} x_2{}^* \\ y_2{}^* \end{pmatrix}, \quad \overrightarrow{OP}^* = \begin{pmatrix} x_3{}^* \\ y_3{}^* \end{pmatrix}$$

であるから，証明すべき式(17)は

$$(17^*) \qquad \begin{pmatrix} x_3{}^* \\ y_3{}^* \end{pmatrix} = t\begin{pmatrix} x_1{}^* \\ y_1{}^* \end{pmatrix} + (1-t)\begin{pmatrix} x_2{}^* \\ y_2{}^* \end{pmatrix}$$

である．これは(19)を使えば

$$(17^{**}) \qquad \begin{pmatrix} \alpha & \beta \\ \alpha' & \beta' \end{pmatrix}\begin{pmatrix} x_3 \\ y_3 \end{pmatrix} + \begin{pmatrix} \gamma \\ \gamma' \end{pmatrix} = t\left\{\begin{pmatrix} \alpha & \beta \\ \alpha' & \beta' \end{pmatrix}\begin{pmatrix} x_1 \\ y_1 \end{pmatrix} + \begin{pmatrix} \gamma \\ \gamma' \end{pmatrix}\right\}$$
$$+ (1-t)\left\{\begin{pmatrix} \alpha & \beta \\ \alpha' & \beta' \end{pmatrix}\begin{pmatrix} x_2 \\ y_2 \end{pmatrix} + \begin{pmatrix} \gamma \\ \gamma' \end{pmatrix}\right\}$$

と同じである．さて仮定(16)により，

$$(16^*) \qquad \begin{pmatrix} x_3 \\ y_3 \end{pmatrix} = t\begin{pmatrix} x_1 \\ y_1 \end{pmatrix} + (1-t)\begin{pmatrix} x_2 \\ y_2 \end{pmatrix}$$

が成り立つ．(16*)の両辺に左から $\begin{pmatrix} \alpha & \beta \\ \alpha' & \beta' \end{pmatrix}$ を掛けると

$$(16^{**}) \qquad \begin{pmatrix} \alpha & \beta \\ \alpha' & \beta' \end{pmatrix}\begin{pmatrix} x_3 \\ y_3 \end{pmatrix} = t\begin{pmatrix} \alpha & \beta \\ \alpha' & \beta' \end{pmatrix}\begin{pmatrix} x_1 \\ y_1 \end{pmatrix} + (1-t)\begin{pmatrix} \alpha & \beta \\ \alpha' & \beta' \end{pmatrix}\begin{pmatrix} x_2 \\ y_2 \end{pmatrix}$$

が得られる．(16**)を使えば証明すべき等式(17**)は結局

$$\begin{pmatrix} \gamma \\ \gamma' \end{pmatrix} = t\begin{pmatrix} \gamma \\ \gamma' \end{pmatrix} + (1-t)\begin{pmatrix} \gamma \\ \gamma' \end{pmatrix}$$

に帰着する．しかしこれは容易に正しいことがわかる．▌

さて(ii)と(iii)の証明に戻ろう．直線 g 上に点 P をとると，§1 (1)により

$$(20) \qquad \overrightarrow{PB} = \lambda\overrightarrow{AP}$$

が成り立つ($\lambda \neq -1$ である)．ここへ $\overrightarrow{PB} = \overrightarrow{OB} - \overrightarrow{OP}$, $\overrightarrow{AP} = \overrightarrow{OP} - \overrightarrow{OA}$ を代入すると

$$(21) \qquad \overrightarrow{OB} - \overrightarrow{OP} = \lambda(\overrightarrow{OP} - \overrightarrow{OA})$$

となる．(21)を書き直すと

(22)
$$(1+\lambda)\overrightarrow{OP} = \lambda\overrightarrow{OA}+\overrightarrow{OB}$$

となる．$1+\lambda \neq 0$ であるから，

(23)
$$\frac{\lambda}{1+\lambda} = t$$

とおくと，

(24)
$$1-t = 1-\frac{\lambda}{1+\lambda} = \frac{1}{1+\lambda}$$

となる．よって，(22)の両辺を $1+\lambda$ で割ると
$$\overrightarrow{OP} = t\overrightarrow{OA}+(1-t)\overrightarrow{OB}$$
を得る．よって，定理5.3.4により
$$\overrightarrow{OP^*} = t\overrightarrow{OA^*}+(1-t)\overrightarrow{OB^*}$$
である．よってここへ(23), (24)を代入して

(22*)
$$(1+\lambda)\overrightarrow{OP^*} = \lambda\overrightarrow{OA^*}+\overrightarrow{OB^*}$$

を得る．(21)と(22)が同値な式であったのと同様に，(22*)から次式が出る．

(21*)
$$\overrightarrow{OB^*}-\overrightarrow{OP^*} = \lambda(\overrightarrow{OP^*}-\overrightarrow{OA^*})$$

(21)と(20)が同値であったと同様に(21*)から次式が出る．

(20*)
$$\overrightarrow{P^*B^*} = \lambda\overrightarrow{A^*P^*}$$

これは点 P^* が直線 g^* 上にあり，しかも線分 A^*B^* を比 $1:\lambda$ に分割していることを示している(§1参照)．よって点 P が直線 g 上を動けば，λ は -1 以外のすべての実数値を動くから，点 $P^*=f(P)$ も直線 g^* 上のすべての点を(ちょうど1回ずつ)動く．これで(ii)と(iii)が示された．

(iv)の証明

$f:\Gamma\to\Gamma$ が(1)で与えられているから，これを(18)の形に直してよい．すると $\alpha\beta'-\alpha'\beta\neq 0$ だから，

$$\begin{pmatrix} \alpha & \beta \\ \alpha' & \beta' \end{pmatrix}^{-1} = \begin{pmatrix} a & b \\ a' & b' \end{pmatrix}$$

が存在する(定理5.3.2参照). この行列を(18)の両辺に左から掛けると

$$\begin{pmatrix} a & b \\ a' & b' \end{pmatrix}\begin{pmatrix} x^* \\ y^* \end{pmatrix} = \begin{pmatrix} a & b \\ a' & b' \end{pmatrix}\begin{pmatrix} \alpha & \beta \\ \alpha' & \beta' \end{pmatrix}\begin{pmatrix} x \\ y \end{pmatrix} + \begin{pmatrix} a & b \\ a' & b' \end{pmatrix}\begin{pmatrix} \gamma \\ \gamma' \end{pmatrix}$$

(25) $$\therefore \quad \begin{pmatrix} a & b \\ a' & b' \end{pmatrix}\begin{pmatrix} x^* \\ y^* \end{pmatrix} = \begin{pmatrix} 1 & 0 \\ 0 & 1 \end{pmatrix}\begin{pmatrix} x \\ y \end{pmatrix} + \begin{pmatrix} c \\ c' \end{pmatrix} = \begin{pmatrix} x \\ y \end{pmatrix} + \begin{pmatrix} c \\ c' \end{pmatrix}$$

を得る. ただしここで

(26) $$\begin{pmatrix} c \\ c' \end{pmatrix} = \begin{pmatrix} a & b \\ a' & b' \end{pmatrix}\begin{pmatrix} \gamma \\ \gamma' \end{pmatrix}$$

とおいた. (25)を書き直せば

(27) $$\begin{cases} x = ax^* + by^* - c \\ y = a'x^* + b'y^* - c' \end{cases}$$

となる. これは x, y を x^*, y^* で表わす式である. すなわち f の逆写像 f^{-1} を与える式である. (27)という式の‘形’は§2(3)の形であるから, f^{-1} もアフィン写像である. f^{-1} が正則であることをいうには $ab'-a'b \neq 0$ を示せばよい(∵ 定理5.2.1). しかしこれは

$$\begin{vmatrix} \alpha & \beta \\ \alpha' & \beta' \end{vmatrix} \cdot \begin{vmatrix} a & b \\ a' & b' \end{vmatrix} = \begin{vmatrix} 1 & 0 \\ 0 & 1 \end{vmatrix} = 1 \qquad (\because \ \text{定理} 5.3.3)$$

から直ちに得られる.

f^{-1} の正則性はしかしもっと直接にも示せる. いま平面 Γ 上の相異なる2点 P^*, Q^* に対して

(28) $$P = f^{-1}(P^*), \qquad Q = f^{-1}(Q^*)$$

とおく. $P \neq Q$ を示せばよい. しかし(28)より

$$P^* = f(P), \qquad Q^* = f(Q)$$

であるから, もし $P=Q$ なら $P^*=Q^*$ となり, 仮定 $P^* \neq Q^*$ に反する. よって $P \neq Q$ である.

(v)の証明

アフィン写像 f を表わす式を(1)とし，アフィン写像 f_1 を表わす式を

$$(29)\qquad \begin{cases} u^* = pu+qv+r \\ v^* = p'u+q'v+r' \end{cases}$$

とする．(ただし $f_1(Q)=Q^*$, $Q=(u,v)$, $Q^*=(u^*,v^*)$ とおいた.) (1)と(29)の行列形

$$(30)\qquad \begin{pmatrix} x^* \\ y^* \\ 1 \end{pmatrix} = \begin{pmatrix} \alpha & \beta & \gamma \\ \alpha' & \beta' & \gamma' \\ 0 & 0 & 1 \end{pmatrix}\begin{pmatrix} x \\ y \\ 1 \end{pmatrix}, \qquad \begin{pmatrix} u^* \\ v^* \\ 1 \end{pmatrix} = \begin{pmatrix} p & q & r \\ p' & q' & r' \\ 0 & 0 & 1 \end{pmatrix}\begin{pmatrix} u \\ v \\ 1 \end{pmatrix}$$

を用いて，合成写像 $f_1\circ f=F$ を表わす式を求めよう．それには $F(P)=f_1(f(P))$ であるから，

$$(31)\qquad \begin{cases} P=(x,y), \qquad P^*=f(P)=(x^*,y^*), \\ P^{**}=f_1(P^*)=(x^{**},y^{**}) \end{cases}$$

とおいて，(30)の u,v のところへ $u=x^*$, $v=y^*$ を代入すれば u^*, v^* として $u^*=x^{**}$, $v^*=y^{**}$ が得られる．すなわち

$$(32)\qquad \begin{pmatrix} x^{**} \\ y^{**} \\ 1 \end{pmatrix} = \begin{pmatrix} p & q & r \\ p' & q' & r' \\ 0 & 0 & 1 \end{pmatrix}\left\{\begin{pmatrix} \alpha & \beta & \gamma \\ \alpha' & \beta' & \gamma' \\ 0 & 0 & 1 \end{pmatrix}\begin{pmatrix} x \\ y \\ 1 \end{pmatrix}\right\}$$

である．(32)の右辺の積を括弧の順に第4章§4に従って計算すると，再び“行列掛ける列ベクトル”の形にまとめ直すことができ，

$$(33)\qquad \begin{pmatrix} x^{**} \\ y^{**} \\ 1 \end{pmatrix} = \begin{pmatrix} p\alpha+q\alpha' & p\beta+q\beta' & p\gamma+q\gamma'+r \\ p'\alpha+q'\alpha' & p'\beta+q'\beta' & p'\gamma+q'\gamma'+r' \\ 0 & 0 & 1 \end{pmatrix}\begin{pmatrix} x \\ y \\ 1 \end{pmatrix}$$

となる．これが合成写像 $f_1\circ f$ を表わす式であるから，$f_1\circ f$ もアフィン写像である．$f_1\circ f$ が正則であることを示さねばならない．それには，

$$(34)\qquad \begin{vmatrix} p\alpha+q\alpha' & p\beta+q\beta' \\ p'\alpha+q'\alpha' & p'\beta+q'\beta' \end{vmatrix} \neq 0$$

をいえばよい(§2(7)および定理5.2.1参照). ところが

$$(35)\qquad \begin{pmatrix} p\alpha+q\alpha' & p\beta+q\beta' \\ p'\alpha+q'\alpha' & p'\beta+q'\beta' \end{pmatrix} = \begin{pmatrix} p & q \\ p' & q' \end{pmatrix}\begin{pmatrix} \alpha & \beta \\ \alpha' & \beta' \end{pmatrix}$$

であるから, 左辺の行列式は右辺の2つの行列の行列式の積である(定理5.3.3参照). しかし f, f_1 が正則だから, $pq'-p'q \neq 0$, $\alpha\beta'-\alpha'\beta \neq 0$ である. したがって(34)が得られ, 証明が完了した.

問2　次のアフィン写像は正則か.

（イ）$\begin{cases} x^* = 3x+2y+6 \\ y^* = 9x+6y+7 \end{cases}$　　（ロ）$\begin{cases} x^* = 2x+3y+1 \\ y^* = 3x+4y+2 \end{cases}$

(33)は2つのアフィン写像 f, f_1 の合成写像 $f_1\circ f$ を与える式である. f と f_1 とがどちらも原点 O を中心とする1次変換であれば, $\gamma=\gamma'=r=r'=0$ であるから,

$$(36)\qquad \begin{pmatrix} x^{**} \\ y^{**} \end{pmatrix} = \begin{pmatrix} p & q \\ p' & q' \end{pmatrix}\begin{pmatrix} \alpha & \beta \\ \alpha' & \beta' \end{pmatrix}\begin{pmatrix} x \\ y \end{pmatrix}$$

となる. よって $f_1\circ f$ も原点 O を中心とする1次変換である. そして f, f_1 が正則なら $f_1\circ f$ も正則である. 式(36)は“行列の積の定義の奇妙さ”(第4章§4参照)を説明するものである. 式(32)もそうである. すなわち行列の積の定義のよって来たる所以は, 1次変換やアフィン写像の合成写像を表わす式の作り方にあるのである.

問3　アフィン写像 $f: \Gamma\to\Gamma$ が退化しているとき, Γ の像は Γ 全体ではないことを示せ.

問4　(i)　アフィン写像 $f: \Gamma\to\Gamma$ が $f\circ f=f$ を満たし, かつ, f は恒等写像(どの点も動かさない写像)と異なるとする. このとき f は退化していることを示せ.

(ii)　(i)の条件を満たすアフィン写像の例をあげよ.

問5　2次行列 A, B が $AB=I$ を満たすとき, $BA=I$ を示せ.

§4　鏡映(線対称)写像・平行移動・回転

正則なアフィン写像と1次変換の実例のうち，よく使われる鏡映写像と回転とを述べよう．

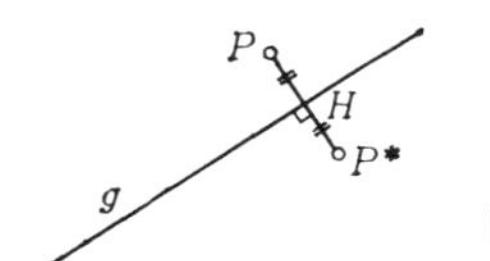

図5.4.1

直交軸 Oxy を定めた座標平面 Γ 中に直線 g を定める．Γ の点 P に対して，P から g に下ろした垂線の足を H とし，$\overrightarrow{PH}=\overrightarrow{HP^*}$ なる点 P^* をとる(図5.4.1)．ただし P が g 上にあるときは $P^*=H=P$ とおく．写像 $f:\Gamma\to\Gamma$ を $f(P)=P^*$ と定義する．点 P^* を点 P の直線 g に関する**鏡映点**という．この f を直線 g に関する**鏡映写像**という．f を表わす式を求めよう．そのため直線 g の方程式を

(1)　$$ax+by+c=0 \qquad (a^2+b^2>0)$$

とする．$P=(x,y)$，$P^*=(x^*,y^*)$ とおいて x^*,y^* を x,y で表わす式を求めよう．P が g 上にあれば $P^*=P$ だから，P は g 上にないとする．すると $P\neq P^*$ であって，線分 PP^* の中点 H の座標は $\left(\dfrac{x+x^*}{2},\dfrac{y+y^*}{2}\right)$ である(§1参照)．

一方，第3章§11(3)により(記号が若干変っているが)

(2)　$$\frac{x+x^*}{2}=x-\frac{ax+by+c}{a^2+b^2}a, \qquad \frac{y+y^*}{2}=y-\frac{ax+by+c}{a^2+b^2}b$$

である．これを x^*,y^* について解くと，

(3)　$$\begin{cases} x^*=x-\dfrac{2(ax+by+c)}{a^2+b^2}a \\[2ex] y^*=y-\dfrac{2(ax+by+c)}{a^2+b^2}b \end{cases}$$

となる．よって f はアフィン写像である．しかも $P\neq Q$ なら $f(P)$

$\neq f(Q)$ となることは明らかだから，f は正則である．さらに $f(P) = P^*$ なら P^* の g に関する鏡映点が P となるから，$f(P^*) = P$ である．すなわち，f の逆写像 f^{-1} は f に一致する．したがって合成写像 $f \circ f$ は Γ の各点 P を変えない写像である．このような写像を Γ の**恒等写像**といい，I_Γ と書くことにする．したがって直線 g に関する鏡映写像 f は

$$(4) \qquad f \circ f = I_\Gamma$$

を満たす．（言葉でいえば，Γ 上のどの点 P に対しても鏡映写像 f を2度続けて行なえば，もとの点 P に戻る——というのが式(4)の意味である．）

上の写像 f のもつもう1つの著しい性質を述べよう．それは f によって2点間の距離が変らない——ということである．すなわち Γ 上の任意の2点 P, Q に対して

$$P^* = f(P), \qquad Q^* = f(Q)$$

とおくとき

$$(5) \qquad \overline{P^*Q^*} = \overline{PQ}$$

となる．これは図5.4.2からもほぼ明らかなことではある（PQ の鏡に映った影が P^*Q^* なのだから）が，念のため f を表わす式を用いて検算しておこう．いま

$$\begin{cases} P = (x, y), & P^* = (x^*, y^*) \\ Q = (u, v), & Q^* = (u^*, v^*) \end{cases}$$

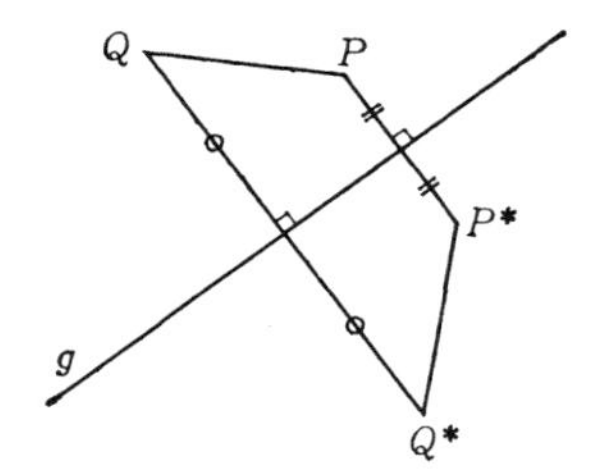

図5.4.2

とおくと，公式(3)より

$$(6)\qquad \begin{cases} u^* = u - \dfrac{2(au+bv+c)}{a^2+b^2}a \\[2ex] v^* = v - \dfrac{2(au+bv+c)}{a^2+b^2}b \end{cases}$$

となる．よって

$$\begin{aligned}\overline{P^*Q^*}^2 &= (u^*-x^*)^2+(v^*-y^*)^2 \\ &= \left(u-x+\frac{2\{a(x-u)+b(y-v)\}}{a^2+b^2}a\right)^2 \\ &\quad +\left(v-y+\frac{2\{a(x-u)+b(y-v)\}}{a^2+b^2}b\right)^2\end{aligned}$$

となる．ここで $u-x=\xi$，$v-y=\eta$，$\dfrac{a}{a^2+b^2}=\lambda$，$\dfrac{b}{a^2+b^2}=\mu$ とおくと

$$\begin{aligned}\overline{P^*Q^*}^2 &= \{\xi-2(\lambda\xi+\mu\eta)\lambda(a^2+b^2)\}^2+\{\eta-2(\lambda\xi+\mu\eta)\mu(a^2+b^2)\}^2 \\ &= \xi^2+\eta^2-4(\lambda\xi+\mu\eta)^2(a^2+b^2) \\ &\quad +4(\lambda\xi+\mu\eta)^2(a^2+b^2)^2(\lambda^2+\mu^2)\end{aligned}$$

となる．ところが

$$(\lambda^2+\mu^2)(a^2+b^2) = 1$$

だから，上式から

$$\overline{P^*Q^*}^2 = \xi^2+\eta^2 = \overline{PQ}^2$$

となり，(5)が証明された．

鏡映写像のように，2点間の距離を変えないようなアフィン写像を，平面 Γ の**合同変換**という．合同変換 f は正則である．(合同変換 $f:\Gamma\to\Gamma$ に対して $f(P)=P^*$，$f(Q)=Q^*$ とする．$P\neq Q$ なら $\overline{PQ}>0$．したがって $\overline{P^*Q^*}=\overline{PQ}>0$，$\therefore\ P^*\neq Q^*$.) したがって f は逆写像 f^{-1} をもつが，f^{-1} も2点間の距離を変えないアフィン写像であることは明らかである．

合同変換の例として平行移動がある．これは Γ の各点 P に対し，

$$\overrightarrow{PP^*} = \vec{a} \tag{7}$$

($\vec{a}$ は P によらぬ一定のベクトル)で定まる点 P^* を対応させる写像である(図5.4.3)．

$$P = (x, y), \qquad P^* = (x^*, y^*), \qquad \vec{a} = \begin{pmatrix} \alpha \\ \beta \end{pmatrix}$$

とおくと，(7)は

$$x^* - x = \alpha, \qquad y^* - y = \beta$$

すなわち

$$\begin{cases} x^* = x + \alpha \\ y^* = y + \beta \end{cases} \tag{8}$$

となる．(8)から，(7)の定める写像が合同変換となることは容易に出る(試みられたい)．

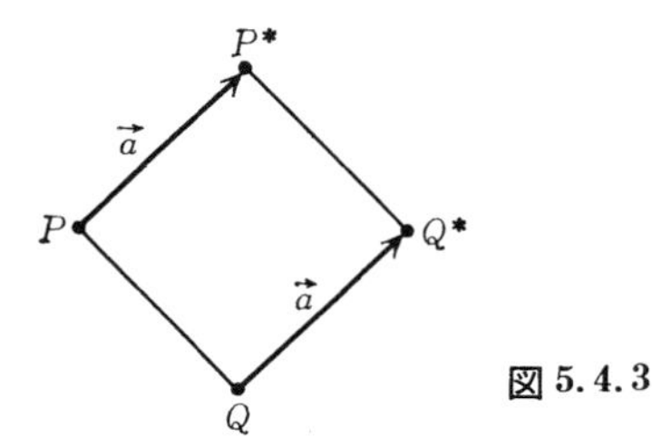

図5.4.3

さらに合同変換の例として，直交軸 Oxy の原点 O のまわりの回転写像をあげておこう．いま，θ(ラジアン)を与えられた角の大きさとする．Γ 上の点 P に対して，x 軸の正の向きから y 軸の正の向きに向かって(図5.4.4でいえば，反時計回りに)，O を固定しながら線分 OP を角 θ だけ回転して得られる線分を OP^* とする．P に P^* を対応させる写像を，O を中心とする角 θ の**回転写像**という(略して単に**回転**ともいう)．いま，O から出て x 軸の正の向きに向かう半直線を角 φ(ファイ)だけ反時計回りに回転して，O から出て

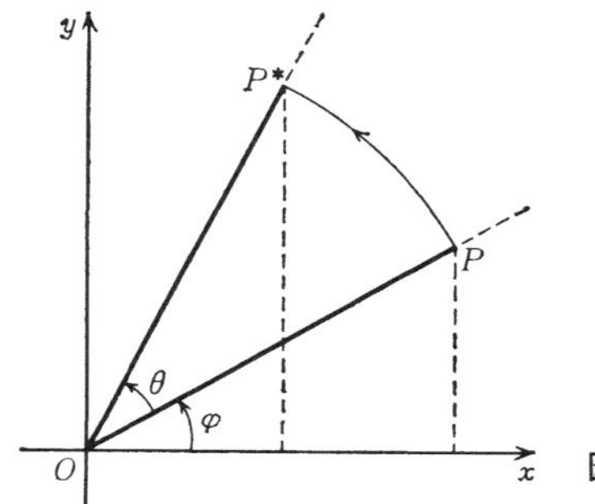

図 5.4.4

P を通る半直線 OP が得られたとすれば，

(9) $$r=\overline{OP}, \qquad P=(x,y)$$

として，

(10) $$x=r\cos\varphi, \qquad y=r\sin\varphi$$

である．同様にして

(11) $$P^*=(x^*,y^*)$$

とおくと，$r=\overline{OP}^*$ であり，半直線 OP をさらに角 θ だけ反時計回りに回転して半直線 OP^* が得られているから

(12) $$x^*=r\cos(\varphi+\theta), \qquad y^*=r\sin(\varphi+\theta)$$

である．よって三角関数の加法定理(本シリーズ中の片山孝次氏の“複素数の幾何学”を参照)により

$$\begin{cases} x^*=r\cos\varphi\cos\theta-r\sin\varphi\sin\theta=x\cos\theta-y\sin\theta \\ y^*=r\sin\varphi\cos\theta+r\cos\varphi\sin\theta=x\sin\theta+y\cos\theta \end{cases}$$

を得る．すなわち回転の公式

(13) $$\begin{pmatrix} x^* \\ y^* \end{pmatrix}=\begin{pmatrix} \cos\theta & -\sin\theta \\ \sin\theta & \cos\theta \end{pmatrix}\begin{pmatrix} x \\ y \end{pmatrix}$$

が得られる．よって回転は1次変換である．これが合同変換であることは，図 5.4.5 を眺めて，“2辺夾角の合同定理”という幾何学の定理(本シリーズ中の小平先生の“幾何のおもしろさ”に出現するは

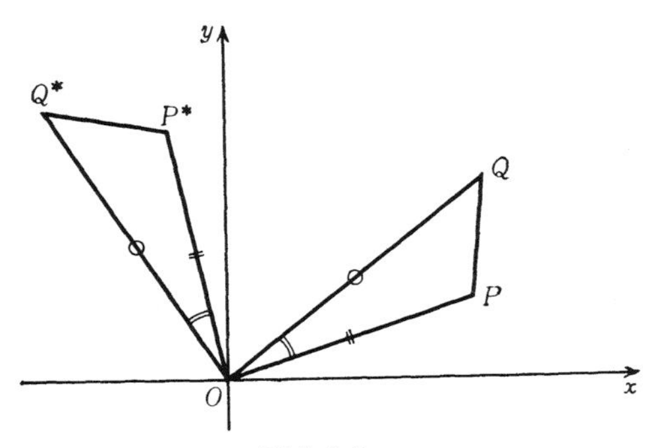

図 5.4.5

ずである)を使ってもわかる．だが念のため，計算で確かめよう．

$$Q=(u,v),\qquad Q^*=(u^*,v^*)$$

とすると，(13)と同じく

$$\begin{pmatrix}u^*\\v^*\end{pmatrix}=\begin{pmatrix}\cos\theta & -\sin\theta\\ \sin\theta & \cos\theta\end{pmatrix}\begin{pmatrix}u\\v\end{pmatrix}\tag{14}$$

である．よって(13)，(14)より

$$\begin{pmatrix}u^*-x^*\\v^*-y^*\end{pmatrix}=\begin{pmatrix}\cos\theta & -\sin\theta\\ \sin\theta & \cos\theta\end{pmatrix}\begin{pmatrix}u-x\\v-y\end{pmatrix}\tag{15}$$

を得る．ここで $u^*-x^*=\alpha^*$，$v^*-y^*=\beta^*$，$u-x=\alpha$，$v-y=\beta$ とおくと，(15)は

$$\begin{pmatrix}\alpha^*\\\beta^*\end{pmatrix}=\begin{pmatrix}\cos\theta & -\sin\theta\\ \sin\theta & \cos\theta\end{pmatrix}\begin{pmatrix}\alpha\\\beta\end{pmatrix}\tag{15*}$$

となる．よって

$$\begin{aligned}\overline{P^*Q^*}^2&=\alpha^{*2}+\beta^{*2}\\&=(\alpha\cos\theta-\beta\sin\theta)^2+(\alpha\sin\theta+\beta\cos\theta)^2\\&=\alpha^2(\cos^2\theta+\sin^2\theta)+\beta^2(\cos^2\theta+\sin^2\theta)\\&=\alpha^2+\beta^2=\overline{PQ}^2\end{aligned}$$

よって，回転(13)は合同変換である．(13)の逆写像(逆変換というべきか)は，θ を $-\theta$ に変えれば得られるはずである．(回転の意味

を想起せよ!) したがって(13)は

$$(16)\qquad \begin{pmatrix} x \\ y \end{pmatrix} = \begin{pmatrix} \cos(-\theta) & -\sin(-\theta) \\ \sin(-\theta) & \cos(-\theta) \end{pmatrix} \begin{pmatrix} x^* \\ y^* \end{pmatrix}$$

を与えるはずである.

$$\cos(-\theta) = \cos\theta, \qquad \sin(-\theta) = -\sin\theta$$

であるから, (16)は

$$(17)\qquad \begin{pmatrix} \cos\theta & -\sin\theta \\ \sin\theta & \cos\theta \end{pmatrix}^{-1} = \begin{pmatrix} \cos\theta & \sin\theta \\ -\sin\theta & \cos\theta \end{pmatrix}$$

を意味している. 直接計算しても(17)を確かめるのは容易である. (それは結局有名な公式 $\cos^2\theta+\sin^2\theta=1$ に帰着してしまう. 試みられたい.) (§3(11)参照)

問 1

$$\begin{pmatrix} x^* \\ y^* \end{pmatrix} = \begin{pmatrix} \alpha & \beta \\ \gamma & \delta \end{pmatrix} \begin{pmatrix} x \\ y \end{pmatrix}$$

で与えられる1次変換において, $\alpha^2+\gamma^2=1$, $\beta^2+\delta^2=1$, $\alpha\beta+\gamma\delta=0$ が満たされていれば, これは合同変換となることを示せ.

問 2

$$\begin{pmatrix} x^* \\ y^* \\ 1 \end{pmatrix} = \begin{pmatrix} \alpha & \beta & \gamma \\ \alpha' & \beta' & \gamma' \\ 0 & 0 & 1 \end{pmatrix} \begin{pmatrix} x \\ y \\ 1 \end{pmatrix}$$

で与えられるアフィン写像 f が合同変換ならば次を満たすことを示せ.

$$\alpha^2+\alpha'^2 = 1, \qquad \beta^2+\beta'^2 = 1, \qquad \alpha\beta+\alpha'\beta' = 0.$$

練習問題 5

1. 2次行列 A, B が逆行列をもつならば, AB も逆行列をもち, しかも

$$(AB)^{-1} = B^{-1}A^{-1} \qquad (\text{行列の積の逆行列の公式})$$

で与えられることを示せ.

2. 問題1は3次行列の場合にも成り立つ. これを証明せよ. (実は n 次行列の場合でも成り立つ.)

3. 次の性質をもつ2次行列 A は無数にあることを示し，かつその実例を5個与えよ．

（イ）　A の成分はすべて整数，（ロ）　$A \neq \pm I_2$，（ハ）　$A^2 = I_2$

4. 平面 Γ 上の点 A と実数 $k \neq 0$ に対して，Γ から Γ への写像 $f_{A,k}: \Gamma \to \Gamma$ を次のように定義する．

$$f_{A,k}(P) = Q \iff k\overrightarrow{AP} = \overrightarrow{AQ} \qquad \text{(図 5.0.1 参照)}$$

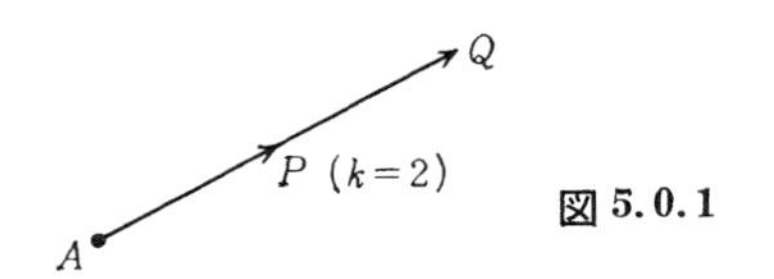

図 5.0.1

（$f_{A,k}$ を点 A を中心とし，k を**相似比**とする**相似変換**という.）このとき次を証明せよ．

(i)　$k = -1$ なら $f_{A,-1}$ は点 A に関する対称変換（§2 例4の写像のこと）である．

(ii)　$f_{A,k}$ は正則なアフィン写像であって，その逆写像 $f_{A,k}{}^{-1}$ は $f_{A,k}{}^{-1} = f_{A,k^{-1}}$ となる．

(iii)　$A \neq B$，$kk' = 1$ ならば合成写像 $f_{B,k'} \circ f_{A,k}$ はベクトル $(k'-1)\overrightarrow{BA}$ だけの平行移動の写像となる（図 5.0.2 参照）．

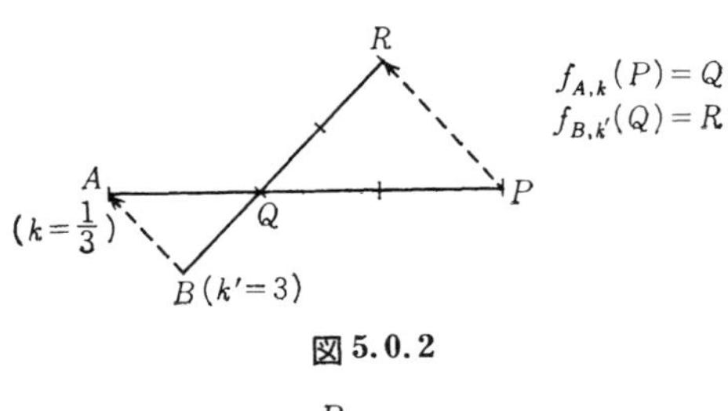

図 5.0.2

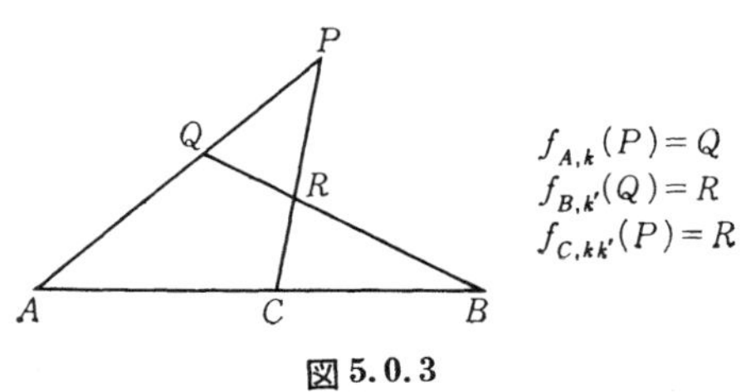

図 5.0.3

(iv)　$A \neq B$, $kk' \neq 1$ ならば合成写像 $f_{B,k'} \circ f_{A,k}$ は第3の点 C(図 5.0.3 参照)を中心とし，kk' を相似比とする相似変換となる．

(v)　三角形 ABC の3辺またはその延長が1直線 g と交わる点を図 5.0.4 のようにそれぞれ X, Y, Z とすると $\dfrac{\overline{XB}}{\overline{XC}} \cdot \dfrac{\overline{YC}}{\overline{YA}} \cdot \dfrac{\overline{ZA}}{\overline{ZB}} = 1$ となる――という平面幾何学の定理(メネラウスの定理)がある．これを(iv)を用いて証明せよ．

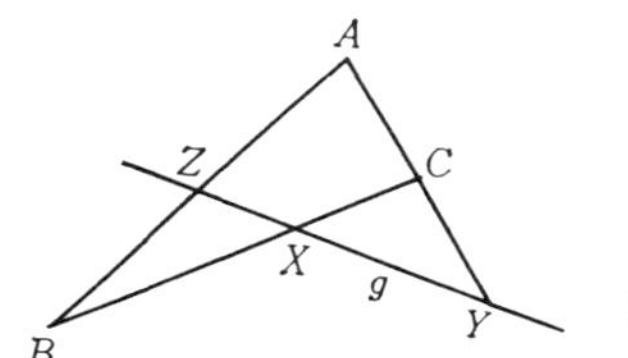

図 5.0.4

(vi)　平面 Γ に直交軸 Oxy をとり $A=(\alpha, \beta)$, $P=(x, y)$, $Q=f_{A,k}(P)=(x^*, y^*)$ とおけば

$$\begin{cases} x^* = kx - k\alpha + \alpha \\ y^* = ky - k\beta + \beta \end{cases} \quad \text{すなわち} \quad \begin{pmatrix} x^* - \alpha \\ y^* - \beta \end{pmatrix} = k \begin{pmatrix} x - \alpha \\ y - \beta \end{pmatrix}$$

となることを示せ．これを用いて(i)-(iv)を証明せよ．

5. 平面 Γ において，定点 A のまわりに，与えられた点 P を一定角 θ だけ正の向きに回転する写像を $g_{A,\theta}$ と書く(図 5.0.5 参照)．($g_{A,\theta}$ を点 A

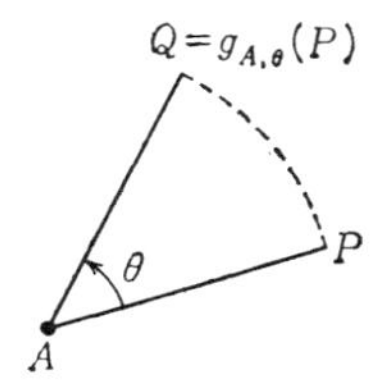

図 5.0.5

を中心とし θ を回転角とする**回転**という.)　このとき次を証明せよ．

(i)　$g_{A,\theta'} \circ g_{A,\theta} = g_{A,\theta+\theta'}$

(ii)　$g_{A,\theta}$ は正則なアフィン写像であって，しかも2点間の距離を変えない．(すなわち合同変換である.)

(iii)　$A \neq B$, $\theta+\theta'=2k\pi$ (k は整数)のときは，$C=g_{B,\theta'}(A)$ とおくと，$g_{B,\theta'} \circ g_{A,\theta}$ はベクトル $\overrightarrow{AC}$ だけの平行移動になる．

(iv)　$A \neq B$, $(\theta'+\theta)/2\pi$ が非整数のときは，合成写像 $g_{B,\theta'} \circ g_{A,\theta}$ は第3

の点 C を中心とする回転 $g_{C,\theta+\theta'}$ となる．ここで点 C は図5.0.6のように

$$\angle CAB=\frac{\theta}{2},\qquad \angle ABC=\frac{\theta'}{2}$$

なる点として求めればよい．図5.0.6で $g_{A,\theta}(C)=C'$，$g_{B,\theta'}(C')=C$ だから，$g_{B,\theta'}\circ g_{A,\theta}(C)=C$ となり，C は合成写像の不動点となる．

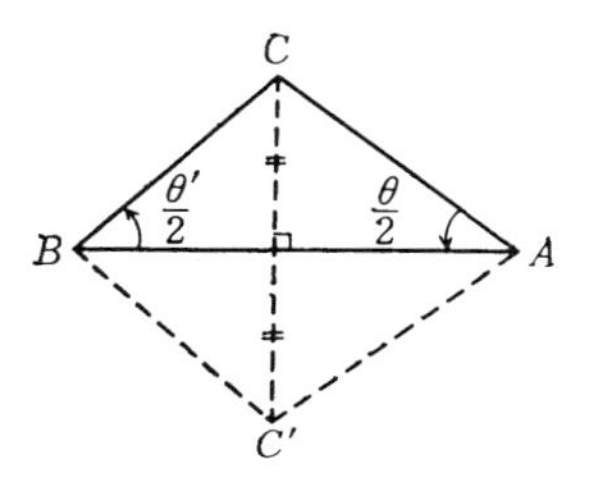

図5.0.6

(v) 三角形 ABC の外側に図5.0.7のように正方形 $ABYX, ACWZ$ を作り，線分 YW の中点を M とすると，三角形 MBC は $\angle M=$(直角)を満たす直角二等辺三角形となることを示せ――という平面幾何学の問題がある．これを(iv)を用いて証明せよ．(ヒント：$g_{B,\pi/2}\circ g_{C,\pi/2}=g_{M,\pi}$ に帰着する.)

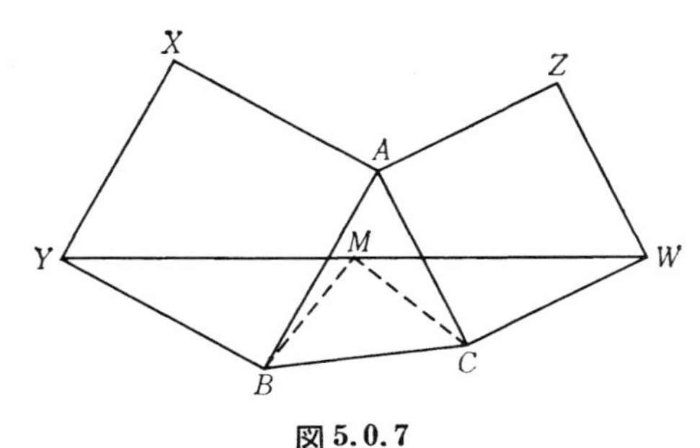

図5.0.7

(vi) 平面 Γ に直交軸をとり $A=(\alpha,\beta)$，$P=(x,y)$，$g_{A,\theta}(P)=Q=(x^*,y^*)$ とおけば

$$\begin{cases} x^*=x\cos\theta-y\sin\theta-\alpha\cos\theta+\beta\sin\theta+\alpha \\ y^*=x\sin\theta+y\cos\theta-\alpha\sin\theta-\beta\cos\theta+\beta \end{cases}$$

すなわち

$$\begin{pmatrix} x^*-\alpha \\ y^*-\beta \end{pmatrix} = \begin{pmatrix} \cos\theta & -\sin\theta \\ \sin\theta & \cos\theta \end{pmatrix} \begin{pmatrix} x-\alpha \\ y-\beta \end{pmatrix}$$

となることを示せ．これを用いて(i)-(iv)を証明せよ．

6. 直交軸 Oxy を定めた平面 Γ 上の2つのベクトル $\vec{a}=\overrightarrow{OP}=\begin{pmatrix} a_1 \\ a_2 \end{pmatrix}$, $\vec{b}=\overrightarrow{OQ}=\begin{pmatrix} b_1 \\ b_2 \end{pmatrix}$ があり，3点 O, P, Q は同一直線上になく，半直線 OP を反時計回りに角 $\theta(0<\theta<2\pi)$ だけ回転すると半直線 OQ に重なるとする．このとき，$0<\theta<\pi$ であればベクトルの組 $(\vec{a}, \vec{b})$ は正の向きであるといい，$\pi<\theta<2\pi$ であれば $(\vec{a}, \vec{b})$ は負の向きであるという．また正則な1次変換 f が向きを保つとは，$(\vec{a}, \vec{b})$ が正(負)の向きならば，$P^*=f(P)$, $\vec{a}^*=\overrightarrow{OP^*}$, $Q^*=f(Q)$, $\vec{b}^*=\overrightarrow{OQ^*}$ とおくとき $(\vec{a}^*, \vec{b}^*)$ もやはり正(負)の向きであることをいう(図5.0.8)．

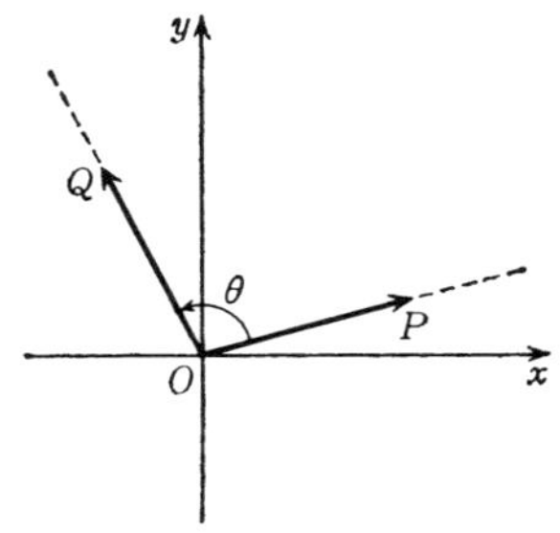

図 5.0.8

(i)　$(\vec{a}, \vec{b})$ が正の向き $\Longleftrightarrow \begin{vmatrix} a_1 & b_1 \\ a_2 & b_2 \end{vmatrix} > 0$,

$(\vec{a}, \vec{b})$ が負の向き $\Longleftrightarrow \begin{vmatrix} a_1 & b_1 \\ a_2 & b_2 \end{vmatrix} < 0$ を示せ．

(ii)　$(\vec{a}, \vec{b})$ が正の向きならば $(\vec{b}, \vec{a})$ は負の向きであることを示せ．

(iii)　正則な1次変換 f の行列表示を $Z^*=AZ$ (A は2次行列，$\det A \neq 0$) とするとき，次を示せ．

f が向きを保つ　　$\Longleftrightarrow \det A > 0$,

f が向きを保たない $\Longleftrightarrow \det A < 0$.

7. $\begin{pmatrix} x^* \\ y^* \end{pmatrix} = \begin{pmatrix} a & b \\ c & d \end{pmatrix} \begin{pmatrix} x \\ y \end{pmatrix}$ で与えられる1次変換を f とし，$ad-bc \neq 0$ とする．また，2点 P, Q の f による像を P', Q' とする．

(i)　線分 PQ は f によって線分 $P'Q'$ に写されることを示せ．

(ii)　$\triangle OPQ$ の f による像は $\triangle OP'Q'$ であることを示せ．

(iii)　$\triangle OP'Q'$ の面積は $\triangle OPQ$ の面積の $|ad-bc|$ 倍であることを示せ．

8. 2次行列 A に対して，次を示せ．

$\det A=0 \Longleftrightarrow X\neq O,\ AX=O$ なる2次行列 X が存在する

$\Longleftrightarrow Y\neq O,\ YA=O$ なる2次行列 Y が存在する．

9. 1次変換 $f:\Gamma\to\Gamma$ が曲線 c を保つとは，“P が c 上にあれば $f(P)$ も c 上にある”を満たすことをいう．さて次の問に答えよ．

(i)　曲線 $\dfrac{x^2}{a^2}+\dfrac{y^2}{b^2}=1$ を保つ1次変換は，すべて

$$\begin{pmatrix} x^* \\ y^* \end{pmatrix}=\begin{pmatrix} \cos\theta & \pm\dfrac{a}{b}\sin\theta \\ \dfrac{b}{a}\sin\theta & \mp\cos\theta \end{pmatrix}\begin{pmatrix} x \\ y \end{pmatrix}\quad \text{(複号同順)}$$

で与えられることを示せ．

(ii)　$\langle\ ,\ \rangle$ が内積もどきであるとは，2つのベクトルの組 $\vec{a},\vec{b}$ に実数 $\langle\vec{a},\vec{b}\rangle$ を対応させる写像で，

(イ)　$\langle\vec{a}+\vec{b},\vec{c}\rangle=\langle\vec{a},\vec{c}\rangle+\langle\vec{b},\vec{c}\rangle$

(ロ)　$\langle\lambda\vec{a},\vec{b}\rangle=\lambda\langle\vec{a},\vec{b}\rangle$　　(λ: 実数)

(ハ)　$\langle\vec{a},\vec{b}\rangle=\langle\vec{b},\vec{a}\rangle$

を満たしていることとする．曲線 $\dfrac{x^2}{a^2}+\dfrac{y^2}{b^2}=1$ を保つ任意の1次変換 f に対し

$$\langle\overrightarrow{OP^*},\overrightarrow{OQ^*}\rangle=\langle\overrightarrow{OP},\overrightarrow{OQ}\rangle$$

($P^*=f(P)$，$Q^*=f(Q)$，P,Q は Γ の任意の点)

が成り立つとき，この内積もどきは，定数倍を除いて

$$\langle\overrightarrow{OP},\overrightarrow{OQ}\rangle=x_1y_1+\frac{a^2}{b^2}x_2y_2\qquad (P=(x_1,x_2),\ Q=(y_1,y_2))$$

に等しいことを示せ．とくに，任意の合同1次変換に対し $\langle\overrightarrow{OP^*},\overrightarrow{CQ^*}\rangle=\langle\overrightarrow{OP},\overrightarrow{OQ}\rangle$ なるものは，定数倍を除いて普通の内積に等しい．

第6章
座標系の変換・固有値・固有ベクトル

§1 座標系の変換

平面 Γ 上に直交軸 Oxy があったとする．原点 O を中心として，x 軸の正の向きから y 軸の正の向きに向かって直交軸 Oxy を角 θ だけ回転すると，新しい直交軸 $Ox'y'$ が得られる(図 6.1.1)．この

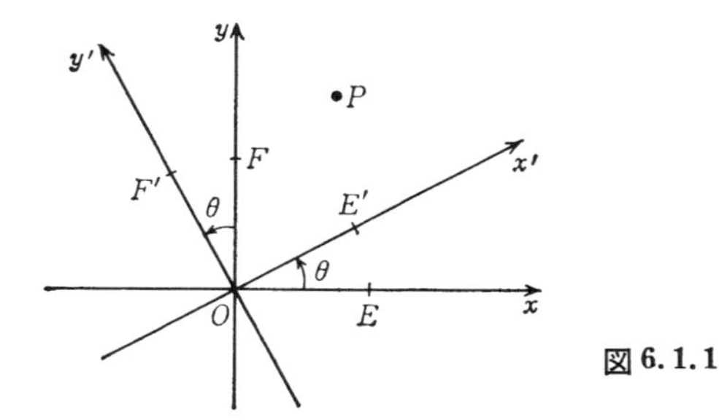

図 6.1.1

とき，Oxy および $Ox'y'$ に関して点 P の座標がそれぞれ

$$P=(x,y) \quad (Oxy\text{ 系で})$$
$$P=(x',y') \quad (Ox'y'\text{ 系で})$$

であるとして，(x,y) と (x',y') の間の関係を考えよう．そのために，直交軸 Oxy の基準系を $(O;E,F)$ とし，また直交軸 $Ox'y'$ の基準系を $(O;E',F')$ とする．すると

$$(1) \qquad \overrightarrow{OP}=x\overrightarrow{OE}+y\overrightarrow{OF}$$
$$(2) \qquad \overrightarrow{OP}=x'\overrightarrow{OE'}+y'\overrightarrow{OF'}$$

であるから，求める関係式を得るには，$\overrightarrow{OE'}, \overrightarrow{OF'}$ を $\overrightarrow{OE}$ と $\overrightarrow{OF}$ を用

いて表わし，それを(2)に代入すればよい——であろうという見当がつく．これを実行してみよう．O を中心とする角 θ だけの回転により点 E が点 E' に移るから，第5章§4(13)の公式により，点 E' の Oxy 系での座標(a,b)は

$$(3)\qquad \begin{pmatrix} a \\ b \end{pmatrix} = \begin{pmatrix} \cos\theta & -\sin\theta \\ \sin\theta & \cos\theta \end{pmatrix}\begin{pmatrix} 1 \\ 0 \end{pmatrix} = \begin{pmatrix} \cos\theta \\ \sin\theta \end{pmatrix}$$

となる．よって

$$(4)\qquad \overrightarrow{OE'} = \cos\theta\cdot\overrightarrow{OE}+\sin\theta\cdot\overrightarrow{OF}$$

である．同様に，O を中心とする角 θ だけの回転により点 F が点 F' に移るから，点 F' の Oxy 系での座標(c,d)は

$$(5)\qquad \begin{pmatrix} c \\ d \end{pmatrix} = \begin{pmatrix} \cos\theta & -\sin\theta \\ \sin\theta & \cos\theta \end{pmatrix}\begin{pmatrix} 0 \\ 1 \end{pmatrix} = \begin{pmatrix} -\sin\theta \\ \cos\theta \end{pmatrix}$$

となる．よって

$$(6)\qquad \overrightarrow{OF'} = -\sin\theta\cdot\overrightarrow{OE}+\cos\theta\cdot\overrightarrow{OF}$$

となる．(4)と(6)を記号化して，行列記法を用いて

$$(7)\qquad (\overrightarrow{OE'},\overrightarrow{OF'}) = (\overrightarrow{OE},\overrightarrow{OF})\begin{pmatrix} \cos\theta & -\sin\theta \\ \sin\theta & \cos\theta \end{pmatrix}$$

と書くと，2つの直交軸の基準系の間の関係が一目で見える形となり使いやすい．(7)を**2つの基準系(直交軸)の間の関係の行列表示**という．

さて，(4)，(6)を(2)へ代入すると

$$\begin{aligned}(8)\qquad \overrightarrow{OP} &= x'(\cos\theta\cdot\overrightarrow{OE}+\sin\theta\cdot\overrightarrow{OF})+y'(-\sin\theta\cdot\overrightarrow{OE}+\cos\theta\cdot\overrightarrow{OF}) \\ &= (x'\cos\theta-y'\sin\theta)\overrightarrow{OE}+(x'\sin\theta+y'\cos\theta)\overrightarrow{OF}\end{aligned}$$

となる．(8)は P の Oxy 系での座標が

$$(x'\cos\theta-y'\sin\theta,\ x'\sin\theta+y'\cos\theta)$$

であることを述べている式である．これと(1)とを比べると，求める関係式が次のように得られる．

$$(9)\qquad \begin{cases} x = x'\cos\theta - y'\sin\theta \\ y = x'\sin\theta + y'\cos\theta \end{cases}$$

あるいは(9)を行列等式の形に書いて

$$(10)\qquad \begin{pmatrix} x \\ y \end{pmatrix} = \begin{pmatrix} \cos\theta & -\sin\theta \\ \sin\theta & \cos\theta \end{pmatrix} \begin{pmatrix} x' \\ y' \end{pmatrix}$$

としてもよい．

$$\begin{pmatrix} \cos\theta & -\sin\theta \\ \sin\theta & \cos\theta \end{pmatrix}^{-1} = \begin{pmatrix} \cos\theta & \sin\theta \\ -\sin\theta & \cos\theta \end{pmatrix}$$

を(10)の両辺に左から掛けると，x', y' を x, y で表わす次の式が得られる．

$$(11)\qquad \begin{pmatrix} x' \\ y' \end{pmatrix} = \begin{pmatrix} \cos\theta & \sin\theta \\ -\sin\theta & \cos\theta \end{pmatrix} \begin{pmatrix} x \\ y \end{pmatrix}$$

(9), (10), (11)を**座標変換の公式**(座標軸の回転の場合)という．

問1 Oxy 軸を O のまわりに $120°\left(=\dfrac{2\pi}{3}\text{ ラジアン}\right)$ 回転して $Ox'y'$ 軸が得られたとする．この時

(i) $P=(3,2)$(Oxy 系で)は $Ox'y'$ 系でどのような座標をもつか．

(ii) Oxy 系で次の方程式で与えられる曲線は $Ox'y'$ 系ではいかなる方程式で与えられるか．

(a) 楕円 $\dfrac{x^2}{9}+\dfrac{y^2}{4}=1$

(b) 双曲線 $\dfrac{x^2}{9}-\dfrac{y^2}{4}=1$

(c) 放物線 $y=\dfrac{1}{4}x^2+1$

§2 斜交座標系(斜交軸)

直交系だけでなく，もっと一般の座標系を考えると便利なことがしばしばあるので，平面 Γ 上の一般の座標系を考えよう．直交軸と区別するため，それを**斜交軸**，あるいは**斜交座標系**と呼ぶ．(直

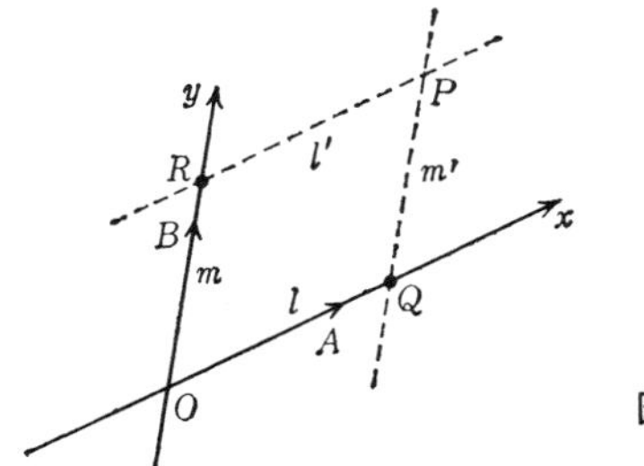

図 6.2.1

交系はその特別な場合である.)

まず平面 Γ 上に 3 点 O, A, B をとる. ただし O, A, B は 1 直線上にはないものとする. 直線 OA, OB をそれぞれ l, m とする. O から出て A へ向かう半直線の向きを l の正の向きとし, また O から出て B へ向かう半直線の向きを m の正の向きと定める(図 6.2.1). さて Γ 上の点 P に対して, P を通って m に平行な直線 m' を引く. (P が m 上にあれば $m'=m$ とする.) m' と l の交点を Q とする. 次に P を通って l に平行な直線 l' を引く. (P が l 上にあれば $l'=l$ とする.) l' と m の交点を R とする. すると O, A, Q は 1 直線上にあり, $O \neq A$ だから,

(1) $$\overrightarrow{OQ} = x\overrightarrow{OA}$$

を満たす実数 x が定まる. 同様に O, B, R は 1 直線上にあり, $O \neq B$ だから

(2) $$\overrightarrow{OR} = y\overrightarrow{OB}$$

を満たす実数 y が定まる. (x, y) を**基準系 $(\boldsymbol{O}\,;\boldsymbol{A}, \boldsymbol{B})$ に関する**(あるいは**斜交軸 $\boldsymbol{Oxy}$ に関する**)**点 $\boldsymbol{P}$ の座標**といい, これを

(3) $$P = (x, y) \qquad (O\,; A, B)(\text{または } Oxy)$$

と書く. (後の方の $(O\,; A, B)$ や Oxy は念のために書くので, もし誤解の恐れがなければ略してもよい.)

$OQPR$ が平行四辺形となるから(つぶれて線分や点になることも

あるが)，ベクトルの和の定義(第3章§6)を思い出せば

$$\overrightarrow{OP}=\overrightarrow{OQ}+\overrightarrow{OR}$$

となる．ここへ(1)，(2)を代入すると

$$\overrightarrow{OP}=x\overrightarrow{OA}+y\overrightarrow{OB} \tag{4}$$

となる．これが斜交系 Oxy での(あるいは基準系 $(O\,;A,B)$ での) P の座標 (x,y) と，基本になるベクトル $\overrightarrow{OA},\overrightarrow{OB}$ とを結びつける関係式である．

$$\overrightarrow{OA}=\vec{e},\qquad \overrightarrow{OB}=\vec{f} \tag{5}$$

とおいて，基準系 $(O\,;A,B)$ と書く代りに基準系 $(O\,;\vec{e},\vec{f})$ あるいは座標系 $(O\,;\vec{e},\vec{f})$ などとも書く．

問1　平面 Γ を図6.2.2のように3つの平行線群で合同な正三角形群に分割する．$(O\,;A,B)$ に関し，図の点 P,Q の座標は何か．

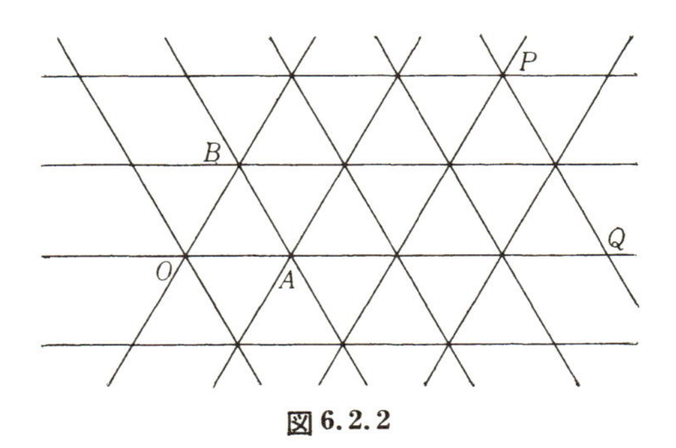

図6.2.2

§3　斜交系の間の座標変換

平面 Γ 上に斜交軸 Oxy と $O'x'y'$ があり，それぞれの基準系を $(O\,;A,B)$，$(O'\,;A',B')$ とする(図6.3.1)．Γ の点 P の座標が

$$\begin{cases} P=(x,y) & ((O\,;A,B)\text{系で}) \\ P=(x',y') & ((O'\,;A',B')\text{系で}) \end{cases}$$

であったとする．このとき x,y と x',y' の間の関係はどうなるであ

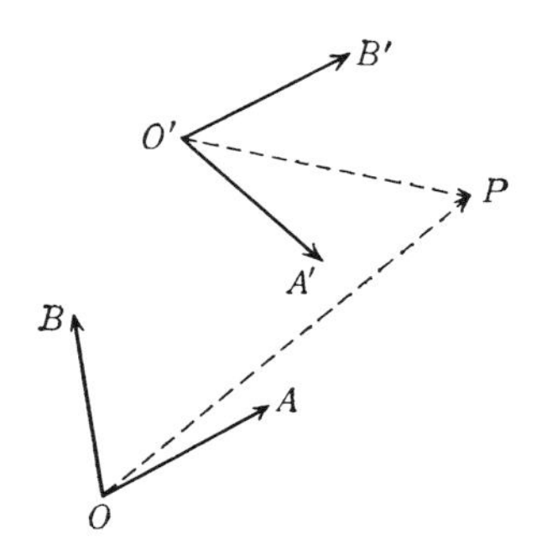

図 6.3.1

ろうか？ もしそれがわかれば，点や図形の一方の座標系での座標や方程式さえわかっていれば，他の座標系での座標や方程式がすぐ(計算だけで)得られるから大変便利である．いま

(1) $\vec{e}=\overrightarrow{OA},\quad \vec{f}=\overrightarrow{OB},\quad \vec{e}'=\overrightarrow{O'A'},\quad \vec{f}'=\overrightarrow{O'B'}$

とおくと，§2 に述べた座標の意味から

(2) $$\overrightarrow{OP}=x\vec{e}+y\vec{f}$$

(3) $$\overrightarrow{O'P}=x'\vec{e}'+y'\vec{f}'$$

である．$\vec{e}', \vec{f}'$ はいずれも $\overrightarrow{OM}, \overrightarrow{ON}$ の形に書けるから，

(4) $$\begin{cases}\vec{e}'=\alpha\vec{e}+\alpha'\vec{f}\\ \vec{f}'=\beta\vec{e}+\beta'\vec{f}\end{cases}$$

とおける．よって(3)より

(5) $$\begin{aligned}\overrightarrow{O'P}&=x'(\alpha\vec{e}+\alpha'\vec{f})+y'(\beta\vec{e}+\beta'\vec{f})\\ &=(x'\alpha+y'\beta)\vec{e}+(x'\alpha'+y'\beta')\vec{f}\end{aligned}$$

である．一方

(6) $$\overrightarrow{O'P}=\overrightarrow{OP}-\overrightarrow{OO'}$$

であるから，

(7) $$\overrightarrow{OO'}=\gamma\vec{e}+\gamma'\vec{f}$$

とおけば，(2), (5), (7)を(6)へ代入して

$$(x'\alpha+y'\beta)\vec{e}+(x'\alpha'+y'\beta')\vec{f}$$

$$= x\vec{e}+y\vec{f}-\gamma\vec{e}-\gamma'\vec{f}$$

を得る．よって $\vec{e}, \vec{f}$ の係数を比べて

$$\begin{cases} x = x'\alpha+y'\beta+\gamma \\ y = x'\alpha'+y'\beta'+\gamma' \end{cases} \tag{8}$$

が得られる．これが両座標の間の関係を与える公式であって，**座標変換の公式**という．行列表示をすれば(8)は

$$\begin{pmatrix} x \\ y \end{pmatrix} = \begin{pmatrix} \alpha & \beta \\ \alpha' & \beta' \end{pmatrix}\begin{pmatrix} x' \\ y' \end{pmatrix}+\begin{pmatrix} \gamma \\ \gamma' \end{pmatrix} \tag{9}$$

と書ける．あるいは，3 次行列を使えば

$$\begin{pmatrix} x \\ y \\ 1 \end{pmatrix} = \begin{pmatrix} \alpha & \beta & \gamma \\ \alpha' & \beta' & \gamma' \\ 0 & 0 & 1 \end{pmatrix}\begin{pmatrix} x' \\ y' \\ 1 \end{pmatrix} \tag{10}$$

とも書ける．(8), (9), (10)はすべて同一内容を表わしている．

(8)は形の上ではアフィン写像を与える式(第 5 章§2 定理 5. 2. 1)と全く同一である．しかしその表わす意味は全く別のものであることに注意すべきである．また(8)では必ず

$$\begin{vmatrix} \alpha & \beta \\ \alpha' & \beta' \end{vmatrix} \neq 0 \tag{11}$$

であることに注意しよう．なぜならばもし $\alpha\beta'-\alpha'\beta=0$ とすれば，次のように矛盾が生ずる．すなわち，$\vec{e}'\neq\vec{0}$ だから，(4)の第 1 式により α, α' の少なくとも一方は $\neq 0$ である．よってたとえば $\alpha\neq 0$ とし，$\beta/\alpha=t$ とおくと，$\alpha\beta'=\alpha'\beta$ より $\alpha\beta'=\alpha't\alpha$,　$\therefore$　$\beta'=t\alpha'$,

$$\therefore \quad \vec{f}' = t(\alpha\vec{e}+\alpha'\vec{f}) = t\vec{e}'$$

よって，O', A', B' は同一直線上にあることになり，初めのとり方に反する．これで(11)が示された．

(11)により，(8)は形の上では正則なアフィン写像を与える式と同一である——ということができる．

座標変換の公式(8)を用いれば，斜交系で円の方程式の形がどうなるか等の問に答えることができる．

例1　$(O\,;E,F)$ を直交軸 Oxy の基準系とし，3点

$$\begin{cases} O'=(3,2) & (Oxy\text{ 系で}) \\ E'=(5,3) & (Oxy\text{ 系で}) \\ F'=(2,3) & (Oxy\text{ 系で}) \end{cases}$$

をとり，$(O'\,;E',F')$ を基準系とする新しい斜交軸 $O'x'y'$ をとる．Oxy 系で方程式

$$x^2+y^2=r^2$$

で表わされる円は，$O'x'y'$ 系ではどのような方程式で表わされるであろうか？

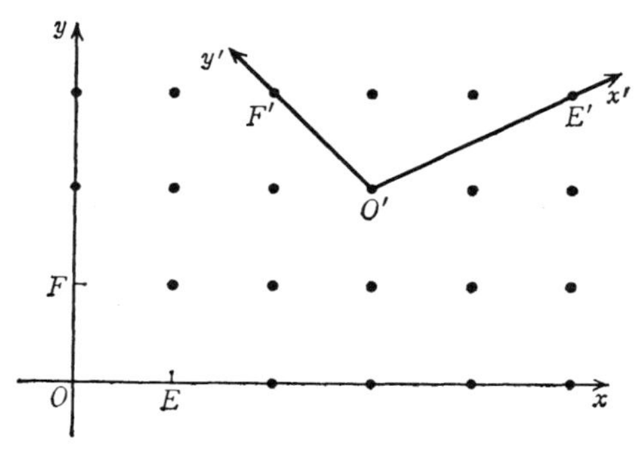

図6.3.2

これを解決するための第1の作業は，上の公式(8)に登場する定数 $\alpha,\beta,\gamma,\alpha',\beta',\gamma'$ をまず求めることである．そのためには，それらの定義式(4)，(7)に戻らなければならない．まず

$$\overrightarrow{O'E'}=\overrightarrow{OE'}-\overrightarrow{OO'} \tag{12}$$

$$=\begin{pmatrix}5\\3\end{pmatrix}-\begin{pmatrix}3\\2\end{pmatrix}=\begin{pmatrix}2\\1\end{pmatrix}\qquad (Oxy\text{ 系で})$$

$$\overrightarrow{O'F'}=\overrightarrow{OF'}-\overrightarrow{OO'} \tag{13}$$

$$=\begin{pmatrix}2\\3\end{pmatrix}-\begin{pmatrix}3\\2\end{pmatrix}=\begin{pmatrix}-1\\1\end{pmatrix}\qquad (Oxy\text{ 系で})$$

であるから

$$\alpha=2,\qquad \alpha'=1$$
$$\beta=-1,\qquad \beta'=1$$

である．（なぜなら $\vec{e}=\overrightarrow{OE}$，$\vec{f}=\overrightarrow{OF}$ を用いて書けば上の(12)，(13)はそれぞれ

$$\begin{cases}\overrightarrow{O'E'}=2\cdot\vec{e}+1\cdot\vec{f}\\ \overrightarrow{O'F'}=(-1)\cdot\vec{e}+1\cdot\vec{f}\end{cases}$$

を意味しているからである.）

次に

(14) $$\overrightarrow{OO'}=3\vec{e}+2\vec{f}$$

だから，

$$\gamma=3,\qquad \gamma'=2$$

である．以上から，点 P に対し

$$\begin{cases}P=(x,y) & (Oxy\text{ 系で})\\ P=(x',y') & (O'x'y'\text{ 系で})\end{cases}$$

とおくと，座標変換の式は

(15) $$\begin{cases}x=2x'-y'+3\\ y=x'+y'+2\end{cases}$$

となる．この x,y の式を円の方程式 $x^2+y^2=r^2$（Oxy 系で）に代入すれば，$O'x'y'$ 系での方程式となるわけである．すなわち

(16) $$(2x'-y'+3)^2+(x'+y'+2)^2=r^2$$

となる．これを整理すると

(17) $$5x'^2-2x'y'+2y'^2+16x'-2y'+(13-r^2)=0$$

となる．このように斜交系では直交系での方程式とはだいぶ形の変った方程式となる．しかし“座標 x',y' の間の 2 次式を 0 とおいた

形の方程式である”という事実は崩れない．

例2　$(O\,;E,F)$ と $(O'\,;E',F')$ を例1と同じとする．Oxy 系で直線 g の方程式が

$$ax+by+c=0 \qquad (a^2+b^2>0) \tag{18}$$

であったとする．$O'x'y'$ 系での g の方程式の求め方は例1と同様である．すなわち座標変換の式(15)を(18)に代入して

$$a(2x'-y'+3)+b(x'+y'+2)+c=0$$

となる．すなわち

$$a'x'+b'y'+c'=0 \tag{19}$$

の形となる．ただし

$$\begin{cases} a'=2a+b \\ b'=-a+b \\ c'=3a+2b+c \end{cases} \tag{20}$$

である．したがって

$$\begin{pmatrix} a' \\ b' \end{pmatrix}=\begin{pmatrix} 2 & 1 \\ -1 & 1 \end{pmatrix}\begin{pmatrix} a \\ b \end{pmatrix} \tag{21}$$

であり，しかも(21)の右辺の2次行列は逆行列をもつ．(その行列式が $=2\cdot1-(-1)\cdot1=3\neq0$ だから.) よって，$a'=b'=0$ ではない．(もしそうなら，

$$\begin{pmatrix} a \\ b \end{pmatrix}=\begin{pmatrix} 2 & 1 \\ -1 & 1 \end{pmatrix}^{-1}\begin{pmatrix} a' \\ b' \end{pmatrix}=\begin{pmatrix} 0 \\ 0 \end{pmatrix} \qquad \therefore\quad a=b=0$$

となり $a^2+b^2>0$ に反する.) よって(19)は x', y' の1次式である．

一般にこれと全く同様の論法で，直線の方程式は斜交系の場合でも，座標の1次式を0とおいた形となることがわかる．

問1　$(O\,;E,F)$ と $(O'\,;E',F')$ は例1，例2と同じとする．Oxy 系で $xy=1$ で表わされる曲線は $O'x'y'$ 系ではどんな方程式で表わされるか．

§4　アフィン写像の表示式の座標変換による影響

直交系$(O\,;E,F)$でアフィン写像$f:\Gamma\to\Gamma$を与える式が

$$(1)\qquad f(P)=P^*,\quad P=(x,y),\quad P^*=(x^*,y^*)$$

に対し

$$(2)\qquad \begin{cases} x^*=\alpha x+\beta y+\gamma \\ y^*=\alpha' x+\beta' y+\gamma' \end{cases}$$

であったとしよう．斜交系$(O'\,;E',F')$でPの座標が

$$(3)\qquad P=(u,v),\quad P^*=(u^*,v^*)$$

となるとし，(2)に当る式がどうなるかを調べよう．そのため，座標変換の式が

$$(4)\qquad \begin{cases} x=pu+qv+r \\ y=p'u+q'v+r' \end{cases}$$

$$(5)\qquad \begin{cases} x^*=pu^*+qv^*+r \\ y^*=p'u^*+q'v^*+r' \end{cases}$$

であるとしよう．(4), (5)を用いて(2)をu,v,u^*,v^*間の式に書き変えれば，$(O'\,;E',F')$系でfを表わす式が得られるはずである．

これらを計算して代入していくとかえって法則性が見失われるので，行列算を利用して計算を実行してみよう．(4), (5)を

$$(4')\qquad \begin{pmatrix} x \\ y \end{pmatrix}=\begin{pmatrix} p & q \\ p' & q' \end{pmatrix}\begin{pmatrix} u \\ v \end{pmatrix}+\begin{pmatrix} r \\ r' \end{pmatrix}$$

$$(5')\qquad \begin{pmatrix} x^* \\ y^* \end{pmatrix}=\begin{pmatrix} p & q \\ p' & q' \end{pmatrix}\begin{pmatrix} u^* \\ v^* \end{pmatrix}+\begin{pmatrix} r \\ r' \end{pmatrix}$$

の形に書く，$\begin{pmatrix} p & q \\ p' & q' \end{pmatrix}^{-1}$を(5′)の両辺に左から掛けると

$$(5'')\qquad \begin{pmatrix} u^* \\ v^* \end{pmatrix}=\begin{pmatrix} p & q \\ p' & q' \end{pmatrix}^{-1}\begin{pmatrix} x^* \\ y^* \end{pmatrix}-\begin{pmatrix} p & q \\ p' & q' \end{pmatrix}^{-1}\begin{pmatrix} r \\ r' \end{pmatrix}$$

となる．ここへ(2)を行列形に書き直して代入すれば

(6) $$\begin{pmatrix} u^* \\ v^* \end{pmatrix} = \begin{pmatrix} p & q \\ p' & q' \end{pmatrix}^{-1} \left\{ \begin{pmatrix} \alpha & \beta \\ \alpha' & \beta' \end{pmatrix} \begin{pmatrix} x \\ y \end{pmatrix} + \begin{pmatrix} \gamma \\ \gamma' \end{pmatrix} \right\} - \begin{pmatrix} p & q \\ p' & q' \end{pmatrix}^{-1} \begin{pmatrix} r \\ r' \end{pmatrix}$$

となる．さらにここへ(4′)を代入すると

(7) $$\begin{pmatrix} u^* \\ v^* \end{pmatrix} = \begin{pmatrix} p & q \\ p' & q' \end{pmatrix}^{-1} \begin{pmatrix} \alpha & \beta \\ \alpha' & \beta' \end{pmatrix} \begin{pmatrix} p & q \\ p' & q' \end{pmatrix} \begin{pmatrix} u \\ v \end{pmatrix}$$
$$+ \begin{pmatrix} p & q \\ p' & q' \end{pmatrix}^{-1} \begin{pmatrix} \alpha & \beta \\ \alpha' & \beta' \end{pmatrix} \begin{pmatrix} r \\ r' \end{pmatrix}$$
$$+ \begin{pmatrix} p & q \\ p' & q' \end{pmatrix}^{-1} \begin{pmatrix} \gamma \\ \gamma' \end{pmatrix} - \begin{pmatrix} p & q \\ p' & q' \end{pmatrix}^{-1} \begin{pmatrix} r \\ r' \end{pmatrix}$$

となる．(7)は一見かなりの複雑さをもち，とても記憶する気にならないが，行列記号

(8) $$A = \begin{pmatrix} \alpha & \beta \\ \alpha' & \beta' \end{pmatrix}, \qquad S = \begin{pmatrix} p & q \\ p' & q' \end{pmatrix}$$

を使えばもう少しすっきりした形となる．

(7*) $$\begin{pmatrix} u^* \\ v^* \end{pmatrix} = S^{-1}AS \begin{pmatrix} u \\ v \end{pmatrix} + S^{-1}A \begin{pmatrix} r \\ r' \end{pmatrix} + S^{-1} \begin{pmatrix} \gamma \\ \gamma' \end{pmatrix} - S^{-1} \begin{pmatrix} r \\ r' \end{pmatrix}$$

かくして，$A, S, \gamma, \gamma', r, r'$ がわかれば，(7*)により斜交系$(O'; E', F')$で f を表わす式が得られる．特に f が1次変換で，しかも $O=O'$ ならば $\gamma=\gamma'=r=r'=0$ であるから，(7)，(7*)は次のようなすっきりした形となる．

(9) $$\begin{pmatrix} u^* \\ v^* \end{pmatrix} = \begin{pmatrix} p & q \\ p' & q' \end{pmatrix}^{-1} \begin{pmatrix} \alpha & \beta \\ \alpha' & \beta' \end{pmatrix} \begin{pmatrix} p & q \\ p' & q' \end{pmatrix} \begin{pmatrix} u \\ v \end{pmatrix}$$

(9*) $$\begin{pmatrix} u^* \\ v^* \end{pmatrix} = S^{-1}AS \begin{pmatrix} u \\ v \end{pmatrix}$$

問 1　直交系$(O; E, F)$において，1次変換 f が，

$$\begin{cases} x^* = x + \dfrac{\sqrt{3}}{2} y \\ y^* = -y \end{cases}$$

で与えられている．$E'=(1,0)$，$F'=\left(-\dfrac{1}{2},\dfrac{\sqrt{3}}{2}\right)$（$(O\,;E,F)$系において）とするとき，斜交系$(O\,;E',F')$において$f$はどんな式で与えられるか．

注意　以上の計算は3次行列を使えばさらにすっきりした形で実行される．すなわち(2)，(4)，(5)はそれぞれ

$$\begin{pmatrix} x^* \\ y^* \\ 1 \end{pmatrix} = \begin{pmatrix} \alpha & \beta & \gamma \\ \alpha' & \beta' & \gamma' \\ 0 & 0 & 1 \end{pmatrix} \begin{pmatrix} x \\ y \\ 1 \end{pmatrix} \tag{10}$$

$$\begin{pmatrix} x \\ y \\ 1 \end{pmatrix} = \begin{pmatrix} p & q & r \\ p' & q' & r' \\ 0 & 0 & 1 \end{pmatrix} \begin{pmatrix} u \\ v \\ 1 \end{pmatrix} \tag{11}$$

$$\begin{pmatrix} x^* \\ y^* \\ 1 \end{pmatrix} = \begin{pmatrix} p & q & r \\ p' & q' & r' \\ 0 & 0 & 1 \end{pmatrix} \begin{pmatrix} u^* \\ v^* \\ 1 \end{pmatrix} \tag{12}$$

と書ける．よっていま

$$\tilde{A} = \begin{pmatrix} \alpha & \beta & \gamma \\ \alpha' & \beta' & \gamma' \\ 0 & 0 & 1 \end{pmatrix}, \quad \tilde{S} = \begin{pmatrix} p & q & r \\ p' & q' & r' \\ 0 & 0 & 1 \end{pmatrix} \tag{13}$$

とおけば，(10)，(11)，(12)は

$$\begin{pmatrix} x^* \\ y^* \\ 1 \end{pmatrix} = \tilde{A} \begin{pmatrix} x \\ y \\ 1 \end{pmatrix}, \quad \begin{pmatrix} x \\ y \\ 1 \end{pmatrix} = \tilde{S} \begin{pmatrix} u \\ v \\ 1 \end{pmatrix}, \quad \begin{pmatrix} x^* \\ y^* \\ 1 \end{pmatrix} = \tilde{S} \begin{pmatrix} u^* \\ v^* \\ 1 \end{pmatrix} \tag{14}$$

となる．よって(14)の第3式を$\tilde{S}$の逆行列$\tilde{S}^{-1}$（すなわち$\tilde{S}^{-1}\cdot\tilde{S}=\tilde{S}\cdot\tilde{S}^{-1}=I_3$（3次単位行列）となるような3次行列$\tilde{S}^{-1}$のこと）を用いて書き直して

$$\begin{pmatrix} u^* \\ v^* \\ 1 \end{pmatrix} = \tilde{S}^{-1} \begin{pmatrix} x^* \\ y^* \\ 1 \end{pmatrix}$$

を作る．次に(14)の第1式と第2式をこれに代入して

$$\begin{pmatrix} u^* \\ v^* \\ 1 \end{pmatrix} = \tilde{S}^{-1}\tilde{A}\tilde{S} \begin{pmatrix} u \\ v \\ 1 \end{pmatrix} \tag{15}$$

となる．すなわち，2次行列の代りに，より複雑な3次行列を使ってはいるが，形の上ではアフィン写像より簡単な1次変換の場合((9)，(9*))と同

じ'形式'の式(15)が得られたのである．行列算の長所は，いくつかの等式を行列を使って書き直すことにより，座標系をとりかえた場合の法則性が"きわめて見やすい式"((15)のような)に直せることにある．

問2　行列

$$S=\begin{pmatrix} p & q \\ p' & q' \end{pmatrix},\qquad \tilde{S}=\left(\begin{array}{cc|c} \multicolumn{2}{c|}{\multirow{2}{*}{S}} & r \\ & & r' \\ \hline 0 & 0 & 1 \end{array}\right)$$

がある．もし S^{-1} が存在するならば，$\tilde{S}^{-1}$ も存在し，しかも $\tilde{S}^{-1}$ は次式で与えられることを示せ．

$$\tilde{S}^{-1}=\left(\begin{array}{cc|c} \multicolumn{2}{c|}{\multirow{2}{*}{S^{-1}}} & t \\ & & t' \\ \hline 0 & 0 & 1 \end{array}\right)$$

ただしここで

$$\begin{pmatrix} t \\ t' \end{pmatrix}=-S^{-1}\begin{pmatrix} r \\ r' \end{pmatrix}$$

である．

§5　座標系の変更による1次変換の式の対角化

斜交系$(O\,;E,F)$に関して，1次変換 $f:\Gamma\to\Gamma$ が次式(1)，(2)で与えられているとしよう．

(1)　　$f(P)=P^*,\qquad P=(x,y),\qquad P^*=(x^*,y^*)$

(2)　　$\begin{pmatrix} x^* \\ y^* \end{pmatrix}=\begin{pmatrix} \alpha & \beta \\ \alpha' & \beta' \end{pmatrix}\begin{pmatrix} x \\ y \end{pmatrix}$

このとき，"同じ原点 O をもつ別の斜交系$(O\,;E',F')$を適当にとることによって，(2)の式の中の2次行列の部分をもう少し'すっきりとした形'にはできないであろうか？"という問題提起をしよう．

ここで"すっきりとした形"とは何であるかは，種々考えられる(目的に応じて)可能性があるわけだが，ここではその意味を次のように限定する．すなわち，別の斜交系$(O\,;E',F')$において $f:\Gamma\to\Gamma$

を表わす式が

(3)　$$f(P)=P^*,\qquad P=(u,v),\qquad P^*=(u^*,v^*)$$

(4)　$$\begin{pmatrix}u^*\\v^*\end{pmatrix}=\begin{pmatrix}\lambda&0\\0&\mu\end{pmatrix}\begin{pmatrix}u\\v\end{pmatrix}$$

の形になるように$(O;E',F')$をとることができるか？——という問題を考える．すなわち新斜交系に移ることにより，(2)式中のβとα'の部分が0となった形に直せるかという問題である．もしそうなったとすれば(4)は

(5)　$$\begin{cases}u^*=\lambda u\\v^*=\mu v\end{cases}$$

となる．すなわち斜交系$(O;E',F')$をOuv系と呼ぶことにすると，点$P(u,v)$のfによる行き先P^*が，u座標に定数λを，v座標に定数μを掛けた値$u^*=\lambda u$，$v^*=\mu v$を両座標にもつ点$P^*(u^*,v^*)$になる——という簡明な規則で与えられる．そのような便利な座標系は果してあるか否か，あるとしてもどうすれば見つかるか——これが今問題にしていることである．

そのような$(O;E',F')$があったとしよう．

(☆)　$$\begin{cases}\overrightarrow{OE'}=p\overrightarrow{OE}+p'\overrightarrow{OF}\\\overrightarrow{OF'}=q\overrightarrow{OE}+q'\overrightarrow{OF}\end{cases}$$

とおくと，§4(9)により

$$\begin{pmatrix}u^*\\v^*\end{pmatrix}=\begin{pmatrix}p&q\\p'&q'\end{pmatrix}^{-1}\begin{pmatrix}\alpha&\beta\\\alpha'&\beta'\end{pmatrix}\begin{pmatrix}p&q\\p'&q'\end{pmatrix}\begin{pmatrix}u\\v\end{pmatrix}$$

である．よって

(6)　$$\begin{pmatrix}p&q\\p'&q'\end{pmatrix}^{-1}\begin{pmatrix}\alpha&\beta\\\alpha'&\beta'\end{pmatrix}\begin{pmatrix}p&q\\p'&q'\end{pmatrix}=\begin{pmatrix}\lambda&0\\0&\mu\end{pmatrix}$$

を満たすような2次行列$\begin{pmatrix}p&q\\p'&q'\end{pmatrix}$を見いだすことがまず問題になる．

ここで若干の用語を導入して，いま直面している問題を述べやす

くしよう．逆行列をもつ2次行列を**正則な2次行列**という．また(6)の右辺の形，すなわち

$$(7)\qquad \begin{pmatrix} * & 0 \\ 0 & * \end{pmatrix}$$

の形の行列を**対角行列**という．(0でない行列成分は左上から右下へ向かう対角線上にしか存在しないから.) すると問題は，与えられた2次行列

$$(8)\qquad A=\begin{pmatrix} \alpha & \beta \\ \alpha' & \beta' \end{pmatrix} \qquad (\alpha, \beta, \alpha', \beta' \text{ は実数})$$

に対して，正則行列

$$(9)\qquad S=\begin{pmatrix} p & q \\ p' & q' \end{pmatrix} \qquad (p, q, p', q' \text{ は実数})$$

を適当に見いだして，

$$(10)\qquad S^{-1}AS=(\text{対角行列})$$

が成り立つようにせよということである．もしこのようなSが発見されたなら，点E', F'を(☆)で定めると，O, E', F'は1直線上にはない．(もしあれば$\overrightarrow{OF'}$は$\overrightarrow{OE'}$のスカラー倍の形になる：$\overrightarrow{OF'}=t\overrightarrow{OE'}$．すると(☆)より$q=tp$，$q'=tp'$となり，

$$\begin{vmatrix} p & p' \\ q & q' \end{vmatrix}=\begin{vmatrix} p & p' \\ tp & tp' \end{vmatrix}=tpp'-tpp'=0$$

となる．よってSは逆行列S^{-1}をもち得ない(第5章§3定理5.3.2)．すなわちSの正則性に反する.) よって$(O\,;E', F')$は求める斜交系を与える．かくして，初めに述べた問題は(10)の解となる正則行列Sを見いだせという問題となった．これをAの(実数行列の範囲での)**対角化の問題**という．

(10)を(6)の形にしておき，さらに

(11) $$Z=\begin{pmatrix}p\\p'\end{pmatrix},\qquad W=\begin{pmatrix}q\\q'\end{pmatrix}$$

とおく．(6)は

(6*) $$\begin{pmatrix}\alpha & \beta\\ \alpha' & \beta'\end{pmatrix}\begin{pmatrix}p & q\\ p' & q'\end{pmatrix}=\begin{pmatrix}p & q\\ p' & q'\end{pmatrix}\begin{pmatrix}\lambda & 0\\ 0 & \mu\end{pmatrix}=\begin{pmatrix}\lambda p & \mu q\\ \lambda p' & \mu q'\end{pmatrix}$$

と書けるから，(11)を用いて書くと，(6*)は

(6**) $$\begin{pmatrix}\alpha & \beta\\ \alpha' & \beta'\end{pmatrix}(Z,\ W)=(\lambda Z,\ \mu W)$$

となる．ここで(Z, W)とあるのは

$$\left(\boxed{Z}\ \boxed{W}\right)$$

の形の2次行列を意味する．$(\lambda Z, \mu W)$も同様である．さて，行列の乗法の定義から，$A=\begin{pmatrix}\alpha & \beta\\ \alpha' & \beta'\end{pmatrix}$を用いて，(6**)の左辺は

(12) $$A(Z,\ W)=(AZ,\ AW)$$

と書ける．よって，(6**)から

(13) $$AZ=\lambda Z,\qquad AW=\mu W$$

が得られる．$\det S\neq 0$ゆえ，(13)のZ, Wはいずれも$\neq\begin{pmatrix}0\\0\end{pmatrix}$である．かくして(10)の解$S$を見いだせという問題を解くための前段階として，適当なスカラーλ, μに対して(13)を満たすような2×1行列(2次の列ベクトル)Z, Wを見いだせ——という問題が生じた．これが**固有値と固有ベクトルの問題**と称されている問題で，2次行列のみならず，次数の高い一般の行列理論においても重要な問題である．かくして行列の対角化の問題を解くには，固有値と固有ベクトルの問題をまず解かねばならぬことがわかった．それをあらためて(実数成分のみならず，複素成分の行列の場合まで含めて)次節でとりあげよう．

問1 行列$A=\begin{pmatrix}1 & 2\\ 2 & 3\end{pmatrix}$に対して，実数$\lambda, u, v$で

$$A\begin{pmatrix} u \\ v \end{pmatrix} = \lambda\begin{pmatrix} u \\ v \end{pmatrix}, \qquad u^2+v^2=1$$

なるものをすべて求めよ．

問2　行列 $A=\begin{pmatrix} 1 & 1 \\ 0 & 1 \end{pmatrix}$ に対して，実数 λ, u, v で

$$A\begin{pmatrix} u \\ v \end{pmatrix} = \lambda\begin{pmatrix} u \\ v \end{pmatrix}, \qquad u^2+v^2=1$$

なるものをすべて求めよ．

§6　固有値と固有ベクトル

複素数の全体を $\boldsymbol{C}$ と書く．複素数を成分とする2次行列の全体の集合を $M_2(\boldsymbol{C})$ と書く．また複素数を成分とする2次の列ベクトルの全体の集合を $\boldsymbol{C}^2$ と書く．

$$A = \begin{pmatrix} \alpha & \beta \\ \alpha' & \beta' \end{pmatrix} \in M_2(\boldsymbol{C}) \tag{1}$$

に対して，$\lambda \in \boldsymbol{C}$ と $\begin{pmatrix} u \\ v \end{pmatrix} \in \boldsymbol{C}^2$ とが

$$A\begin{pmatrix} u \\ v \end{pmatrix} = \lambda\begin{pmatrix} u \\ v \end{pmatrix}, \qquad |u|^2+|v|^2 > 0 \tag{2}$$

を満たすとき，λ は行列 A の**固有値**であるという．そして列ベクトル $\begin{pmatrix} u \\ v \end{pmatrix}$ は，固有値 λ に属する A の**固有ベクトル**であるという．

まず問題となるのは，A が与えられたとき，その固有値の求め方である．そのため次のような x の2次式 $F_A(x)$ を A から作る：

$$F_A(x) = \begin{vmatrix} x-\alpha & -\beta \\ -\alpha' & x-\beta' \end{vmatrix} = (x-\alpha)(x-\beta')-\alpha'\beta \tag{3}$$

$F_A(x)$ を2次行列 A の**固有多項式**という．これは次のように書いてもよい：

$$F_A(x) = \det(xI_2-A) \tag{4}$$

ここで I_2 は2次の単位行列 $\begin{pmatrix} 1 & 0 \\ 0 & 1 \end{pmatrix}$ である．

定理 6.6.1　$A \in M_2(\boldsymbol{C})$ に対し，$\lambda \in \boldsymbol{C}$ が A の固有値となるための必要十分条件は，λ が A の固有多項式 $F_A(x)$ の根となることである．

注意　x の多項式 $f(x)$ の根とは，方程式 $f(x)=0$ の根のことである．

証明　λ が A の固有値であるとし，λ に属する A の固有ベクトル $\begin{pmatrix} u \\ v \end{pmatrix}$ をとる．すると(2)が成り立つから，これを書き直して

$$(5) \qquad \begin{cases} (\alpha-\lambda)u+\beta v = 0 \\ \alpha' u+(\beta'-\lambda)v = 0 \end{cases}$$

を得る．すなわち連立1次方程式(5)が自明でない解 u, v をもつ．よって第5章§2(16)-(22)と同様な論法で(そこでは実数の範囲で扱ったが，その論法は複素数の場合でも成立する——読み直してチェックされたい)，

$$(6) \qquad (\alpha-\lambda)(\beta'-\lambda)-\beta\alpha' = 0$$

を得る．(6)を書き直せば

$$(7) \qquad F_A(\lambda) = 0$$

となるから，λ は A の固有多項式 $F_A(x)$ の根である．

逆に(7)が成り立てば，再び第5章§2(16)-(22)と同様に，(5)は自明でない解 u, v (u, v は一般に複素数である)をもつ．(5)を書き直せば(2)となるから，λ は A の固有値であり，$\begin{pmatrix} u \\ v \end{pmatrix}$ は λ に属する A の固有ベクトルである．▌

例 1

$$A = \begin{pmatrix} 1 & i \\ i & 2 \end{pmatrix}$$

とすると，

$$F_A(x) = (1-x)(2-x)-i^2 = x^2-3x+3$$

であるから，$F_A(x)=0$ を解いて A の固有値は

$$\lambda_1 = \frac{3+\sqrt{3}\,i}{2}, \qquad \lambda_2 = \frac{3-\sqrt{3}\,i}{2}$$

である．固有値 λ_1 に属する固有ベクトル $\begin{pmatrix} u \\ v \end{pmatrix}$ を求めよう．

$$\begin{pmatrix} 1 & i \\ i & 2 \end{pmatrix}\begin{pmatrix} u \\ v \end{pmatrix} = \lambda_1 \begin{pmatrix} u \\ v \end{pmatrix}$$

を解けばよい．$u:v$ がわかればよいから $u=1$ とおくと，

$$\begin{cases} 1+iv = \lambda_1 & \text{①} \\ i+2v = \lambda_1 v & \text{②} \end{cases}$$

① と ② は同値である．① を解くと

$$v = \frac{1}{i}(\lambda_1 - 1) = \frac{\sqrt{3}-i}{2}$$

を得る．(② を解いても

$$v = \frac{i}{\lambda_1 - 2} = \frac{i}{\dfrac{-1+\sqrt{3}\,i}{2}} = \frac{\sqrt{3}-i}{2}$$

となる.) よって

$$\begin{pmatrix} 1 \\ \dfrac{\sqrt{3}-i}{2} \end{pmatrix} \qquad \text{③}$$

が固有値 λ_1 に属する固有ベクトルである．$u \neq 0$ なる任意の複素数 u から出発しても同様な計算で，③ のスカラー倍の形の列ベクトルが得られる．$u=0$ から出発すると，固有ベクトルは得られない(零ベクトルになる)．よって固有値 λ_1 に属する固有ベクトルは ③ およびそのスカラー倍(0倍を除く)によりすべて与えられる．

同様にして，固有値 λ_2 に属する固有ベクトルを求めると

$$\begin{pmatrix} 1 \\ \dfrac{-\sqrt{3}-i}{2} \end{pmatrix} \qquad ④$$

およびそのスカラー倍(0倍は除く)によりすべて与えられることがわかる. ——

問1 行列 $A=\begin{pmatrix} 1 & \dfrac{\sqrt{3}}{2} \\ 0 & -1 \end{pmatrix}$ の固有値をすべて求め，そのおのおのに属する固有ベクトルをすべて求めよ.

また，行列 $A=\begin{pmatrix} \cos\theta & -\sin\theta \\ \sin\theta & \cos\theta \end{pmatrix}$, $A=\begin{pmatrix} 2 & 0 \\ 0 & 2 \end{pmatrix}$, $A=\begin{pmatrix} 2 & 1 \\ 0 & 2 \end{pmatrix}$ のそれぞれに対して同じことを行なえ.

上の例の λ_1, λ_2 に属する固有ベクトルはスカラー倍の関係にはない. これは $\lambda_1 \neq \lambda_2$ がその原因となっている. 一般に次の定理が成り立つ.

定理 6.6.2 $A \in M_2(\boldsymbol{C})$ の固有値 λ_1, λ_2 が相異なれば，λ_1, λ_2 に属する固有ベクトルをそれぞれ

$$Z=\begin{pmatrix} u_1 \\ v_1 \end{pmatrix}, \qquad W=\begin{pmatrix} u_2 \\ v_2 \end{pmatrix}$$

とするとき

(i) $\begin{vmatrix} u_1 & u_2 \\ v_1 & v_2 \end{vmatrix} \neq 0$

(ii) W は Z のスカラー倍ではない.

(iii) $S=\begin{pmatrix} u_1 & u_2 \\ v_1 & v_2 \end{pmatrix}$

は逆行列 S^{-1} をもち，そして

$$S^{-1}AS=\begin{pmatrix} \lambda_1 & 0 \\ 0 & \lambda_2 \end{pmatrix} \tag{8}$$

が成り立つ.

証明 $AZ=\lambda_1 Z$, $AW=\lambda_2 W$ であるから，もし W が Z のスカラ

一倍なら，$W=tZ$ とおくと

$$A(tZ)=\lambda_2 tZ$$

$$\therefore \quad tAZ=t\lambda_2 Z \tag{9}$$

$W=tZ\neq\begin{pmatrix}0\\0\end{pmatrix}$ だから $t\neq 0$．よって t^{-1} を(9)の両辺に掛けて $AZ=\lambda_2 Z$ を得る．これと $AZ=\lambda_1 Z$ より $\lambda_2 Z=\lambda_1 Z$，$\therefore$ $(\lambda_2-\lambda_1)Z=\begin{pmatrix}0\\0\end{pmatrix}$．ところが仮定 $\lambda_1\neq\lambda_2$ より $\lambda_2-\lambda_1\neq 0$，$\therefore$ $Z=\begin{pmatrix}0\\0\end{pmatrix}$．これは $Z\neq\begin{pmatrix}0\\0\end{pmatrix}$ ($\because$ Z は固有ベクトル)に反する．よって(ii)がわかった．

次に(i)を示そう．いま

$$\begin{vmatrix}u_1 & u_2\\ v_1 & v_2\end{vmatrix}=0 \tag{10}$$

と仮定して矛盾を導こう．$Z\neq\begin{pmatrix}0\\0\end{pmatrix}$ だから $u_1\neq 0$ または $v_1\neq 0$ の少なくとも一方が成り立つ．例えば $u_1\neq 0$ として，$u_2/u_1=t$ とおくと，(10)より

$$u_1v_2=u_2v_1$$

$$\therefore \quad u_1v_2=tu_1v_1, \qquad \therefore \quad v_2=tv_1$$

ゆえに $W=tZ$．これは(ii)に反する．$v_1\neq 0$ のときも同様．

(iii)の証明．(i)により $\det S\neq 0$ だから，S は逆行列 S^{-1} をもつ．(定理 5.3.2 と全く同様である．定理 5.3.2 は S が $M_2(\boldsymbol{R})$ 中にあるときであるが，$S\in M_2(\boldsymbol{C})$ の時にも全く同様に論じられる．) さて $AZ=\lambda_1 Z$，$AW=\lambda_2 W$ を行列の形に書くと

$$A\begin{pmatrix}u_1\\v_1\end{pmatrix}=\lambda_1\begin{pmatrix}u_1\\v_1\end{pmatrix}, \qquad A\begin{pmatrix}u_2\\v_2\end{pmatrix}=\lambda_2\begin{pmatrix}u_2\\v_2\end{pmatrix}$$

となり，これはさらに

$$A\begin{pmatrix}u_1 & u_2\\ v_1 & v_2\end{pmatrix}=\begin{pmatrix}\lambda_1u_1 & \lambda_2u_2\\ \lambda_1v_1 & \lambda_2v_2\end{pmatrix} \tag{11}$$

と書き直される．(11)はさらに書き直せて

$$A\begin{pmatrix} u_1 & u_2 \\ v_1 & v_2 \end{pmatrix} = \begin{pmatrix} u_1 & u_2 \\ v_1 & v_2 \end{pmatrix}\begin{pmatrix} \lambda_1 & 0 \\ 0 & \lambda_2 \end{pmatrix} \tag{12}$$

となる．(12)を行列 S を用いて書けば

$$AS = S\begin{pmatrix} \lambda_1 & 0 \\ 0 & \lambda_2 \end{pmatrix} \tag{13}$$

となる．(13)の両辺に左から S^{-1} を掛けると

$$S^{-1}AS = \begin{pmatrix} \lambda_1 & 0 \\ 0 & \lambda_2 \end{pmatrix}$$

となり，(8)が得られた．▌

$A \in M_2(\boldsymbol{C})$ に対し，正則な2次(複素)行列，すなわち逆行列をもつような $S \in M_2(\boldsymbol{C})$ を適当にとって，$S^{-1}AS$ が(8)の右辺の形，すなわち対角行列の形に直すことができるとき，A を**対角化可能**という．すると定理6.6.2は，“$A \in M_2(\boldsymbol{C})$ の2つの固有値が相異なれば，A は対角化可能である”ことを保証しているわけである．

問2 次の行列 A を複素行列の範囲で対角化せよ．

(i) $\begin{pmatrix} 1 & 2 \\ -1 & 4 \end{pmatrix}$ (ii) $\begin{pmatrix} 1 & 3 \\ 1 & -2 \end{pmatrix}$ (iii) $\begin{pmatrix} 1 & -1 \\ 1 & 1 \end{pmatrix}$

(iv) $\begin{pmatrix} 1 & 2 \\ 2 & 1 \end{pmatrix}$ (v) $\begin{pmatrix} i & -1-i \\ 1-i & -i \end{pmatrix}$ (vi) $\begin{pmatrix} 1 & \dfrac{\sqrt{3}}{2} \\ 0 & -1 \end{pmatrix}$

問3 $A=\begin{pmatrix} 1 & 2 \\ -1 & 4 \end{pmatrix}$ のとき

(i) $P^{-1}AP = \begin{pmatrix} \alpha & 0 \\ 0 & \beta \end{pmatrix} \quad (\alpha \neq \beta)$

となる2次行列 P を1つ挙げよ．

(ii) $B=P^{-1}AP$ とおけば，正の整数 n に対して，

$$A^n = PB^nP^{-1}$$

が成り立つことを示せ．

(iii) A^n を求めよ．

ではそうでない場合，すなわち $A \in M_2(\boldsymbol{C})$ の固有多項式 $F_A(x)$

の2根が一致する場合はどうなるであろうか？ 答を先にいえば，この場合は一般に A は対角化可能ではない．

以下にこの場合を論ずるが，言葉の節約のため，$M_2(\boldsymbol{C})$ 中の正則行列 S，すなわち $\det S \neq 0$ なる S(あるいは S^{-1} をもつ S といってもよい)の全体のなす部分集合を

$$GL_2(\boldsymbol{C}) \tag{14}$$

という記号で表わす．ついでに，$GL_2(\boldsymbol{C})$ と $M_2(\boldsymbol{R})$ の共通部分 $GL_2(\boldsymbol{C}) \cap M_2(\boldsymbol{R})$，すなわち $M_2(\boldsymbol{R})$ 中の正則行列の全体のなす部分集合を $GL_2(\boldsymbol{R})$ と書くことにする．(これは成分が実数の場合を扱うときに登場する.)

さて $A \in M_2(\boldsymbol{C})$ の固有多項式が等根 λ_1 をもつとしよう：

$$F_A(x) = (x-\lambda_1)^2 \tag{15}$$

そして

$$A = \begin{pmatrix} \alpha & \beta \\ \alpha' & \beta' \end{pmatrix} \tag{16}$$

とおく．

問4　固有多項式が $(x-2)^2$ になる行列で，スカラー行列でないものの例を作れ．

すると

$$\begin{aligned} F_A(x) &= (x-\alpha)(x-\beta')-\alpha'\beta \\ &= x^2-(\alpha+\beta')x+(\alpha\beta'-\alpha'\beta) \end{aligned} \tag{17}$$

であるから(15)により $F_A(x)=0$ の判別式 D は 0 である．すなわち

$$D = (\alpha+\beta')^2-4(\alpha\beta'-\alpha'\beta) = 0 \tag{18}$$

となる．これを書き直せば

$$(\alpha-\beta')^2+4\alpha'\beta = 0 \tag{19}$$

となる．

さてまず(16)の A が対角化可能であるための条件を考えよう．

もし A が対角化可能ならば

$$S^{-1}AS = \begin{pmatrix} \mu & 0 \\ 0 & \mu' \end{pmatrix} \tag{20}$$

の形となる．よって

$$\begin{aligned} S^{-1}(xI_2-A)S &= S^{-1}(xI_2)S-S^{-1}AS \\ &= xS^{-1}I_2S-S^{-1}AS \\ &= xI_2-S^{-1}AS \\ &= \begin{pmatrix} x & 0 \\ 0 & x \end{pmatrix}-\begin{pmatrix} \mu & 0 \\ 0 & \mu' \end{pmatrix} \end{aligned} \tag{21}$$

$$\therefore\quad S^{-1}(xI_2-A)S = \begin{pmatrix} x-\mu & 0 \\ 0 & x-\mu' \end{pmatrix} \tag{22}$$

となるから，(22)の両辺の行列式を比較して

$$\det(S^{-1})\det(xI_2-A)\det S = (x-\mu)(x-\mu') \tag{23}$$

となる．ところが

$$S^{-1}S = I_2$$

の行列式を比較すれば

$$\det(S^{-1})\det S = \det I_2 = 1$$

だから

$$\det(S^{-1}) = (\det S)^{-1} \tag{24}$$

である．これを(23)に代入して

$$F_A(x) = (x-\mu)(x-\mu')$$

を得る．これと(15)とから

$$(x-\lambda_1)^2 = (x-\mu)(x-\mu') \tag{25}$$

となる．x の 2 次式の一致の式である(25)から

$$\mu = \mu' = \lambda_1$$

となる．よって(20)は

$$S^{-1}AS = \lambda_1 I_2$$

$$\therefore\quad A=S(\lambda_1 I_2)S^{-1}=\lambda_1 SI_2S^{-1}=\lambda_1 I_2$$

すなわち

$$\begin{pmatrix}\alpha & \beta\\ \alpha' & \beta'\end{pmatrix}=\begin{pmatrix}\lambda_1 & 0\\ 0 & \lambda_1\end{pmatrix}$$

となる．よって

$$\alpha=\beta'=\lambda_1,\qquad \alpha'=\beta=0 \tag{26}$$

となる．これが A の固有多項式 $F_A(x)$ が等根をもつ場合に，A が対角化可能であるための必要十分条件である．すなわちこの場合は A が初めから対角行列で，しかも $\lambda_1 I_2$ の形，すなわちスカラー行列の形なのである．

したがって，$F_A(x)$ が等根をもち，しかも(26)が成立しない場合には A は対角化することができない．このときは，正則行列 S を適当に選ぶことにより $S^{-1}AS$ をどの程度まで“良い形”に直せるかが問題となる．これについては次の定理がある．

定理 6.6.3　$A\in M_2(\boldsymbol{C})$ の固有多項式 $F_A(x)$ が等根 λ_1 をもち，かつ $A\neq\lambda_1 I$ とする．このとき正則行列 $S\in GL_2(\boldsymbol{C})$ を適当にとれば

$$S^{-1}AS=\begin{pmatrix}\lambda_1 & 1\\ 0 & \lambda_1\end{pmatrix} \tag{27}$$

となる．

証明

$$A=\begin{pmatrix}\alpha & \beta\\ \alpha' & \beta'\end{pmatrix}$$

とおく．求める S を

$$S=\begin{pmatrix}\xi & \xi'\\ \eta & \eta'\end{pmatrix}$$

とおくと，$\det S=\xi\eta'-\xi'\eta\neq 0$ であり，(27)を書き直せば

$$AS=S\begin{pmatrix}\lambda_1 & 1\\ 0 & \lambda_1\end{pmatrix}\qquad\therefore\quad A\begin{pmatrix}\xi & \xi'\\ \eta & \eta'\end{pmatrix}=\begin{pmatrix}\xi & \xi'\\ \eta & \eta'\end{pmatrix}\begin{pmatrix}\lambda_1 & 1\\ 0 & \lambda_1\end{pmatrix}$$

$$= \begin{pmatrix} \lambda_1\xi & \xi+\lambda_1\xi' \\ \lambda_1\eta & \eta+\lambda_1\eta' \end{pmatrix}$$

すなわち

$$(28) \qquad A\begin{pmatrix} \xi \\ \eta \end{pmatrix} = \lambda_1\begin{pmatrix} \xi \\ \eta \end{pmatrix}, \qquad A\begin{pmatrix} \xi' \\ \eta' \end{pmatrix} = \begin{pmatrix} \xi \\ \eta \end{pmatrix} + \lambda_1\begin{pmatrix} \xi' \\ \eta' \end{pmatrix}$$

となる．(28)を満たす複素数 ξ, η, ξ', η' であって，$\xi\eta'-\xi'\eta \neq 0$ を満たすものを求めればよい．

まず λ_1 が $F_A(x)$ の根であるから，すなわち

$$\begin{vmatrix} \alpha-\lambda_1 & \beta \\ \alpha' & \beta'-\lambda_1 \end{vmatrix} = 0$$

であるから，定理6.6.1により

$$(29) \qquad \begin{pmatrix} \alpha-\lambda_1 & \beta \\ \alpha' & \beta'-\lambda_1 \end{pmatrix}\begin{pmatrix} \xi \\ \eta \end{pmatrix} = 0, \qquad |\xi|^2+|\eta|^2 > 0$$

なる ξ, η がある．ξ, η の少なくとも一方が0でないから，複素数 ξ^*, η^* を適当に選べば

$$(30) \qquad \begin{vmatrix} \xi & \xi^* \\ \eta & \eta^* \end{vmatrix} \neq 0$$

となる．よって行列

$$(31) \qquad T = \begin{pmatrix} \xi & \xi^* \\ \eta & \eta^* \end{pmatrix}$$

は正則行列となり，逆行列 T^{-1} が存在する．(29)より

$$A\begin{pmatrix} \xi \\ \eta \end{pmatrix} = \lambda_1\begin{pmatrix} \xi \\ \eta \end{pmatrix}$$

であるから，

$$(32) \qquad A\begin{pmatrix} \xi^* \\ \eta^* \end{pmatrix} = \begin{pmatrix} \xi^{**} \\ \eta^{**} \end{pmatrix}$$

とおけば，

$$AT = A\begin{pmatrix} \xi & \xi^* \\ \eta & \eta^* \end{pmatrix} = \left(A\begin{pmatrix} \xi \\ \eta \end{pmatrix},\ A\begin{pmatrix} \xi^* \\ \eta^* \end{pmatrix}\right) = \begin{pmatrix} \lambda_1\xi & \xi^{**} \\ \lambda_1\eta & \eta^{**} \end{pmatrix}$$

となる．よって

$$T^{-1}AT = T^{-1}\begin{pmatrix} \lambda_1\xi & \xi^{**} \\ \lambda_1\eta & \eta^{**} \end{pmatrix} \tag{33}$$

となる．(33)の右辺が

$$\begin{pmatrix} * & * \\ 0 & * \end{pmatrix} \tag{34}$$

の形になるように ξ^*, η^* を定めよう．それには逆行列の公式

$$T^{-1} = \frac{1}{\xi\eta^*-\xi^*\eta}\begin{pmatrix} \eta^* & -\xi^* \\ -\eta & \xi \end{pmatrix}$$

を用いて，(33)の右辺を計算すればよい．計算を実行すると

$$\begin{aligned} T^{-1}\begin{pmatrix} \lambda_1\xi & \xi^{**} \\ \lambda_1\eta & \eta^{**} \end{pmatrix} &= \frac{1}{\xi\eta^*-\xi^*\eta}\begin{pmatrix} \eta^* & -\xi^* \\ -\eta & \xi \end{pmatrix}\begin{pmatrix} \lambda_1\xi & \xi^{**} \\ \lambda_1\eta & \eta^{**} \end{pmatrix} \\ &= \frac{1}{\xi\eta^*-\xi^*\eta}\begin{pmatrix} \lambda_1(\xi\eta^*-\xi^*\eta) & \eta^*\xi^{**}-\xi^*\eta^{**} \\ \lambda_1(\xi\eta-\xi\eta) & \xi\eta^{**}-\eta\xi^{**} \end{pmatrix} \\ &= \frac{1}{\xi\eta^*-\xi^*\eta}\begin{pmatrix} \lambda_1(\xi\eta^*-\xi^*\eta) & \eta^*\xi^{**}-\xi^*\eta^{**} \\ 0 & \xi\eta^{**}-\eta\xi^{**} \end{pmatrix} \end{aligned}$$

となり，実は ξ^*, η^* が($\xi\eta^*-\xi^*\eta \neq 0$ さえ満足していれば)どんな複素数であっても，(33)の右辺は(34)の形となることがわかった．しかも(33)の右辺の(1, 1)成分は，上の計算から λ_1 に等しいことがわかる．よって，上記の T は

$$T^{-1}AT = \begin{pmatrix} \lambda_1 & \sigma \\ 0 & \tau \end{pmatrix} \tag{35}$$

を満たすことがわかった．σ, τ は複素数である．さて(35)から

$$T^{-1}(xI_2-A)T = xI_2-T^{-1}AT = \begin{pmatrix} x-\lambda_1 & -\sigma \\ 0 & x-\tau \end{pmatrix} \tag{36}$$

を得る．そこで両辺の行列式を比較すると

$$(\det T^{-1})F_A(x)(\det T) = (x-\lambda_1)(x-\tau)$$

$$\therefore \quad (x-\lambda_1)^2 = (x-\lambda_1)(x-\tau)$$

$$\therefore \quad x-\lambda_1 = x-\tau, \qquad \therefore \quad \lambda_1 = \tau$$

となる．すなわち(35)の τ は実は λ_1 に等しいから，(35)は

$$T^{-1}AT = \begin{pmatrix} \lambda_1 & \sigma \\ 0 & \lambda_1 \end{pmatrix} \tag{37}$$

となる．ここで $\sigma \neq 0$ である．なぜなら，もし $\sigma=0$ なら，(37)は $T^{-1}AT=\lambda_1 I_2$ となるから

$$A = T(\lambda_1 I_2)T^{-1} = \lambda_1 I_2$$

となり，定理6.6.3の仮定に反するからである．そこで

$$S = T\begin{pmatrix} 1 & 0 \\ 0 & \dfrac{1}{\sigma} \end{pmatrix}$$

とおくと，

$$S^{-1} = \begin{pmatrix} 1 & 0 \\ 0 & \dfrac{1}{\sigma} \end{pmatrix}^{-1} T^{-1} = \begin{pmatrix} 1 & 0 \\ 0 & \sigma \end{pmatrix} T^{-1}$$

となり，

$$S^{-1}AS = \begin{pmatrix} 1 & 0 \\ 0 & \sigma \end{pmatrix} T^{-1}AT \begin{pmatrix} 1 & 0 \\ 0 & \dfrac{1}{\sigma} \end{pmatrix}$$

$$= \begin{pmatrix} 1 & 0 \\ 0 & \sigma \end{pmatrix}\begin{pmatrix} \lambda_1 & \sigma \\ 0 & \lambda_1 \end{pmatrix}\begin{pmatrix} 1 & 0 \\ 0 & \dfrac{1}{\sigma} \end{pmatrix}$$

$$= \begin{pmatrix} \lambda_1 & \sigma \\ 0 & \sigma\lambda_1 \end{pmatrix}\begin{pmatrix} 1 & 0 \\ 0 & \dfrac{1}{\sigma} \end{pmatrix}$$

$$=\begin{pmatrix}\lambda_1 & 1\\ 0 & \lambda_1\end{pmatrix}$$

を得る．これで証明が終了した．▌

問5　$A=\begin{pmatrix}1 & 1\\ -1 & 3\end{pmatrix}$ を定理6.6.3の形にせよ．

問6　座標平面上に，図6.6.1のように $x=m$ および $y=n$ (m, n は整数)と表わされる直線の集まりを考える．1次変換 $\begin{pmatrix}x^*\\ y^*\end{pmatrix}=\begin{pmatrix}2 & 1\\ 0 & 2\end{pmatrix}\begin{pmatrix}x\\ y\end{pmatrix}$ によってこの直線の集まりを写像した結果を図示せよ．

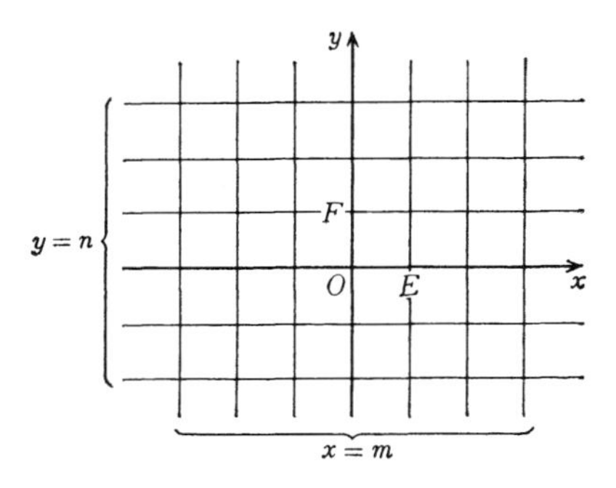

図6.6.1

*　　　*　　　*

以上は2次の複素行列(複素数を成分とする行列) $A\in M_2(\boldsymbol{C})$ についてであった．結論をまとめて再記すると，固有多項式 $F_A(x)=(x-\lambda_1)(x-\lambda_2)$ に対して

(イ)　$\lambda_1\neq\lambda_2$ ならば，或る正則複素行列 $S\in GL_2(\boldsymbol{C})$ によって対角化可能：$S^{-1}AS=\begin{pmatrix}\lambda_1 & 0\\ 0 & \lambda_2\end{pmatrix}$

(ロ)　$\lambda_1=\lambda_2$ ならば，A がスカラー行列 $\lambda_1 I_2=\begin{pmatrix}\lambda_1 & 0\\ 0 & \lambda_1\end{pmatrix}$ である場合を除いて，A は対角化不能である．しかし適当な正則複素行列 $S\in GL_2(\boldsymbol{C})$ によって，$S^{-1}AS$ を次の形にすることができる：

$$S^{-1}AS=\begin{pmatrix}\lambda_1 & 1\\ 0 & \lambda_1\end{pmatrix}$$

では A が2次の実行列(実数を成分とする行列)の場合はどうで

あろうか？　この場合に A の固有多項式 $F_A(x)$ は実数を係数とする x の 2 次式(x^2 の係数は 1)であるが，その根(すなわち A の固有値)は実数のこともあり，そうでないこともある．

例 1

$$A=\begin{pmatrix}1 & 2\\ 3 & 4\end{pmatrix},\qquad F_A(x)=\begin{vmatrix}x-1 & -2\\ -3 & x-4\end{vmatrix}=x^2-5x-2$$

$F_A(x)=0$ の根(A の固有値)は $\dfrac{5\pm\sqrt{33}}{2}$

例 2

$$A=\begin{pmatrix}1 & 2\\ -3 & 1\end{pmatrix},\qquad F_A(x)=x^2-2x+7$$

$F_A(x)=0$ の根(A の固有値)は $\dfrac{2\pm\sqrt{-24}}{2}=1\pm\sqrt{6}\,i$

もし $A\in M_2(\boldsymbol{R})$ の固有値がすべて実数ならば，定理 6.6.1-6.6.3 の論法はすべて実数の世界でそのまま通用することが確かめられる．(再読して証明をチェックされたい.) よって，これらを改めて定理の形にまとめれば次のようになる．

定理 6.6.4　2 次の実行列 $A\in M_2(\boldsymbol{R})$ に対して

(i)　A が実数を成分とする固有ベクトルをもつための必要十分条件は，A の固有多項式 $F_A(x)$ の根，すなわち A の固有値がすべて実数となること，すなわち，$F_A(x)=0$ の判別式 D が $D\geqq 0$ となることである．

(ii)　$F_A(x)$ が相異なる 2 実根をもてば，実数を成分とする 2 次の正則行列 $S\in GL_2(\boldsymbol{R})$ を適当にとれば

$$S^{-1}AS=\begin{pmatrix}\lambda_1 & 0\\ 0 & \lambda_2\end{pmatrix}\qquad (\lambda_1,\lambda_2 \text{ は } A \text{ の固有値})$$

となる．

(iii)　$F_A(x)$ の根 λ_1 が等根とする(λ_1 は当然実数となる)．する

と次の2つの場合のいずれかになる.

（イ）　A はスカラー行列 $\lambda_1 I_2$ の形である.

（ロ）　実数を成分とする正則2次行列 $S \in GL_2(\boldsymbol{R})$ を適当にとれば

$$S^{-1}AS = \begin{pmatrix} \lambda_1 & 1 \\ 0 & \lambda_1 \end{pmatrix}$$

注意　（イ）と（ロ）の両方が同時に起らぬことは容易にわかる.（イ）のときは，どのような $S \in GL_2(\boldsymbol{R})$ に対しても $S^{-1}AS = \lambda_1 I_2$ となり，（ロ）の形にはならないからである.

問7

$$A = \begin{pmatrix} 2 & 3 \\ 3 & 4 \end{pmatrix}$$

に対し $S \in GL_2(\boldsymbol{R})$ を見いだして $S^{-1}AS$ を対角化せよ.

§7　平面の1次変換の式の対角化の可能性

さて§6の定理6.6.4を用いて，§5で提起した問題に決着がつけられる．問題は平面 Γ の斜交系 $(O\,;E,F)$ に関して，1次変換 $f\colon \Gamma \to \Gamma$ が

$$(1)\qquad \begin{pmatrix} x^* \\ y^* \end{pmatrix} = \begin{pmatrix} \alpha & \beta \\ \alpha' & \beta' \end{pmatrix}\begin{pmatrix} x \\ y \end{pmatrix},\quad \text{ただし}\quad \begin{matrix} P = (x, y), \quad P^* = (x^*, y^*) \\ P^* = f(P) \end{matrix}$$

で与えられているとき，同一の原点 O をもつ別の斜交系 $(O\,;E',F')$ を適当にとることによって $f\colon \Gamma \to \Gamma$ を表わす式が $(O\,;E',F')$ 系では

$$(2)\qquad \begin{pmatrix} u^* \\ v^* \end{pmatrix} = \begin{pmatrix} \lambda & 0 \\ 0 & \mu \end{pmatrix}\begin{pmatrix} u \\ v \end{pmatrix},\quad \text{ただし}\quad \begin{matrix} P = (u, v), \quad P^* = (u^*, v^*) \\ P^* = f(P) \end{matrix}$$

の形になるようにせよ——というのであった．それは結局
$S \in GL_2(\boldsymbol{R})$ を見いだして，

$$(3)\qquad S^{-1}\begin{pmatrix} \alpha & \beta \\ \alpha' & \beta' \end{pmatrix}S = \begin{pmatrix} \lambda & 0 \\ 0 & \mu \end{pmatrix}$$

の形にできるか？——というのと同じ問題なのであった(§5の末尾参照)．§6の定理6.6.4によれば，この問題の答は

$$A=\begin{pmatrix}\alpha & \beta \\ \alpha' & \beta'\end{pmatrix}$$

の固有多項式 $F_A(x)=(x-\alpha)(x-\beta')-\alpha'\beta$ の２根が共に実数で，しかも相異なれば yes である．$F_A(x)$ の根が等根の場合には，A が初めから求める形

$$\begin{pmatrix}\lambda & 0 \\ 0 & \lambda\end{pmatrix}$$

をしていれば，もちろん yes で，$E'=E$, $F'=F$ ととればよい．そうでなければ，すなわち

$$\alpha \neq \beta' \quad \text{または} \quad \beta \neq 0 \quad \text{または} \quad \alpha' \neq 0$$

のうち１つでも成り立てば，答は no である．すなわち斜交系$(O;E',F')$をどのように選んでも(2)の形にはできない．

問１　斜交系$(O;E,F)$に関して，式

$$\begin{pmatrix}x^* \\ y^*\end{pmatrix}=\begin{pmatrix}5 & 3 \\ 3 & 8\end{pmatrix}\begin{pmatrix}x \\ y\end{pmatrix}$$

で与えられる１次変換 f がある．適当な斜交系$(O;E',F')$をとれば f は

$$\begin{pmatrix}u^* \\ v^*\end{pmatrix}=\begin{pmatrix}\lambda & 0 \\ 0 & \mu\end{pmatrix}\begin{pmatrix}u \\ v\end{pmatrix}$$

の形に直せることを示せ．E', F' の$(O;E,F)$系での座標および λ,μ をも求めよ．

問２　斜交系$(O;E,F)$に関して，式

$$\begin{pmatrix}x^* \\ y^*\end{pmatrix}=\begin{pmatrix}1 & -1 \\ 1 & 1\end{pmatrix}\begin{pmatrix}x \\ y\end{pmatrix}$$

で与えられる１次変換 f がある．この f はどのような斜交系$(O;E',F')$をとっても

$$\begin{pmatrix}u^* \\ v^*\end{pmatrix}=\begin{pmatrix}\lambda & 0 \\ 0 & \mu\end{pmatrix}\begin{pmatrix}u \\ v\end{pmatrix} \qquad (\lambda,\mu \text{ は実数})$$

の形には直せないことを示せ.

§8　平面の直交系同士の変換式・直交行列・一般2次曲線

平面 Γ 上に同一の原点 O をもつ2つの直交系 $(O\,;E,F)$ と $(O\,;E',F')$ とがあったとしよう.

$$(1)\qquad \begin{cases} \overrightarrow{OE'} = \alpha\overrightarrow{OE}+\alpha'\overrightarrow{OF} \\ \overrightarrow{OF'} = \beta\overrightarrow{OE}+\beta'\overrightarrow{OF} \end{cases}$$

とおくと, ベクトルの内積を考えて

$$(☆)\qquad \begin{cases} 1 = \overrightarrow{OE'}\cdot\overrightarrow{OE'} = (\alpha\overrightarrow{OE}+\alpha'\overrightarrow{OF})\cdot(\alpha\overrightarrow{OE}+\alpha'\overrightarrow{OF}) \\ \qquad\qquad\qquad = \alpha^2+\alpha'^2 \\ 0 = \overrightarrow{OE'}\cdot\overrightarrow{OF'} = (\alpha\overrightarrow{OE}+\alpha'\overrightarrow{OF})\cdot(\beta\overrightarrow{OE}+\beta'\overrightarrow{OF}) \\ \qquad\qquad\qquad = \alpha\beta+\alpha'\beta' \\ 1 = \overrightarrow{OF'}\cdot\overrightarrow{OF'} = (\beta\overrightarrow{OE}+\beta'\overrightarrow{OF})\cdot(\beta\overrightarrow{OE}+\beta'\overrightarrow{OF}) \\ \qquad\qquad\qquad = \beta^2+\beta'^2 \end{cases}$$

を得る. これは行列等式の形に次のようにまとめられる:

$$(2)\qquad \begin{pmatrix} \alpha & \alpha' \\ \beta & \beta' \end{pmatrix}\begin{pmatrix} \alpha & \beta \\ \alpha' & \beta' \end{pmatrix} = \begin{pmatrix} 1 & 0 \\ 0 & 1 \end{pmatrix}$$

(2)の左辺に登場する2つの行列の間には一種の強い関連性がある. すなわち

$$\begin{pmatrix} \alpha & \beta \\ \alpha' & \beta' \end{pmatrix} \text{ で } \beta \text{ と } \alpha' \text{ をいれかえると } \begin{pmatrix} \alpha & \alpha' \\ \beta & \beta' \end{pmatrix}$$

となっている. 一般に $m\times n$ 行列

$$(3)\qquad A = (a_{ij}) \quad \begin{pmatrix} 1\leqq i\leqq m \\ 1\leqq j\leqq n \end{pmatrix}$$

に対して, A の第1行, 第2行, …, 第 m 行を縦ベクトルに回転して, これらを第1列, 第2列, …, 第 m 列とする行列 B を作れば, B は $n\times m$ 行列になる. この B を A の**転置行列**といい,

(4) $$B = {}^tA$$

なる記号で表わす.

例 1

$$A = \begin{pmatrix} 1 & 2 & 3 \\ 4 & 5 & 6 \end{pmatrix} \quad \text{ならば} \quad {}^tA = \begin{pmatrix} 1 & 4 \\ 2 & 5 \\ 3 & 6 \end{pmatrix}$$

転置行列の記号を使えば，行列

$$A = \begin{pmatrix} \alpha & \beta \\ \alpha' & \beta' \end{pmatrix}$$

に対する(2)の等式は

(5) $${}^tA \cdot A = I_2$$

と書ける．一般に n 次行列 A が ${}^tA\cdot A = I_n$ を満たすとき，A を **n 次直交行列**という．(もっと精密に，A が n 次複素行列のとき，すなわち $A \in M_n(\boldsymbol{C})$ が ${}^tA\cdot A = I_n$ を満たすならば，A を n 次の**複素直交行列**という．また A が n 次実行列のとき，すなわち $A \in M_n(\boldsymbol{R})$ が ${}^tA\cdot A = I_n$ を満たすならば，A を n 次の**実直交行列**という．しかし単に直交行列という時は実直交行列を意味する——という慣習になっている.)

さて，(5)より

(6) $$\det({}^tA)\cdot\det A = 1$$

であるが，一方容易に

(7) $$\det({}^tA) = \det A \qquad (= \alpha\beta' - \alpha'\beta)$$

がわかるから，(6)より

(8) $$\det A = \pm 1$$

である.

例 2　§1のように$(O\,;E, F)$を O を中心として角 θ だけ回転して$(O\,;E', F')$が得られたとすれば

$$A=\begin{pmatrix}\alpha & \beta \\ \alpha' & \beta'\end{pmatrix}=\begin{pmatrix}\cos\theta & -\sin\theta \\ \sin\theta & \cos\theta\end{pmatrix}$$

で，このときは $\det A=\cos^2\theta+\sin^2\theta=1$ である．

例 3 $\overrightarrow{OE'}=\overrightarrow{OE},\ \overrightarrow{OF'}=-\overrightarrow{OF}$ で $(O\,;E',F')$ を定めれば

$$A=\begin{pmatrix}1 & 0 \\ 0 & -1\end{pmatrix}$$

で，このときは $\det A=-1$ である．

問 1 2次の実直交行列は次のいずれかの形であることを示せ：

$$\begin{pmatrix}\cos\theta & -\sin\theta \\ \sin\theta & \cos\theta\end{pmatrix}\qquad\begin{pmatrix}\cos\theta & \sin\theta \\ \sin\theta & -\cos\theta\end{pmatrix}\qquad(\theta\in\boldsymbol{R})$$

以上で直交系 $(O\,;E,F)$ と $(O\,;E',F')$ の間の関係を表わす式(1)，あるいはそれを代表する行列

$$A=\begin{pmatrix}\alpha & \beta \\ \alpha' & \beta'\end{pmatrix}$$

は直交行列であることがわかった．逆にいま $(O\,;E,F)$ は直交系，$(O\,;E',F')$ は斜交系とし，その間の関係(1)を代表する行列 A が直交行列であったとする．すると(2)が成立し，したがってそれの書き直しにほかならぬ(☆)も成立する．よって $(O\,;E',F')$ は直交系となる．

定理 6.8.1 平面 Γ 上の直交系 $(O\,;E,F)$ において座標 x,y 間の2次方程式

(9) $$ax^2+2bxy+cy^2=d$$

の表わす図形は次のいずれかである．

(i) Γ 全体
(ii) 空集合
(iii) 平行2直線
(iv) 1直線
(v) 相交わる2直線
(vi) 円または楕円
(vii) 双曲線
(viii) 1点

証明 $(O\,;E,F)$ を O の周りに角 θ だけ回転した直交軸を $(O\,;E',$

F')とし，この新座標で(9)を書き直してみよう．

$$P=(x,\ y) \qquad ((O\ ;\ E,\ F)\text{系で})$$
$$P=(u,\ v) \qquad ((O\ ;\ E',\ F')\text{系で})$$

とおけば，§1(10)より

$$\begin{pmatrix} x \\ y \end{pmatrix} = \begin{pmatrix} \cos\theta & -\sin\theta \\ \sin\theta & \cos\theta \end{pmatrix} \begin{pmatrix} u \\ v \end{pmatrix} \tag{10}$$

となる．したがって

$$(x,\ y)=(u,\ v)\begin{pmatrix} \cos\theta & \sin\theta \\ -\sin\theta & \cos\theta \end{pmatrix} \tag{11}$$

も成り立つ．さて(9)は

$$(x,\ y)\begin{pmatrix} a & b \\ b & c \end{pmatrix}\begin{pmatrix} x \\ y \end{pmatrix} = d \tag{9*}$$

と書けるから，(10)，(11)を代入して

$$(u,\ v)\begin{pmatrix} \cos\theta & \sin\theta \\ -\sin\theta & \cos\theta \end{pmatrix}\begin{pmatrix} a & b \\ b & c \end{pmatrix}\begin{pmatrix} \cos\theta & -\sin\theta \\ \sin\theta & \cos\theta \end{pmatrix}\begin{pmatrix} u \\ v \end{pmatrix} = d \tag{12}$$

となる．すなわち新座標系では(9)は

$$a'u^2+2b'uv+c'v^2 = d \tag{13}$$

と書ける．ここで a', b', c' は

$$\begin{pmatrix} a' & b' \\ b' & c' \end{pmatrix} = \begin{pmatrix} \cos\theta & \sin\theta \\ -\sin\theta & \cos\theta \end{pmatrix}\begin{pmatrix} a & b \\ b & c \end{pmatrix}\begin{pmatrix} \cos\theta & -\sin\theta \\ \sin\theta & \cos\theta \end{pmatrix} \tag{14}$$

で定まる量である((12)参照)．

さてここで角 θ を適当に選んで，(14)の b' が $=0$ となるようにしよう．そのために θ をどう選べばよいか？

いま

$$S=\begin{pmatrix} \cos\theta & -\sin\theta \\ \sin\theta & \cos\theta \end{pmatrix}, \qquad A=\begin{pmatrix} a & b \\ b & c \end{pmatrix} \tag{15}$$

とおけば，$b'=0$ のとき(14)は

$$\begin{pmatrix} a' & 0 \\ 0 & c' \end{pmatrix} = S^{-1}AS \tag{16}$$

となる．S を左から掛けると，これは

$$S\begin{pmatrix} a' & 0 \\ 0 & c' \end{pmatrix} = AS \tag{17}$$

となる．いま

$$\vec{u} = \begin{pmatrix} \cos\theta \\ \sin\theta \end{pmatrix}, \qquad \vec{v} = \begin{pmatrix} -\sin\theta \\ \cos\theta \end{pmatrix} \tag{18}$$

とおけば，(17)は

$$A\vec{u} = a'\vec{u}, \qquad A\vec{v} = c'\vec{v} \tag{19}$$

となる．(変位から作ったベクトルを，$(O\,;E, F)$ 系における成分表示を通じて，実数を成分とする2次の列ベクトルと同一視している.) すなわち $\vec{u}, \vec{v}$ はそれぞれ A の固有値 a', c' に属する固有ベクトルである．(その長さは(18)により共に $=1$ である.) よって§6の方法を用いることにしよう．(15)の A の固有多項式 $F_A(x)$ は

$$F_A(x) = x^2-(a+c)x+(ac-b^2) \tag{20}$$

である．その判別式 D は

$$\begin{aligned} D &= (a+c)^2-4(ac-b^2) \\ &= (a-c)^2+4b^2 \geqq 0 \end{aligned} \tag{21}$$

となる．よって A の固有値は実数である．θ の選び方に進む前に，まず等根の場合を片づけよう．$D=0$ となるのは(a, b, c が実数だから) $a=c$，$b=0$ の時である．すると(9)は

$$a(x^2+y^2) = d \tag{22}$$

となる．ここで場合をわけて調べよう．

(イ)　$a=0$，$d\neq 0$ のとき(22)は空集合を表わす．

(ロ)　$a=0$，$d=0$ のとき(22)は全平面を表わす．

(ハ)　$a\neq 0$，$d\neq 0$，$ad<0$ のとき(22)は空集合を表わす．

（ニ）　$a \neq 0$，$d \neq 0$，$ad > 0$ のとき(22)は円 $x^2+y^2=\dfrac{d}{a}$ を表わす．

（ホ）　$a \neq 0$，$d=0$ のとき(22)は原点$(0, 0)$を表わす．

これで $F_A(x)$ が等根をもつときは済んだ．$F_A(x)$ が相異なる2実根 a', c' をもつとしよう．このとき a' と c' とに属する固有ベクトルをそれぞれ

$$\vec{u}=\begin{pmatrix}\xi\\ \eta\end{pmatrix},\qquad \vec{v}=\begin{pmatrix}\xi'\\ \eta'\end{pmatrix}$$

とする．すなわち

$$A\vec{u}=a'\vec{u},\qquad A\vec{v}=c'\vec{v}$$

である．$\xi^2+\eta^2>0$ であるから，$\vec{u}$ の代りに $\dfrac{1}{\sqrt{\xi^2+\eta^2}}\vec{u}$ をとれば，$\vec{u}$ の長さは $=1$ としてよい．同様に $\vec{v}$ の長さも $=1$ としてよい．よって，角 θ を適当に選ぶと

$$\vec{u}=\begin{pmatrix}\cos\theta\\ \sin\theta\end{pmatrix} \tag{23}$$

となる．さて，ここで $\vec{u}$ と $\vec{v}$ とは直交する；すなわち，

$$\vec{u}\cdot\vec{v}=0 \tag{24}$$

となることを示そう．行列 A がその転置行列 ${}^tA$ と一致していること：${}^tA=A$ を利用する．(${}^tA=A$ なる行列を**対称行列**という.) まず

$$\vec{v}\cdot A\vec{u}={}^tA\vec{v}\cdot\vec{u} \tag{25}$$

は(A が対称行列でなくても)つねに成り立つ．なぜなら

$$A=\begin{pmatrix}p & q\\ r & s\end{pmatrix},\qquad \vec{u}=\begin{pmatrix}\xi\\ \eta\end{pmatrix},\qquad \vec{v}=\begin{pmatrix}\xi'\\ \eta'\end{pmatrix}$$

とおいて計算すると

$$\begin{aligned}(25)\text{の左辺} &= \xi'(p\xi+q\eta)+\eta'(r\xi+s\eta)\\ (25)\text{の右辺} &= (p\xi'+r\eta')\xi+(q\xi'+s\eta')\eta\\ &= (25)\text{の左辺}\end{aligned}$$

となるからである．

そこで(25)に ${}^tA=A$, $A\vec{u}=a'\vec{u}$, $A\vec{v}=c'\vec{v}$ を代入すると

$$a'\vec{v}\cdot\vec{u}=c'\vec{v}\cdot\vec{u}$$

$$\therefore\quad (a'-c')\vec{v}\cdot\vec{u}=0$$

となる．ここで仮定 $a'\neq c'$ を用いると(24)を得る．(23)と(24)とから $\vec{v}$ の可能性は($\vec{v}\cdot\vec{v}=1$ に注意すればわかるように)

$$\vec{v}=\begin{pmatrix}-\sin\theta\\ \cos\theta\end{pmatrix}\quad\text{または}\quad\vec{v}=\begin{pmatrix}\sin\theta\\ -\cos\theta\end{pmatrix}$$

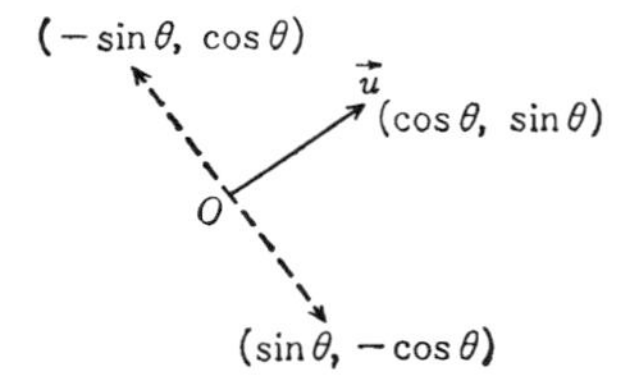

図 6.8.1

となる．ここで一方は他方の -1 倍だから，必要があれば -1 を v に掛けることによって

$$\vec{v}=\begin{pmatrix}-\sin\theta\\ \cos\theta\end{pmatrix}\tag{26}$$

としてよい(図 6.8.1)．すると $\overrightarrow{OE'}=\vec{u}$, $\overrightarrow{OF'}=\vec{v}$ で点 E', F' を定めれば，直交系 $(O;E',F')$ は $(O;E,F)$ を角 θ だけ回転したものになっている．$(O;E,F)$ 系で点 $P=(x,y)$, $(O;E',F')$ 系で $P=(u,v)$ とおくと，§1 により(10)が成り立ち，方程式(9)は $(O;E',F')$ 系では

$$a'u^2+c'v^2=d\tag{27}$$

となる．さてここで $a'\neq c'$ に注意しつつ場合を分けて考える．

(α)　$d=0$, $a'c'<0$　のとき　　(27)は2直線 $u=\pm\sqrt{-\dfrac{c'}{a'}}v$ を表わす．

(β)　$d=0$, $a'c'=0$　のとき　　(27)は1直線を表わす．

(γ)　$d=0$, $a'c'>0$　のとき　　(27)は原点$(0,0)$を表わす．

(δ) $d \neq 0$ のとき

(28) $$\frac{a'}{d} = \alpha, \quad \frac{c'}{d} = \gamma$$

とおいて場合を分ける．(27) は次式となる．

(29) $$\alpha u^2 + \gamma v^2 = 1$$

(a) $\alpha > 0,\ \gamma > 0$ のとき　(29) は楕円を表わす．

(b) $\alpha < 0,\ \gamma < 0$ のとき　(29) は空集合を表わす．

(c) $\alpha\gamma < 0$ のとき　(29) は双曲線を表わす．

(d) $\alpha = 0,\ \gamma > 0$ のとき，または $\alpha > 0,\ \gamma = 0$ のとき

(29) は平行 2 直線を表わす．

(e) $\alpha = 0,\ \gamma < 0$，または $\alpha < 0,\ \gamma = 0$ のとき

(29) は空集合を表わす．

以上で定理 6.8.1 の証明が完成した．▌

問 2　直交系 $(O; E, F)$ において次の方程式が表わす図形を図示せよ．

(i) $5x^2 + 2\sqrt{3}\,xy + 7y^2 = 1$　(ii) $5x^2 + 2\sqrt{3}\,xy + 7y^2 = 0$

(iii) $2x^2 - 7xy + 3y^2 = 0$　(iv) $4x^2 - 4xy + y^2 = 0$

(v) $4x^2 - 12xy + 9y^2 = 1$　(vi) $x^2 + 10xy + y^2 = -2$

練習問題 6

1. 平面 Γ の直交系 $(O; E, F)$ で座標 x, y の 2 次式を 0 とおいた方程式

$$(x, y, 1)\begin{pmatrix} a & b & e \\ b & c & f \\ e & f & d \end{pmatrix}\begin{pmatrix} x \\ y \\ 1 \end{pmatrix} = 0$$

の表わす図形は，定理 6.8.1 のもの，または放物線であることを証明せよ．

2. 平面 Γ 上の直交系 Oxy において，時刻 t での座標が

$$\begin{cases} x = at^2 + bt + c \\ y = a't^2 + b't + c' \end{cases}$$

$(a, b, c, a', b', c'$ は定数$)$ である点の軌道はいかなる曲線か？(ヒント：加速

度を考えると

$$\ddot{x} = 2a, \qquad \ddot{y} = 2a'$$

となり一定である．よって，質量を1と思って“運動の法則”を使うと

$$(\text{質量}) \times (\text{加速度}) = (\text{力})$$

より，一定の成分$(2a, 2a')$をもつ力のもとでの運動である．この力の向きの‘重力場’と思えば，答は半直線を上下する運動，あるいは放物線状の運動になる．——この物理的発想を，あとは適当な座標系の変換によって，数学的に正当化すればよい．)

3. §8(14)より

$$\begin{cases} a' = a\cdot\cos^2\theta + 2b\cdot\cos\theta\sin\theta + c\cdot\sin^2\theta \\ b' = (c-a)\cos\theta\sin\theta + b(\cos^2\theta - \sin^2\theta) \\ c' = a\cdot\sin^2\theta - 2b\cdot\cos\theta\sin\theta + c\cdot\cos^2\theta \end{cases}$$

を導け．これを用いて，$b'=0$ となるような回転角 θ を与える公式は

$$\tan 2\theta = \frac{2b}{a-c}$$

となることを導け．

4. 2次行列 $A \in M_2(\boldsymbol{C})$ の固有多項式を $F_A(x) = x^2 + ax + b$ とする．行列 $F_A(A)$ を

$$F_A(A) = A^2 + aA + bI_2$$

と定めると，$F_A(A) = O$(零行列) となることを示せ．(ケーリー-ハミルトンの定理)(練習問題4の1参照)

5. n 次行列 $A, B \in M_n(\boldsymbol{C})$ に対して

$$^t(AB) = {}^tB\cdot{}^tA$$

を示せ．(行列の積の転置行列の公式)

6. $Z = \{A \in M_2(\boldsymbol{R}) \mid \text{すべての } X \in M_2(\boldsymbol{R}) \text{ に対して } AX = XA\}$

なる集合は何か．

7. 2次行列 A, B に対し AB と BA の固有多項式は一致することを示せ．

8. 座標平面 Γ の2点 P, Q を $P=(3,0)$，$Q=(0,3)$ とする．Γ から Γ への1次変換 $f:\Gamma\to\Gamma$ が $f\circ f(P)=Q$ を満たすとき $d(f)=\overline{PP^*}+\overline{P^*Q}$ ($P^* = f(P)$) とおく．このような f の中でさらに“P^* が単位円上にある”とい

う条件のもとで $d(f)$ を最小にする f を求めよ．

注意　原点を中心とする半径 1 の円を**単位円**という

9. P を 2 次複素行列，また $\det P \neq 0$ とする．このとき "PAP^{-1} が A の定数倍で，$A=\begin{pmatrix} a & b \\ c & d \end{pmatrix}$ とおくとき $a+d=0$，$|a|^2+|b|^2+|c|^2+|d|^2=1$" を満たす A がちょうど 6 個存在するための P の条件を求めよ．

10. $A=\begin{pmatrix} 2 & 1 \\ 0 & 2 \end{pmatrix}$ および $A=\begin{pmatrix} 5 & 1 \\ -1 & 7 \end{pmatrix}$ に対し，以下の条件 (*) を満たす 2 次行列 S と N をそれぞれ求めよ．

(*)　$A=S+N$，S は対角化可能，$N^2=0$，$SN=NS$

また，このような S, N は，或る実数係数多項式で定数項が 0 のもの $f(x)$，$g(x)$ を用いて $S=f(A)$，$N=g(A)$ と表わされるが，それぞれの場合について，$f(x)$ と $g(x)$ を求めよ．

11. f は Γ の正則な 1 次変換で，f の行列表示 $Z^*=AZ$ において A は 2 次の対称行列であるとする．このとき次を示せ．

(i)　f は単位円を楕円に写す．

(ii)　単位円上の点 P に対し，$f(P)=P^*$ とおいて

$$g(P)=\overrightarrow{OP^*}\cdot\overrightarrow{OP}$$

とおく．$\begin{pmatrix} \cos\theta \\ \sin\theta \end{pmatrix}$ を A の固有値のうち大きい方に属する固有ベクトルとすると，g は単位円上 $(\cos\theta, \sin\theta)$ で最大値をとる．

12. A を 2 次行列とする．或る正整数 n で $A^n=O$ ならば，$A=O$ または $A^2=O$ であることを示せ．

13. A, B をともに 2 次複素行列とし，或る複素数 $\lambda \neq 0$ に対して，$AB-BA=\lambda A$ が成り立ったとする．このとき，$A^2=O$ となることを次の場合に示せ．

(i)　A, B がともに**上半三角行列**，つまり $(2,1)$ 成分が 0 の行列のとき．

(ii)　A, B が一般の 2 次行列のとき．

14. $f(\theta)=a\sin\theta+b\cos\theta$ (a, b は定数) で定義される関数 f を Γ の点 (a, b) に対応させる．"微分する" という写像を Γ の変換と考えたものを D と書くと，D は 1 次変換になる．D を表わす行列を求め，その固有値と固有ベクトルを求めよ．

15. $G=\left\{\begin{pmatrix} p & q \\ 0 & p^{-1}\end{pmatrix} \middle| p, q \in \boldsymbol{R}, p>0\right\}$ とおく．

(i)　$G \subset GL_2(\boldsymbol{R})$ を示し，また G は積や逆行列を作る操作に関して閉じていることを示せ．

(ii)　G の現象を平面上に写して観察しよう．平面 Γ 上に直交軸 Oxy をとり，$\begin{pmatrix} p & q \\ 0 & p^{-1}\end{pmatrix} \in G$ を点 $(\log_e p, q)$ に対応させると，G の元全体は Γ 上の点全体と1対1に対応する．G の元どうしの積および G の元の逆行列をこの対応を通して見ることにより，Γ の点どうしの積および Γ の点の逆元を定義する．$(x, y)\cdot(x', y')$ および $(x, y)^{-1}$ の座標を求めよ．（$\cdot$ および $^{-1}$ はそれぞれ積および逆元を表わす.）

(iii)　逆行列をとる操作は見やすくなったが，積はやや複雑である．積に関する現象の一部を目で見えるようにしよう．次の曲線を同一平面上に図示せよ．それぞれは積や逆元を作る操作に関して閉じていて，それぞれの中では積の交換法則が成り立つことを示せ．

(a)　直線 $x=0$　　(b)　曲線 $y=\dfrac{\alpha}{2}(e^{x}-e^{-x})$　(α は定数)

また，Γ 上の曲線 $y=f(x)$ (f は微分可能な関数) で積に関して閉じているものは上の(b)に限ることを示せ．（ヒント：任意の x_1, x_2 に対して

(*)　　$f(x_1+x_2)=e^{x_1}f(x_2)+f(x_1)e^{-x_2}$

が成り立つことを導き，(*)において x_1, x_2 の一方を定数とみなして他方について0のところで微分した式を2つ作って眺めれば $f(x)$ が求まる.）

(iv)　今は積の可換な部分を視覚化したが，こんどは非可換な部分を目撃しよう．曲線 $y=\dfrac{\alpha}{2}(e^{x}-e^{-x})$ 上の各点に左から $(0, \eta)$ を掛けてできる曲線の方程式を求め，α を一定としていくつかの η に対しこれを図示せよ．右から掛けた場合はどうか．

16. 整数成分の2次行列 A に対して，$A^n=I$ となる自然数 n があれば，そのような n のうち最小のものは，1, 2, 3, 4, 6 のうちのどれかに限ることを示せ．（ヒント：A の固有値 λ_1, λ_2 を求め $F_A(x)=x^2-(\lambda_1+\lambda_2)x+\lambda_1\lambda_2$ であることに注意して n を求めよ.）

第7章
2次行列の応用・ユークリッドの互除法と連分数

§1 最大公約数を求めるユークリッドの互除法

整数 a, b に対して，約数・倍数・割り算の商と余り（剰余）・最大公約数(G. C. D.)・最小公倍数(L. C. M.)などの事項は小学校以来おなじみであるが，ちょっと復習しておこう．

- a が b の倍数 $\Longleftrightarrow$ $a=bc$ を満たす整数 c がある．
- a が b の約数 $\Longleftrightarrow$ $ad=b$ を満たす整数 d がある．
- a を $b(>0)$ で割った商 q と余り r $\Longleftrightarrow$ $a=bq+r,\ 0\leqq r<b$ （q, r は整数）．
- 整数 d が a, b の公約数 $\Longleftrightarrow$ d は a および b の約数．
- 整数 l が a, b の公倍数 $\Longleftrightarrow$ l は a および b の倍数．
- a, b の最大公約数 $\Longleftrightarrow$ a, b の公約数の中で最大のもの．
- a, b の最小公倍数 $\Longleftrightarrow$ a, b の公倍数の中で最小の正の整数．

ついでに実数 α に対して，その整数部分を与える**ガウス**(Gauss)**の記号** $[\alpha]$ の意味も復習しておく．$[\alpha]$ は

$$n \leqq \alpha$$

を満たす整数 n のうち最大のものを表わす．（マイコン用の BASIC 言語では $[\alpha]$ を INT(α) と書いている．α の整数部分＝integral part の略記である．）

例1　$\sqrt{2}=1.4142\cdots$　だから　$[\sqrt{2}]=1$

$-\sqrt{2}=-1.4142\cdots$　だから　$[-\sqrt{2}]=-2$

$$\sqrt{5} = 2.236\cdots \quad だから \quad [\sqrt{5}\,] = 2$$

ガウスの記号を用いると，整数 a を自然数 b で割った時の商 q と余り r は次のように書ける：

$$(1) \qquad q = \left[\frac{a}{b}\right], \qquad r = a - bq$$

なぜならば $a = bq + r$, $0 \leqq r < b$ より

$$\frac{a}{b} = q + \frac{r}{b}, \qquad 0 \leqq \frac{r}{b} < 1$$

$$\therefore \quad q \leqq \frac{a}{b}, \qquad \frac{a}{b} < q + 1$$

したがって $q = \left[\dfrac{a}{b}\right]$ である．しかも $r = a - bq$ も成り立つ．

*　　　*　　　*

さて整数 a, b を与えてその最大公約数 d を求める極めて巧妙な方法が古代から知られていて，**ユークリッドの互除法**と呼ばれている．それが2次行列の応用例として絶好なので以下に述べよう．

もし a または b が0ならば，例えば $b=0$ ならば a が(詳しくは $|a|$ が)最大公約数となるから，話は簡単で別に何も考えることはない．よって $a \neq 0$ かつ $b \neq 0$ とする．倍数・約数の関係は考えている整数の正負の符号には関係しないから，初めから

$$a > 0, \qquad b > 0$$

としてよい．

以下整数 a, b の最大公約数を G. C. D.(a, b) と書き，また最小公倍数を L. C. M.(a, b) と書くことにする．

G. C. D. = Greatest Common Divisor の略

L. C. M. = Least Common Multiple の略

である．しかし以下では G. C. D. が頻々と出現するので，G. C. D. (a, b) を (a, b) と略記する：

$$(a, b) = \text{G. C. D.}(a, b)$$

さてユークリッドの互除法の基本をなすのは次の法則である．

定理 7.1.1　整数 a を整数 $b(>0)$ で割った商を q とし，余りを r とすると，

$$(a, b) = (b, r)$$

証明　a と b の公約数の全体のなす集合を A とし，b と r の公約数の全体の集合を B とする．A も B も明らかに有限集合である．$A=B$ が示せればよい．なぜならば，そのとき A 中の最大数 (a, b) と B 中の最大数 (b, r) とは一致し，証明が終る．よって $A=B$ を示そう．それには

$$A \subset B \qquad (A \text{ が } B \text{ の部分集合であること})$$

および

$$B \subset A$$

がいえればよい．

$A \subset B$ なること

$k \in A$ ならば(すなわち A に属する整数 k があれば) $k \in B$ となることをいえばよい．さて $k \in A$ ならば整数 x, y が存在して

$$a = kx, \qquad b = ky$$

となる．よって

$$r = a - qb = kx - qky = k(x - qy)$$

となる．したがって k は b と r の公約数となる．よって $k \in B$.

$B \subset A$ なること

$m \in B$ ならば整数 u, v が存在して

$$b = mu, \qquad r = mv$$

となる．よって $a = bq + r = muq + mv = m(uq + v)$．したがって m は a と b の公約数となる．$\therefore\ m \in A$，$\therefore\ B \subset A$. ▌

さて定理7.1.1の余り r の状態により，場合を2つに分けて考える．

（イ）　$r=0$ の場合．$(b,r)=b$ となるから

$$(a,b)=(b,r)=b$$

となり，答が出てしまう：$(a,b)=b$ である．

（ロ）　$r>0$ の場合．a,b という組の代りに b,r という組をとって，定理7.1.1でやったのと同じことをするのである．すなわち b を r で割った余りを s とすると

$$(b,r)=(r,s) \qquad (\because \text{ 定理7.1.1})$$

となる．これと $(a,b)=(b,r)$ とを併用すると

$$(a,b)=(b,r)=(r,s)$$

となり，(a,b) を求める問題は (r,s) を求める問題にまでおりてきたわけである．

さて，ここでもし $s=0$ ならば，$(r,s)=r$ だから

$$(a,b)=(b,r)=(r,s)=r$$

となり，答が出たことになる．$s>0$ ならば，r を s で割った余り t を求めて，

$$(a,b)=(b,r)=(r,s)=(s,t)$$

に達する．$t=0$ か $t>0$ かで上と同様に結論が出るか，あるいは先へ進行するかが決る．以下このようにして進行すると，

$$b>r>s>t>\cdots \geqq 0$$

となる．単調に減少する自然数または0からなる列 $b,r,s,t,\cdots$ は無限には続かないから，必ずどこかで0になる．そのとき上に見たように，その直前の項が (a,b) となるわけである．

例2　(2717, 847)

$$2717=3\times 847+176, \qquad r=176,\ \ 3=\left[\frac{2717}{847}\right]$$

$$847 = 4\times 176+143,\qquad s = 143,\ \ 4 = \left[\frac{847}{176}\right]$$

$$176 = 1\times 143+\ 33,\qquad t =\ \ 33,\ \ 1 = \left[\frac{176}{143}\right]$$

$$143 = 4\times\ 33+\ 11,\qquad u =\ \ 11,\ \ 4 = \left[\frac{143}{33}\right]$$

$$33 = 3\times\ 11+\ \ 0,\qquad v =\ \ \ 0,\ \ 3 = \left[\frac{33}{11}\right]$$

よって $v=0$ の直前の余り $u=11$ が最大公約数$(2717, 847)$を与える：$(2717, 847)=11$.

このユークリッドの互除法(Algorithm：アルゴリズム)は，“割り算をして余りを出す”という一定の操作を(順々に変る対象に)繰り返すことによって，有限回の後に必ず G. C. D. に達する方法である．今日では，この“有限回の後に目的に達する”という特性をもった一定の操作の繰り返し手順を，一般に**アルゴリズム**と呼んでいる．ユークリッドの互除法は，このような手順の典型的な例として史上初めて出現したものと思える．

問 1　$(1081, 391)$ をユークリッドの互除法により求めよ．

問 2　$(3141, 1414)$ をユークリッドの互除法により求めよ．

§2　2次行列と G. C. D.

整数 $a, b\,(a>0, b>0$ とする$)$ の G. C. D. を求める手順の式が2次行列という‘言葉’を使うと‘綺麗’な形に直ることを述べよう．

次々に出現する商と余りを，インデックス(添字)をつけて見やすい形に直しておく．

(1)
$$a = r_0,\qquad b = r_1$$

(2)
$$\begin{cases} r_0 = k_0 r_1 + r_2, & 0 < r_2 < r_1,\ k_0 = \left[\dfrac{r_0}{r_1}\right] \\ r_1 = k_1 r_2 + r_3, & 0 < r_3 < r_2,\ k_1 = \left[\dfrac{r_1}{r_2}\right] \\ \cdots\cdots\cdots\cdots & \cdots\cdots\cdots\cdots \\ r_{m-1} = k_{m-1} r_m + 0, & r_{m+1} = 0,\ k_{m-1} = \left[\dfrac{r_{m-1}}{r_m}\right] \end{cases}$$

ここで，$k_0, k_1, \cdots, k_{m-1}$ が次々の割り算における商であり，$r_2, r_3, r_4, \cdots$ は上述の $r, s, t, \cdots$ である．$a=r_0$ と $b=r_1$ も r_i たちの系列に加えて統一をとったので，$r, s, t \cdots$ の番号が2から始まっている．さて $r_2, r_3, \cdots$ は r_{m+1} に至って初めて0になり，したがってその直前の r_m が(a, b)である．

さて(1)と(2)を注意深く眺めると次の現象に気づく．まず r_2 は $r_0=a$ と $r_1=b$ との整数倍の和になっている．

(3)
$$r_2 = r_0 - k_0 r_1$$

次に r_3 は r_1 と r_2 の整数倍の和になっている．

(4)
$$r_3 = r_1 - k_1 r_2$$

よって(3)を(4)へ代入すれば

$$r_3 = r_1 - k_1(r_0 - k_0 r_1) = (1 + k_0 k_1) r_1 - k_1 r_0$$

となり，r_3 も $r_0=a$ と $r_1=b$ の整数倍の和になっている．以下同様に進行すれば，結局 $r_m=(a, b)$ もそうである．すなわち

(5)
$$r_m = ax + by \qquad (x, y \text{ は整数})$$

の形に書けることがわかる．のみならず(5)の表示の係数 x, y を具体的に求めるには，上記手順に従って進行すればよい．

しかし上記のような“腕ずくの代入の繰返し”だけに頼っていたのでは，r_0 と r_1 の係数部分がどんどん複雑化していき，その法則性がつかみにくい．そこで(1)と(2)を2次行列と列ベクトルの積の

形に書き直してみよう．すると

$$(6)\quad \begin{cases} \begin{pmatrix} r_0 \\ r_1 \end{pmatrix} = \begin{pmatrix} k_0 & 1 \\ 1 & 0 \end{pmatrix}\begin{pmatrix} r_1 \\ r_2 \end{pmatrix}, \quad \begin{pmatrix} r_1 \\ r_2 \end{pmatrix} = \begin{pmatrix} k_1 & 1 \\ 1 & 0 \end{pmatrix}\begin{pmatrix} r_2 \\ r_3 \end{pmatrix}, \cdots, \\ \begin{pmatrix} r_{m-1} \\ r_m \end{pmatrix} = \begin{pmatrix} k_{m-1} & 1 \\ 1 & 0 \end{pmatrix}\begin{pmatrix} r_m \\ 0 \end{pmatrix} \end{cases}$$

となる．したがって(6)の各式の右辺の列ベクトルをその直後の式でおきかえるという操作を繰り返せば，結局

$$(7)\quad \begin{pmatrix} a \\ b \end{pmatrix} = \begin{pmatrix} r_0 \\ r_1 \end{pmatrix} = \begin{pmatrix} k_0 & 1 \\ 1 & 0 \end{pmatrix}\begin{pmatrix} k_1 & 1 \\ 1 & 0 \end{pmatrix}\cdots\begin{pmatrix} k_{m-1} & 1 \\ 1 & 0 \end{pmatrix}\begin{pmatrix} r_m \\ 0 \end{pmatrix}$$

となる．いま

$$(8)\quad r_m = d$$

とおき，さらに

$$(9)\quad \begin{pmatrix} \alpha & \beta \\ \gamma & \delta \end{pmatrix} = \begin{pmatrix} k_0 & 1 \\ 1 & 0 \end{pmatrix}\begin{pmatrix} k_1 & 1 \\ 1 & 0 \end{pmatrix}\cdots\begin{pmatrix} k_{m-1} & 1 \\ 1 & 0 \end{pmatrix}$$

とおくと，(7)は

$$(10)\quad \begin{pmatrix} a \\ b \end{pmatrix} = \begin{pmatrix} \alpha & \beta \\ \gamma & \delta \end{pmatrix}\begin{pmatrix} d \\ 0 \end{pmatrix} \quad \text{すなわち} \quad \begin{cases} a = \alpha d, \\ b = \gamma d \end{cases}$$

と書ける．いま

$$(11)\quad \begin{pmatrix} \alpha & \beta \\ \gamma & \delta \end{pmatrix}^{-1} = \begin{pmatrix} x & y \\ u & v \end{pmatrix}$$

を(10)の両辺に左から掛けると

$$(12)\quad \begin{pmatrix} x & y \\ u & v \end{pmatrix}\begin{pmatrix} a \\ b \end{pmatrix} = \begin{pmatrix} d \\ 0 \end{pmatrix} \quad \text{すなわち} \quad \begin{cases} ax+by = d, \\ au+bv = 0 \end{cases}$$

を得る．さて(11)の行列を求めるには(9)に第5章の練習問題1を適用すればよい．すなわち

$$(13)\quad \begin{pmatrix} x & y \\ u & v \end{pmatrix} = \begin{pmatrix} k_{m-1} & 1 \\ 1 & 0 \end{pmatrix}^{-1}\begin{pmatrix} k_{m-2} & 1 \\ 1 & 0 \end{pmatrix}^{-1}\cdots\begin{pmatrix} k_0 & 1 \\ 1 & 0 \end{pmatrix}^{-1}$$

である．さて逆行列の公式(第5章§3(11)参照)により

$$\begin{pmatrix} k_i & 1 \\ 1 & 0 \end{pmatrix}^{-1} = -\begin{pmatrix} 0 & -1 \\ -1 & k_i \end{pmatrix} = \begin{pmatrix} 0 & 1 \\ 1 & -k_i \end{pmatrix}$$

であるから，これを(13)に代入して

$$(14)\quad \begin{pmatrix} x & y \\ u & v \end{pmatrix} = \begin{pmatrix} 0 & 1 \\ 1 & -k_{m-1} \end{pmatrix}\begin{pmatrix} 0 & 1 \\ 1 & -k_{m-2} \end{pmatrix}\cdots\begin{pmatrix} 0 & 1 \\ 1 & -k_1 \end{pmatrix}\begin{pmatrix} 0 & 1 \\ 1 & -k_0 \end{pmatrix}$$

を得る．以上から，“$d=(a,b)$ を

$$(15)\quad ax+by=d$$

の形に表わす整数 x, y を求めるアルゴリズム”として次の方法が得られた．

“§1のユークリッドの互除法に出現する商 $k_0, k_1, \cdots, k_{m-1}$ を用いて，行列の積(14)を計算し，積行列の(1, 1)成分 x と(1, 2)成分 y を求めればよい．”

例1　§1例2では $k_0=3$, $k_1=4$, $k_2=1$, $k_3=4$, $k_4=3$ $(m=5)$ である．よって(14)を計算して

$$\begin{pmatrix} x & y \\ u & v \end{pmatrix} = \begin{pmatrix} 0 & 1 \\ 1 & -3 \end{pmatrix}\begin{pmatrix} 0 & 1 \\ 1 & -4 \end{pmatrix}\begin{pmatrix} 0 & 1 \\ 1 & -1 \end{pmatrix}\begin{pmatrix} 0 & 1 \\ 1 & -4 \end{pmatrix}\begin{pmatrix} 0 & 1 \\ 1 & -3 \end{pmatrix}$$
$$= \begin{pmatrix} -24 & 77 \\ 77 & -247 \end{pmatrix}$$

となる．よって $x=-24$, $y=77$ が

$$2717x+847y = 11$$

となる．

＊　　＊　　＊

しかし行列の積(14)を‘腕力’だけで計算するのは大変だから，その計算がマイコンにもすぐ乗せやすいように工夫しよう．それには‘漸化式’を作るのである．いま

$$(16)\quad A_i = \begin{pmatrix} 0 & 1 \\ 1 & -k_i \end{pmatrix}\begin{pmatrix} 0 & 1 \\ 1 & -k_{i-1} \end{pmatrix}\cdots\begin{pmatrix} 0 & 1 \\ 1 & -k_0 \end{pmatrix}$$
$$(i=0, 1, \cdots, m-1)$$

とおく．(つまり(14)の途中からの行列の積である.) すると

$$(17)\qquad A_{i+1}=\begin{pmatrix}0 & 1\\ 1 & -k_{i+1}\end{pmatrix}A_i \qquad (i=0,1,\cdots,m-2)$$

が成り立つ．よっていま

$$(18)\qquad A_i=\begin{pmatrix}x_i & y_i\\ u_i & v_i\end{pmatrix} \qquad (i=0,1,\cdots,m-1)$$

とおくと，(17)から

$$\begin{pmatrix}x_{i+1} & y_{i+1}\\ u_{i+1} & v_{i+1}\end{pmatrix}=\begin{pmatrix}0 & 1\\ 1 & -k_{i+1}\end{pmatrix}\begin{pmatrix}x_i & y_i\\ u_i & v_i\end{pmatrix}$$

となる．この行列等式の右辺を計算すると

$$\begin{pmatrix}u_i & v_i\\ x_i-k_{i+1}u_i & y_i-k_{i+1}v_i\end{pmatrix}$$

となるから，左辺と比べて次の漸化式を得る．

$$(19)\qquad \begin{cases} x_{i+1}=u_i\\ y_{i+1}=v_i\\ u_{i+1}=x_i-k_{i+1}u_i\\ v_{i+1}=y_i-k_{i+1}v_i\end{cases}$$

この漸化式および初期条件

$$(20)\qquad \begin{pmatrix}x_0 & y_0\\ u_0 & v_0\end{pmatrix}=\begin{pmatrix}0 & 1\\ 1 & -k_0\end{pmatrix}$$

を用いて，順々に x_i, y_i, u_i, v_i を計算していけば，$m-1$ 番目の

$$(21)\qquad \begin{pmatrix}x & y\\ u & v\end{pmatrix}=\begin{pmatrix}x_{m-1} & y_{m-1}\\ u_{m-1} & v_{m-1}\end{pmatrix}$$

として，目的の x, y ($ax+by=d$ の解)が得られる．

参考のためマイコン用の BASIC の言葉で，a, b が与えられたときに，次々に $k_0, k_1, \cdots$ および $x_0, x_1, \cdots$, $y_0, y_1, \cdots$, $u_0, u_1, \cdots$, $v_0, v_1, \cdots$ を打ち出して，$ax+by=d=(a, b)$ の解 x, y を最後に打ち出すプログラムを次に書いておこう．(BASIC の説明には立ち入らない．

```
10 REM Euclid-Algorithm
20 INPUT "A=";A
30 INPUT "B=";B
40 PRINT "A=";A
50 PRINT "B=";B
60 R=A: S=B
70 M=INT(A/B)
80 X=0: Y=1: U=1: V=-M
90 K=INT(R/S)
100 T=R-K*S
110 PRINT "****";K;T
120 PRINT X;Y
130 PRINT U;V
140 IF T=0 THEN 500
150 R=S: S=T
160 K=INT(R/S)
170 E=U: F=V: G=X-K*U: H=Y-K*V
180 X=E: Y=F: U=G: V=H
190 GOTO 100
500 PRINT "G.C.D.=";S
510 PRINT "X=";X
520 PRINT "Y=";Y
530 PRINT "AX+BY=";S
540 END
```

本シリーズ中の和田秀男氏の“コンピュータ入門”を参照されたい.)

§1例2の $A=2717$, $B=847$ を入力すると，次のようにマイコン画面上に打ち出される．(画面の内容を次ページに示した.)

日本電気(株)提供

```
A= 2717            r0
B= 847             r1
**** 3  176        k0, r2
 0  1              } A0
 1 -3
**** 4  143        k1, r3
 1 -3              } A1
-4  13
**** 1  33         k2, r4
-4  13             } A2
 5 -16
**** 4  11         k3, r5
 5 -16             } A3
-24  77
**** 3  0          k4, r6=0
-24  77            } A4
 77 -247
G.C.D.= 11         G. C. D. の値
X=-24              X の値
Y= 77              Y の値
AX+BY= 11          求める式
```

*　　　*　　　*

§1 例 2 と対照されれば，最後の答のみならず途中経過 $k_0, k_1, k_2, \cdots$ および $r_0, r_1, r_2, \cdots$，$x_0, x_1, \cdots$，$y_0, y_1, \cdots$，$u_0, u_1, u_2, \cdots$，$v_0, v_1, v_2, \cdots$ も示されていることが見られるであろう．

問 1　$(1081, 391)=d$ とする．$1081x+391y=d$ の整数解 x, y を求めよ．解の中で x^2+y^2 の値が最小となるような x, y は何か．

§3　有理数の連分数展開

§2 に述べた整数 $a, b(b>0)$ の G. C. D. (a, b) を求める手順を変形すると，有理数 $\lambda=a/b$ を表わす奇妙な形の分数が得られる．それがここで述べようとする連分数である．§2(1), (2) に従って

$$k_0, k_1, \cdots, k_{m-1}\ ;\ r_0, r_1, \cdots, r_m$$

を作れば

$$\lambda=\frac{a}{b}=\frac{k_0r_1+r_2}{r_1}=k_0+\frac{r_2}{r_1}=k_0+\frac{1}{\left(\dfrac{r_1}{r_2}\right)}=k_0+\frac{1}{\left(\dfrac{k_1r_2+r_3}{r_2}\right)}$$

$$=k_0+\frac{1}{k_1+\dfrac{r_3}{r_2}}=k_0+\frac{1}{k_1+\dfrac{1}{\left(\dfrac{r_2}{r_3}\right)}}=k_0+\frac{1}{k_1+\dfrac{1}{k_2+\left(\dfrac{r_4}{r_3}\right)}}$$

$$=\cdots$$

と進行して，結局最後には次のような形で λ を表わす分数形に達する．

$$\lambda=\frac{a}{b}=k_0+\cfrac{1}{k_1+\cfrac{1}{k_2+\cfrac{1}{\ddots+\cfrac{1}{k_{m-2}+\cfrac{1}{k_{m-1}}}}}} \tag{1}$$

例1　§1例2 $a=2717$, $b=847$ の時は

$$\frac{2717}{847}=3+\frac{176}{847}=3+\frac{1}{\left(\dfrac{847}{176}\right)}=3+\frac{1}{4+\dfrac{143}{176}}$$

$$=3+\frac{1}{4+\dfrac{1}{\left(\dfrac{176}{143}\right)}}=3+\frac{1}{4+\dfrac{1}{1+\dfrac{33}{143}}}$$

$$=3+\frac{1}{4+\dfrac{1}{1+\dfrac{1}{\left(\dfrac{143}{33}\right)}}}=3+\frac{1}{4+\dfrac{1}{1+\dfrac{1}{4+\dfrac{11}{33}}}}$$

$$
= 3 + \cfrac{1}{4 + \cfrac{1}{1 + \cfrac{1}{4 + \cfrac{1}{3}}}}
$$

(1)の右辺の形の分数を**連分数**という．(1)を有理数 $\lambda = a/b$ の**連分数展開**という．((1)の右辺では分子が1ばかりであるが，ここを一般にした形のものも連分数といい，(1)の形のものは**正則連分数**と称して区別することもある．しかし本書では(1)の形しか扱わないので，これを連分数と呼ぶことにする.)

さて(1)の右辺の形をいつもこのような煩雑な形で書くのは面倒なので，以後(1)の右辺を次の形に書くことに約束する．

$$
k_0 + \frac{1}{k_1 +}\frac{1}{k_2 +}\frac{1}{k_3 +}\cdots + \frac{1}{k_{m-1}} \tag{2}
$$

例えば上の例ならば

$$
\frac{2717}{847} = 3 + \frac{1}{4 +}\frac{1}{1 +}\frac{1}{4 +}\frac{1}{3}
$$

*　　*　　*

さて連分数(2)を k_0, $k_0 + \dfrac{1}{k_1}$, $k_0 + \dfrac{1}{k_1 +}\dfrac{1}{k_2}$, … と初めの方から順々に途中までで切って，その結果を普通の分数形に直してみよう．少し実験してみると

$$
k_0 + \frac{1}{k_1} = \frac{k_0 k_1 + 1}{k_1},
$$

$$
k_0 + \frac{1}{k_1 +}\frac{1}{k_2} = k_0 + \cfrac{1}{k_1 + \cfrac{1}{k_2}} = k_0 + \frac{k_2}{k_1 k_2 + 1} = \frac{k_0 k_1 k_2 + k_0 + k_2}{k_1 k_2 + 1},
$$

$$
k_0 + \frac{1}{k_1 +}\frac{1}{k_2 +}\frac{1}{k_3} = \frac{k_0 k_1 k_2 k_3 + k_0 k_1 + k_0 k_3 + k_2 k_3 + 1}{k_1 k_2 k_3 + k_1 + k_3}
$$

となる．この実験から，(1)の右辺の連分数は，変数 $k_0, k_1, \cdots, k_{m-1}$ の多項式 $F_m(k_0, k_1, \cdots, k_{m-1})$ と $G_m(k_0, k_1, \cdots, k_{m-1})$ を適当にとれば

$$k_0+\frac{1}{k_1+}\frac{1}{k_2+}\cdots+\frac{1}{k_{m-1}}=\frac{F_m(k_0, k_1, \cdots, k_{m-1})}{G_m(k_0, k_1, \cdots, k_{m-1})} \tag{3}$$

の形に表わされることが予想される．上の実験からは

$$\begin{cases} F_1=k_0, \quad G_1=1 \\ F_2=k_0k_1+1, \quad G_2=k_1 \\ F_3=k_0k_1k_2+k_0+k_2, \quad G_3=k_1k_2+1 \\ F_4=k_0k_1k_2k_3+k_0k_1+k_0k_3+k_2k_3+1, \quad G_4=k_1k_2k_3+k_1+k_3 \end{cases} \tag{4}$$

となる．この実験から気づくことは，F_i, G_i は係数としては0か自然数1しか含まないこと，G_i は変数 k_0 を含まないこと，F_i は $k_0, k_1, \cdots, k_{i-1}$ の多項式，G_i は $k_1, k_2, \cdots, k_{i-1}$ の多項式であること——などであるが，さらにもう1つ，F_i と G_{i+1} とは変数が異なるだけで，関数の形としては同一であるという著しい現象に気づく．

$$\begin{cases} G_2(k_0, k_1)=F_1(k_1) \\ G_3(k_0, k_1, k_2)=F_2(k_1, k_2) \\ G_4(k_0, k_1, k_2, k_3)=F_3(k_1, k_2, k_3) \quad \text{etc.} \end{cases} \tag{5}$$

もし一般に，$G_{i+1}(k_0, k_1, \cdots, k_{i-1}, k_i)=F_i(k_1, k_2, \cdots, k_i)$ が証明できれば G_i たちは不要になり，F_i たちのみを求めればよい．しかしそれにしても F_i は i の増加と共に複雑化するので，一息に F_i や G_i を書く式を見いだすのは容易とは思えない．よって $F_1, F_2, \cdots; G_1, G_2, \cdots$ の間にある関係式を探ってみよう．

注意深い読者は(4)に生じている次の現象に気づかれたであろう：

$$\begin{cases} F_i=k_{i-1}F_{i-1}+F_{i-2} \\ G_i=k_{i-1}G_{i-1}+G_{i-2} \end{cases} \tag{6}$$

(ただし $i=3, 4$ で(6)が成り立っている.) そこで以下，$F_1=k_0$，$F_2=k_0k_1+1$，$G_1=1$，$G_2=k_1$ として，F_m, G_m を $m=3, 4, 5, \cdots$ に対し(6)

を用いて次々に定めたとすれば，これらの F_m, G_m が(3)を満たすことを示そう．それを m に関する帰納法で証明する．$m=1,2,3,4$ の時は上の実験によりすでに確かめられている．よって m まで成り立ったとして，$m+1$ の時にも(6)で定めた F_{m+1}, G_{m+1} が(3)に当る式を満たすことを証明しよう．まず

$$\left\{\begin{array}{l} F_{m+1}=k_m F_m+F_{m-1} \\ G_{m+1}=k_m G_m+G_{m-1} \end{array}\right. \tag{7}$$

であるから，

$$\frac{F_{m+1}}{G_{m+1}}=\frac{k_m F_m+F_{m-1}}{k_m G_m+G_{m-1}} \tag{8}$$

となる．一方，$x=k_{m-1}+\dfrac{1}{k_m}$ とおくと

$$k_0+\frac{1}{k_1}+\cdots+\frac{1}{k_m}=k_0+\frac{1}{k_1}+\cdots+\frac{1}{k_{m-2}}+\frac{1}{x}$$

となり，左辺の $m+1$ 項連分数は右辺の m 項連分数に化けた．よって右辺には帰納法の仮定が使えて

$$=\frac{F_m(k_0, k_1, \cdots, k_{m-2}, x)}{G_m(k_0, k_1, \cdots, k_{m-2}, x)}$$

となる．この分母と分子に，(6)の $i=m$ の場合を用いて

$$=\frac{xF_{m-1}(k_0, k_1, \cdots, k_{m-2})+F_{m-2}(k_0, k_1, \cdots, k_{m-3})}{xG_{m-1}(k_0, k_1, \cdots, k_{m-2})+G_{m-2}(k_0, k_1, \cdots, k_{m-3})}$$

となる．この分母と分子に k_m を掛けると，$k_m x=k_{m-1}k_m+1$ であるから

$$=\frac{(k_{m-1}k_m+1)F_{m-1}+k_m F_{m-2}}{(k_{m-1}k_m+1)G_{m-1}+k_m G_{m-2}}$$

$$=\frac{k_m(k_{m-1}F_{m-1}+F_{m-2})+F_{m-1}}{k_m(k_{m-1}G_{m-1}+G_{m-2})+G_{m-1}}$$

$$=\frac{k_mF_m+F_{m-1}}{k_mG_m+G_{m-1}} \qquad ((6) \text{ の } i=m \text{ の時を用いた})$$

$$=\frac{F_{m+1}}{G_{m+1}} \qquad (\because \quad (7))$$

これで帰納法が完了し，証明された．

さて(6)は2次行列を用いて

$$(9) \qquad \begin{pmatrix} F_i & G_i \\ F_{i-1} & G_{i-1} \end{pmatrix} = \begin{pmatrix} k_{i-1} & 1 \\ 1 & 0 \end{pmatrix} \begin{pmatrix} F_{i-1} & G_{i-1} \\ F_{i-2} & G_{i-2} \end{pmatrix}$$

と書ける．これを繰り返し書いて代入すれば，結局

$$(10) \qquad \begin{pmatrix} F_i & G_i \\ F_{i-1} & G_{i-1} \end{pmatrix} = \begin{pmatrix} k_{i-1} & 1 \\ 1 & 0 \end{pmatrix} \begin{pmatrix} k_{i-2} & 1 \\ 1 & 0 \end{pmatrix} \cdots \begin{pmatrix} k_2 & 1 \\ 1 & 0 \end{pmatrix} \begin{pmatrix} F_2 & G_2 \\ F_1 & G_1 \end{pmatrix}$$

に達する．さらにここで

$$\begin{pmatrix} F_2 & G_2 \\ F_1 & G_1 \end{pmatrix} = \begin{pmatrix} k_0k_1+1 & k_1 \\ k_0 & 1 \end{pmatrix} = \begin{pmatrix} k_1 & 1 \\ 1 & 0 \end{pmatrix} \begin{pmatrix} k_0 & 1 \\ 1 & 0 \end{pmatrix}$$

を(10)に代入すれば，最後に

$$(11) \qquad \begin{pmatrix} F_i & G_i \\ F_{i-1} & C_{i-1} \end{pmatrix} = \begin{pmatrix} k_{i-1} & 1 \\ 1 & 0 \end{pmatrix} \begin{pmatrix} k_{i-2} & 1 \\ 1 & 0 \end{pmatrix} \cdots \begin{pmatrix} k_1 & 1 \\ 1 & 0 \end{pmatrix} \begin{pmatrix} k_0 & 1 \\ 1 & 0 \end{pmatrix}$$

という公式が得られる．以上を定理の形にまとめよう．

定理 7.3.1　変数 $k_0, k_1, \cdots, k_{i-1}$ の関数(多項式) F_i, G_i を(11)で定めれば

$$k_0+\frac{1}{k_1+}\,\frac{1}{k_2+}\cdots+\frac{1}{k_{i-1}}=\frac{F_i}{G_i}$$

が成り立つ．——

さて転置行列の公式 $({}^t(C_1C_2\cdots C_r)={}^tC_r{}^tC_{r-1}\cdots{}^tC_1$：練習問題6の5参照)を(11)の両辺に適用すれば，((11)の右辺の各行列が転置しても不変——すなわち対称行列であるから)

$$(12) \qquad \begin{pmatrix} F_i & F_{i-1} \\ G_i & G_{i-1} \end{pmatrix} = \begin{pmatrix} k_0 & 1 \\ 1 & 0 \end{pmatrix} \begin{pmatrix} k_1 & 1 \\ 1 & 0 \end{pmatrix} \cdots \begin{pmatrix} k_{i-1} & 1 \\ 1 & 0 \end{pmatrix}$$

という公式を得る．これは§2のG.C.D.を求めるユークリッドの互除法の時に出現した式(§2の(9))と比べるとおもしろい．両者の右辺は$i=m$のとき同一になる．これはa/bの連分数展開と(a,b)を求めるユークリッドの互除法とが本質的には同一であることを示している．

(12)から

$$\begin{pmatrix} F_i & F_{i-1} \\ G_i & G_{i-1} \end{pmatrix} = \begin{pmatrix} F_{i-1} & F_{i-2} \\ G_{i-1} & G_{i-2} \end{pmatrix} \begin{pmatrix} k_{i-1} & 1 \\ 1 & 0 \end{pmatrix} \tag{13}$$

という漸化式が得られる．これは(9)の両辺の転置行列をとっても得られる．(13)のよいところは，$k_0, k_1, \cdots$ を知って F_m, G_m を求めるに当って，

$$\begin{pmatrix} F_2 & F_1 \\ G_2 & G_1 \end{pmatrix} = \begin{pmatrix} k_0 & 1 \\ 1 & 0 \end{pmatrix} \begin{pmatrix} k_1 & 1 \\ 1 & 0 \end{pmatrix} = \begin{pmatrix} k_0k_1+1 & k_0 \\ k_1 & 1 \end{pmatrix}$$

から出発して漸化式(13)を使って順に計算していけば，その途中で$F_1, G_1, F_2, G_2, \cdots, F_{m-1}, G_{m-1}$が皆求まってしまう点である．

例1

$$1+\frac{1}{8}+\frac{1}{2}+\frac{1}{3}+\frac{1}{4}+\frac{1}{5}+\frac{1}{7}$$

を求めよ．

解　$\begin{pmatrix} k_0 & 1 \\ 1 & 0 \end{pmatrix} = \begin{pmatrix} 1 & 1 \\ 1 & 0 \end{pmatrix}$, $\quad \begin{pmatrix} 1 & 1 \\ 1 & 0 \end{pmatrix}\begin{pmatrix} 8 & 1 \\ 1 & 0 \end{pmatrix} = \begin{pmatrix} 9 & 1 \\ 8 & 1 \end{pmatrix}$

$$\begin{pmatrix} 9 & 1 \\ 8 & 1 \end{pmatrix}\begin{pmatrix} 2 & 1 \\ 1 & 0 \end{pmatrix} = \begin{pmatrix} 19 & 9 \\ 17 & 8 \end{pmatrix}, \quad \begin{pmatrix} 19 & 9 \\ 17 & 8 \end{pmatrix}\begin{pmatrix} 3 & 1 \\ 1 & 0 \end{pmatrix} = \begin{pmatrix} 66 & 19 \\ 59 & 17 \end{pmatrix}$$

$$\begin{pmatrix} 66 & 19 \\ 59 & 17 \end{pmatrix}\begin{pmatrix} 4 & 1 \\ 1 & 0 \end{pmatrix} = \begin{pmatrix} 283 & 66 \\ 253 & 59 \end{pmatrix},$$

$$\begin{pmatrix} 283 & 66 \\ 253 & 59 \end{pmatrix}\begin{pmatrix} 5 & 1 \\ 1 & 0 \end{pmatrix} = \begin{pmatrix} 1481 & 283 \\ 1324 & 253 \end{pmatrix}$$

$$\begin{pmatrix}1481 & 283\\1324 & 253\end{pmatrix}\begin{pmatrix}7 & 1\\1 & 0\end{pmatrix}=\begin{pmatrix}10650 & 1481\\9521 & 1324\end{pmatrix}$$

答　$\dfrac{10650}{9521}$

この解は，上の問のみならず次の計算結果も与えている．

$$1+\frac{1}{8}=\frac{9}{8},\qquad 1+\frac{1}{8}+\frac{1}{2}=\frac{19}{17}$$

$$1+\frac{1}{8}+\frac{1}{2}+\frac{1}{3}=\frac{66}{59},\qquad 1+\frac{1}{8}+\frac{1}{2}+\frac{1}{3}+\frac{1}{4}=\frac{283}{253}$$

$$1+\frac{1}{8}+\frac{1}{2}+\frac{1}{3}+\frac{1}{4}+\frac{1}{5}=\frac{1481}{1324}$$

だから“無駄のない”計算法といってよい．

*　　　*　　　*

さて前に予想した等式

$$(14)\qquad F_{i-1}(k_1, k_2, \cdots, k_{i-1})=G_i(k_0, k_1, \cdots, k_{i-1})$$

の証明にとりかかろう．等式(12)の F_i, G_i は $k_0, k_1, \cdots, k_{i-1}$ の関数，F_{i-1}, G_{i-1} は $k_0, k_1, \cdots, k_{i-2}$ の関数として与えられているから，正式には

$$F_i(k_0, k_1, \cdots, k_{i-1}),\qquad F_{i-1}(k_0, k_1, \cdots, k_{i-2})$$
$$G_i(k_0, k_1, \cdots, k_{i-1}),\qquad G_{i-1}(k_0, k_1, \cdots, k_{i-2})$$

と書かねばならない．そのように書けば

$$(15)\qquad \begin{pmatrix}k_1 & 1\\1 & 0\end{pmatrix}\begin{pmatrix}k_2 & 1\\1 & 0\end{pmatrix}\cdots\begin{pmatrix}k_{i-1} & 1\\1 & 0\end{pmatrix}=\begin{pmatrix}P & R\\Q & S\end{pmatrix}$$

とおくと

$$(16)\qquad \begin{cases}P=F_{i-1}(k_1, k_2, \cdots, k_{i-1})\\Q=G_{i-1}(k_1, k_2, \cdots, k_{i-1})\\R=F_{i-2}(k_1, k_2, \cdots, k_{i-2})\\S=G_{i-2}(k_1, k_2, \cdots, k_{i-2})\end{cases}$$

となる．よって(15)を(12)へ代入して

$$(17)\qquad \begin{pmatrix} F_i(k_0, \cdots, k_{i-1}) & F_{i-1}(k_0, \cdots, k_{i-2}) \\ G_i(k_0, \cdots, k_{i-1}) & G_{i-1}(k_0, \cdots, k_{i-2}) \end{pmatrix} = \begin{pmatrix} k_0 & 1 \\ 1 & 0 \end{pmatrix}\begin{pmatrix} P & R \\ Q & S \end{pmatrix} = \begin{pmatrix} k_0P+Q & k_0R+S \\ P & R \end{pmatrix}$$

を得る．(17)の両辺の(2, 1)成分を比較すれば

$$G_i(k_0, k_1, \cdots, k_{i-1}) = P = F_{i-1}(k_1, k_2, \cdots, k_{i-1})$$

(∵(16))を得る．これで(14)の証明が完了した．G_i が k_0 を含まぬこと，関数 G_i は考えなくてもよいこと(関数 $F_1, F_2, \cdots$ のみ考えればよいこと)もわかったのである．そこでいま，関数 $F_i(k_0, k_1, \cdots, k_{i-1})$ を簡潔に表わすために新記号

$$(18)\qquad \langle k_0, k_1, \cdots, k_{i-1}\rangle = F_i(k_0, k_1, \cdots, k_{i-1})$$

を導入しよう．すると(12)は $(G_i(k_0, \cdots, k_{i-1}) = \langle k_1, k_2, \cdots, k_{i-1}\rangle$ だから)

$$(19)\qquad \begin{pmatrix} \langle k_0, k_1, \cdots, k_{i-1}\rangle & \langle k_0, \cdots, k_{i-2}\rangle \\ \langle k_1, k_2, \cdots, k_{i-1}\rangle & \langle k_1, \cdots, k_{i-2}\rangle \end{pmatrix} = \begin{pmatrix} k_0 & 1 \\ 1 & 0 \end{pmatrix}\begin{pmatrix} k_1 & 1 \\ 1 & 0 \end{pmatrix}\cdots\begin{pmatrix} k_{i-1} & 1 \\ 1 & 0 \end{pmatrix}$$

という式に書き直される．漸化式(13)は

$$(20)\qquad \begin{pmatrix} \langle k_0, \cdots, k_{i-1}\rangle & \langle k_0, \cdots, k_{i-2}\rangle \\ \langle k_1, \cdots, k_{i-1}\rangle & \langle k_1, \cdots, k_{i-2}\rangle \end{pmatrix} = \begin{pmatrix} \langle k_0, \cdots, k_{i-2}\rangle & \langle k_0, \cdots, k_{i-3}\rangle \\ \langle k_1, \cdots, k_{i-2}\rangle & \langle k_1, \cdots, k_{i-3}\rangle \end{pmatrix}\begin{pmatrix} k_{i-1} & 1 \\ 1 & 0 \end{pmatrix}$$

となる．(20)の両辺の(1, 1)成分を比べて

$$(21)\qquad \langle k_0, k_1, \cdots, k_{i-1}\rangle = \langle k_0, k_1, \cdots, k_{i-2}\rangle k_{i-1} + \langle k_0, \cdots, k_{i-3}\rangle$$

となる．これは $\langle k_0, \cdots, k_{i-1}\rangle$ を計算する漸化式である．一方，(19)の両辺の転置行列をとれば

$$(20^*)\quad \begin{pmatrix} \langle k_0, \cdots, k_{i-1}\rangle & \langle k_1, \cdots, k_{i-1}\rangle \\ \langle k_0, \cdots, k_{i-2}\rangle & \langle k_1, \cdots, k_{i-2}\rangle \end{pmatrix} = \begin{pmatrix} \langle k_1, \cdots, k_{i-1}\rangle & \langle k_2, \cdots, k_{i-1}\rangle \\ \langle k_1, \cdots, k_{i-2}\rangle & \langle k_2, \cdots, k_{i-2}\rangle \end{pmatrix} \begin{pmatrix} k_0 & 1 \\ 1 & 0 \end{pmatrix}$$

となるから，(20*)の両辺の(1, 1)成分を比べて

$$(21^*)\quad \langle k_0, k_1, \cdots, k_{i-1}\rangle = k_0\langle k_1, \cdots, k_{i-1}\rangle + \langle k_2, \cdots, k_{i-1}\rangle$$

となる．(21), (21*)を見比べると，

“関数 $\langle k_0, k_1, \cdots, k_{i-1}\rangle$ は左右対称形の漸化式をもつ”

ということがわかる．さて

$$(22)\quad \langle k_0\rangle = k_0, \qquad \langle k_0, k_1\rangle = k_0k_1 + 1 = \langle k_1, k_0\rangle$$

だから，

$$(23)\quad \begin{cases} \langle k_0, k_1, k_2\rangle = k_0\langle k_1, k_2\rangle + \langle k_2\rangle \\ \langle k_2, k_1, k_0\rangle = \langle k_2, k_1\rangle k_0 + \langle k_2\rangle \end{cases}$$

に(22)を用いて，(23)の両者は一致する．以下同様に進行すれば，$\langle k_0, k_1, \cdots, k_{i-1}\rangle$ の左右対称性がわかる．すなわち

定理 7.3.2　$\langle k_0, k_1, \cdots, k_{i-1}\rangle = \langle k_{i-1}, \cdots, k_1, k_0\rangle$

例 2　$\langle x\rangle = x$

$\langle x, y\rangle = xy+1 = \langle y, x\rangle$

$\langle x, y, z\rangle = \langle z, y, x\rangle = xyz+x+z$

$\langle x, y, z, w\rangle = xyzw+xy+xw+zw+1 = \langle w, z, y, x\rangle$

*　　*　　*

上の対称性の定理 7.3.2 のほかにも，(19)を用いて関数 $\langle k_0, k_1, \cdots, k_{i-1}\rangle$ の満たす公式が種々導ける．例えば(19)の右辺を2つの部分に分けて

$$\begin{pmatrix} k_0 & 1 \\ 1 & 0 \end{pmatrix}\begin{pmatrix} k_1 & 1 \\ 1 & 0 \end{pmatrix}\cdots\begin{pmatrix} k_{j-1} & 1 \\ 1 & 0 \end{pmatrix} = \begin{pmatrix} x & y \\ u & v \end{pmatrix}$$

$$\begin{pmatrix} k_j & 1 \\ 1 & 0 \end{pmatrix}\begin{pmatrix} k_{j+1} & 1 \\ 1 & 0 \end{pmatrix}\cdots\begin{pmatrix} k_{i-1} & 1 \\ 1 & 0 \end{pmatrix} = \begin{pmatrix} x' & y' \\ u' & v' \end{pmatrix}$$

とおくと，(19)が次のように書ける：

$$(24) \qquad \begin{pmatrix} \langle k_0, \cdots, k_{i-1}\rangle & \langle k_0, \cdots, k_{i-2}\rangle \\ \langle k_1, \cdots, k_{i-1}\rangle & \langle k_1, \cdots, k_{i-2}\rangle \end{pmatrix} = \begin{pmatrix} x & y \\ u & v \end{pmatrix}\begin{pmatrix} x' & y' \\ u' & v' \end{pmatrix} = \begin{pmatrix} xx'+yu' & xy'+yv' \\ ux'+vu' & uy'+vv' \end{pmatrix}$$

しかし関数記号 $\langle *, \cdots, * \rangle$ の定義を思い出せば

$$(25) \qquad \begin{cases} x = \langle k_0, k_1, \cdots, k_{j-1}\rangle, & x' = \langle k_j, k_{j+1}, \cdots, k_{i-1}\rangle \\ y = \langle k_0, k_1, \cdots, k_{j-2}\rangle, & u' = \langle k_{j+1}, k_{j+2}, \cdots, k_{i-1}\rangle \end{cases}$$

となる．よって(24)の両辺の(1, 1)成分を比べて

$$(26) \qquad \langle k_0, k_1, \cdots, k_{i-1}\rangle = \langle k_0, k_1, \cdots, k_{j-1}\rangle\cdot\langle k_j, k_{j+1}, \cdots, k_{i-1}\rangle + \langle k_0, k_1, \cdots, k_{j-2}\rangle\cdot\langle k_{j+1}, k_{j+2}, \cdots, k_{i-1}\rangle$$

という公式が得られる．例えば $i=4, j=2$ として次式を得る．

$$\langle x, y, z, w\rangle = \langle x, y\rangle\cdot\langle z, w\rangle + \langle x\rangle\cdot\langle w\rangle$$

(検算：(左辺)$=xyzw+xy+xw+zw+1=(xy+1)(zw+1)+xw=$(右辺))　(19)の右辺を3つの部分に分けると，(26)に類似な，しかしより複雑な公式を得る．

*　　*　　*

さて連分数

$$k_0 + \frac{1}{k_1+}\frac{1}{k_2+}\cdots+\frac{1}{k_{m-1}} = \frac{F_m}{G_m}$$

の値を求めるには，逆順である

$$\langle k_{m-1}\rangle = k_{m-1}$$
$$\langle k_{m-2}, k_{m-1}\rangle = k_{m-1}k_{m-2}+1$$
$$\langle k_{m-3}, k_{m-2}, k_{m-1}\rangle = \langle k_{m-2}, k_{m-1}\rangle k_{m-3}+k_{m-1}$$

……

$$\langle k_1, k_2, \cdots, k_{m-1}\rangle = \langle k_2, k_3, \cdots, k_{m-1}\rangle k_1 + \langle k_3, k_4, \cdots, k_{m-1}\rangle$$
$$\langle k_0, k_1, \cdots, k_{m-1}\rangle = \langle k_1, k_2, \cdots, k_{m-1}\rangle k_0 + \langle k_2, k_3, \cdots, k_{m-1}\rangle$$

の順に求める方がより能率的である．なぜならば上式の最後に F_m が得られているが，その直前の式として G_m が求まっている．したがって2つの数列 $\{F_i\}$, $\{G_i\}$ を別々に求める必要がなく前に述べた方法より速度が速い．

例3　例1の $1+\frac{1}{8}+\frac{1}{2}+\frac{1}{3}+\frac{1}{4}+\frac{1}{5}+\frac{1}{7}$ をこの方法で計算してみよう．

k_i の値	7	5	4	3	2	8	1
逐次計算	7	36 ↑ 5·7 +1	151 ↑ 4·36 +7	489 ↑ 3·151 +36	1129 ↑ 2·489 +151	9521 ↑ 8·1129 +489 ↑ G_7 の値	10650 ↑ 1·9521 +1129 ↑ F_7 の値

問1　次の連分数の値を求めよ．

$$-3+\frac{1}{2}+\frac{1}{2}+\frac{1}{5}+\frac{1}{6}$$

問2　$\dfrac{81845}{27182}$ を連分数に直せ．

§4　実数の連分数展開

有理数 $\lambda=a/b$ の連分数展開は§3に述べたように必ず有限回で終了する．1つ注意しておきたいのは，連分数展開

$$\lambda = k_0+\frac{1}{k_1}+\frac{1}{k_2}+\cdots+\frac{1}{k_{m-1}} \tag{1}$$

において，§2, §3の作り方から必ず $k_{m-1}>1$ となっていたが

$$\frac{1}{k_{m-1}} = \frac{1}{(k_{m-1}-1)+\dfrac{1}{1}}$$

であるから，(1)は

$$(2)\qquad \lambda = k_0 + \frac{1}{k_1 +}\frac{1}{k_2 +}\cdots + \frac{1}{k_{m-1} - 1 +}\frac{1}{1}$$

とも書ける．よって，有理数 λ の連分数展開は1通りではない．しかし最終項を >1 と定めれば1通りである．

さて無理数 λ から出発して連分数展開を実行しよう．有理数の場合と同様に

$$k_0 = [\lambda] \qquad (したがって\ k_0 < \lambda < k_0 + 1)$$

とおき，次に $\lambda - k_0$ の逆数を λ_1 とすると $0 < \lambda - k_0 < 1$ より

$$\lambda - k_0 = \frac{1}{\lambda_1}, \qquad \lambda_1 > 1 \qquad \therefore\ \lambda = k_0 + \frac{1}{\lambda_1}$$

となる．そこで

$$[\lambda_1] = k_1 \qquad (したがって\ k_1 \geqq 1)$$

とおく．λ が無理数であるから λ_1 も無理数である．よって $k_1 < \lambda_1 < k_1 + 1$．$\lambda_1 - k_1$ の逆数を λ_2 とすると

$$\lambda_1 - k_1 = \frac{1}{\lambda_2}, \qquad \lambda_2 > 1 \qquad \therefore\ \lambda = k_0 + \frac{1}{k_1 +}\frac{1}{\lambda_2}$$

λ_2 も無理数となるから，$k_2 = [\lambda_2]$ は $k_2 < \lambda_2 < k_2 + 1$ を満たす．以下同様に無限に進行し，数列

$$(3)\qquad k_0,\ k_1,\ k_2,\ \cdots$$

および

$$(4)\qquad \lambda = \lambda_0,\ \lambda_1,\ \lambda_2,\ \lambda_3,\ \cdots$$

が生ずる．そして，

$$(5)\qquad \lambda = k_0 + \frac{1}{k_1 +}\cdots + \frac{1}{k_{m-1} +}\frac{1}{\lambda_m} \qquad (m = 1, 2, \cdots)$$

$$(k_1 \geqq 1, k_2 \geqq 1, \cdots;\ k_0\ は整数)$$

および

(6)　　$$k_i < \lambda_i < k_i+1 \qquad (i=1, 2, \cdots)$$

が成り立つ．よって§3と同じ計算により

(7)　　$$\lambda = \frac{\langle k_0, k_1, \cdots, k_{m-1}\rangle \lambda_m + \langle k_0, k_1, \cdots, k_{m-2}\rangle}{\langle k_1, k_2, \cdots, k_{m-1}\rangle \lambda_m + \langle k_1, k_2, \cdots, k_{m-2}\rangle}$$

が成り立つ．いま

(8)　　$$\begin{cases} \langle k_0, k_1, \cdots, k_{m-1}\rangle = p_m & (m=1, 2, \cdots) \\ \langle k_1, k_2, \cdots, k_{m-1}\rangle = q_m & (m=2, 3, \cdots) \\ p_0=1, \quad q_0=0, \quad q_1=1 \end{cases}$$

とおけば，§3, (12)より

(9)　　$$\begin{pmatrix} p_m & p_{m-1} \\ q_m & q_{m-1} \end{pmatrix} = \begin{pmatrix} k_0 & 1 \\ 1 & 0 \end{pmatrix} \begin{pmatrix} k_1 & 1 \\ 1 & 0 \end{pmatrix} \begin{pmatrix} k_2 & 1 \\ 1 & 0 \end{pmatrix} \cdots \begin{pmatrix} k_{m-1} & 1 \\ 1 & 0 \end{pmatrix}$$

となる．そして(7)は次のようになる．

(10)　　$$\lambda = \frac{p_m\lambda_m + p_{m-1}}{q_m\lambda_m + q_{m-1}} \qquad (m=1, 2, \cdots)$$

定理 7.4.1　(i)　$\displaystyle\lim_{m\to\infty} \frac{p_m}{q_m} = \lambda,$

(ii)　$\dfrac{p_m}{q_m}$ は既約分数である($m=1, 2, \cdots$ に対し)．

証明　(10)より

(11)　　$$\frac{p_m}{q_m} - \lambda = \frac{p_m(q_m\lambda_m + q_{m-1}) - q_m(p_m\lambda_m + p_{m-1})}{q_m(q_m\lambda_m + q_{m-1})}$$

$$= \frac{p_m q_{m-1} - q_m p_{m-1}}{q_m(q_m\lambda_m + q_{m-1})}$$

である．(9)の両辺の行列式をとれば

(12)　　$$p_m q_{m-1} - q_m p_{m-1} = (-1)^m$$

また作り方から $q_1 \leqq q_2 < q_3 < \cdots$ で，かつ q_i はみんな自然数だから $\displaystyle\lim_{m\to\infty} q_m = \infty$ である．$\lambda_m > k_m$ である．よって $q_m(q_m\lambda_m + q_{m-1}) > q_m(q_m k_m + q_{m-1}) = q_m q_{m+1} > q_m{}^2$ $(m=2, 3, \cdots)$．よって(11)より

$$(13)\qquad \left|\frac{p_m}{q_m}-\lambda\right| < \frac{1}{q_m q_{m+1}} < \frac{1}{{q_m}^2} \qquad (m=2,3,\cdots)$$

よって，$\lim_{m\to\infty}\frac{p_m}{q_m}=\lambda$ となる．また(12)より p_m, q_m の最大公約数は1である．よって p_m/q_m は既約分数である．▌

注意　(11)の右辺の符号は m が偶数のとき正で，奇数のときは負である(∵ (12))．よって

$$(14)\qquad \begin{cases} m \text{ が正の偶数なら} & \dfrac{p_m}{q_m} > \lambda \\ m \text{ が奇数なら} & \dfrac{p_m}{q_m} < \lambda \end{cases}$$

となる．さらに $q_{m+1}=q_m k_m+q_{m-1} \geqq q_m+q_{m-1} > 2q_{m-1}$ であるから，(13)，(12)より

$$(15)\qquad \left|\frac{p_m}{q_m}-\lambda\right| < \frac{1}{2q_{m-1}q_m} = \frac{1}{2}\left|\frac{p_{m-1}}{q_{m-1}}-\frac{p_m}{q_m}\right|$$

である．すなわち λ は開区間 $\left(\frac{p_{m-1}}{q_{m-1}}, \frac{p_m}{q_m}\right)$ または $\left(\frac{p_m}{q_m}, \frac{p_{m-1}}{q_{m-1}}\right)$ 中にあり，しかも $\frac{p_m}{q_m}$ の方により近い．よって，$\frac{p_m}{q_m}$ なる分数列の λ への近づき方は次のようになる．

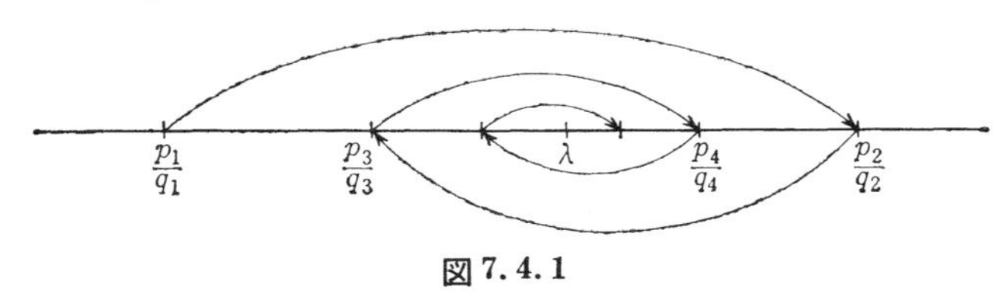

図7.4.1

$\frac{p_m}{q_m}$ $(m=1,2,3,\cdots)$ を λ の**近似分数列**という．$k_0, k_1, k_2, \cdots$ を λ の**連分数展開の項**という．そして

$$\lambda = k_0+\frac{1}{k_1+}\frac{1}{k_2+}\cdots$$

と書く．

例1　$\lambda=\sqrt{2}$ に対し連分数展開の項 $k_0, k_1, k_2, \cdots$ および近似分数

列を求めよう．

$$k_0 = [\lambda] = 1, \qquad \lambda_1 = (\lambda - k_0)^{-1} = (\sqrt{2} - 1)^{-1} = \sqrt{2} + 1 = 2.4142\cdots$$

$$\therefore \quad k_1 = [\lambda_1] = 2, \qquad \lambda_2 = (\lambda_1 - k_1)^{-1} = (\sqrt{2} - 1)^{-1} = \lambda_1$$

$$\therefore \quad k_2 = [\lambda_2] = [\lambda_1] = 2, \qquad \lambda_3 = (\lambda_2 - k_2)^{-1} = (\lambda_1 - k_1)^{-1} = \lambda_1$$

∴　$k_3 = 2$，以下同様にして

$$\sqrt{2} = 1 + \frac{1}{2+}\frac{1}{2+}\frac{1}{2+}\cdots$$

近似分数の列を作るには§3の最後の例のようにやるわけにはいかない．p_n, q_n を(8)を使って求めるのである．

i	0	1	2	3	4	5	6
k_i	1	2	2	2	2	2	2
p_i	1	1	3	7	17	41	99
q_i	0	1	2	5	12	29	70

例2　$\lambda = \sqrt{5}$ に対し連分数展開の項 $k_0, k_1, k_2, \cdots$ および近似分数列を求めよう．

$$k_0 = [\lambda] = 2, \qquad \lambda_1 = (\lambda - k_0)^{-1} = (\sqrt{5} - 2)^{-1} = \sqrt{5} + 2$$

$$k_1 = [\lambda_1] = 4, \qquad \lambda_2 = (\lambda_1 - k_1)^{-1} = (\sqrt{5} - 2)^{-1} = \lambda_1$$

よって，$k_0 = 2$，$k_1 = k_2 = k_3 = \cdots = 4$ であるから

i	0	1	2	3	4	5	6
k_i	2	4	4	4	4	4	4
p_i	1	2	9	38	161	682	2889
q_i	0	1	4	17	72	305	1292

例 3　円周率 $\pi=3.1415\cdots$ の連分数展開の項の初めのいくつかは

$$3,\quad 7,\quad 15,\quad 1,\quad 292,\quad 1,\quad \cdots$$

で，対応する近似分数列は

$$\frac{3}{1},\quad \frac{22}{7},\quad \frac{333}{106},\quad \frac{355}{113},\quad \frac{103993}{33102},\quad \frac{104348}{33215},\quad \cdots$$

となる．近似分数 $\dfrac{22}{7}$, $\dfrac{355}{113}$ は π の近似値として有名である．(形もおぼえやすい.)

問 1　$\sqrt{7}$ の連分数展開の項および近似分数列を求めよ．

問 2　平面 Γ の部分集合 $S=\{(x,y)\,|\,x,y$ は整数$\}$ の元を**格子点**という．無理数 λ をとったとき，原点から傾き λ でひいた直線 $y=\lambda x$ は原点以外の格子点を通らない．しかし，直線 $y=\lambda x$ にいくらでも近い(すなわち，直線 $y=\lambda x$ との距離がいくらでも小さくなる)格子点が存在する．これを，(13) $\left|\dfrac{p_m}{q_m}-\lambda\right|<\dfrac{1}{{q_m}^2}$ を利用して証明せよ．

§5　2次の無理数の連分数展開

§4 の終りの $\sqrt{2}$ や $\sqrt{5}$ の連分数展開の例では，連分数展開の項が途中からすべて一致している．$\sqrt{3}$ でもう 1 つ実験してみよう．

$$k_0=[\sqrt{3}]=1,\qquad \lambda_1=(\sqrt{3}-1)^{-1}=\frac{1}{2}(\sqrt{3}+1),\qquad k_1=[\lambda_1]=1,$$

$$\lambda_2=(\lambda_1-k_1)^{-1}=\left\{\frac{1}{2}(\sqrt{3}-1)\right\}^{-1}=\sqrt{3}+1,\qquad k_2=[\lambda_2]=2,$$

$$\lambda_3=(\lambda_2-k_2)^{-1}=(\sqrt{3}-1)^{-1}=\lambda_1,\qquad k_3=[\lambda_1]=k_1$$

となるから，以下 $\lambda_4=\lambda_2$, $k_4=k_2$, $\lambda_5=\lambda_3$, $k_5=k_3, \cdots$ となる．

$$\sqrt{3}=1+\frac{1}{1}\,{}_{+}\,\frac{1}{2}\,{}_{+}\,\frac{1}{1}\,{}_{+}\,\frac{1}{2}\,{}_{+}\,\frac{1}{1}\,{}_{+}\cdots$$

すなわち，数列 $k_0, k_1, k_2, k_3, k_4, \cdots$ は，k_1 から始めて周期 2 で循環している．($\sqrt{2}$ や $\sqrt{5}$ の循環周期は 1 であった.) それでは，連分

数展開が無限に続き，しかもその項が途中から周期的になるような実数 λ はどのような特性があるのだろうか？（以下このような連分数を**周期的な連分数**と呼ぶことにする.）

定理 7.5.1　実数 λ の連分数展開

$$\lambda = k_0 + \frac{1}{k_1 +} \frac{1}{k_2 +} \frac{1}{k_3 +} \cdots$$

が周期的ならば，λ は無理数であり，しかも或る整係数2次方程式の根である.（このような無理数を**2次の無理数**という.）

証明　λ の連分数展開が無限に続いているから，λ は有理数ではあり得ない．よって λ は無理数である．さて λ の連分数展開が項 k_N から周期 r で循環しているとしよう：

(1)
$$k_{N+r} = k_N,\ \ k_{N+r+1} = k_{N+1},\ \ \cdots$$

すなわち $j \geqq N$ のとき

(2)
$$k_{j+r} = k_j$$

とする．すると λ の途中までの展開

(3)
$$\lambda = k_0 + \frac{1}{k_1 +} \cdots + \frac{1}{k_{j-1} +} \frac{1}{\lambda_j}$$

に対して，$j=N$ とおくと，λ_N の連分数展開の形は

(4)
$$\lambda_N = k_N + \frac{1}{k_{N+1} +} \cdots + \frac{1}{k_{N+r-1} +} \frac{1}{k_N +} \frac{1}{k_{N+1} +} \cdots + \frac{1}{k_{N+r-1} +} \cdots$$

という純循環(周期は r)の形となる．よって

(5)
$$\lambda_N = k_N + \frac{1}{k_{N+1} +} \cdots + \frac{1}{k_{N+r-1} +} \frac{1}{\lambda_N}$$

となる．よって

(6)
$$\begin{cases} \langle k_N, k_{N+1}, \cdots, k_{N+r-1} \rangle = p & \langle k_N, k_{N+1}, \cdots, k_{N+r-2} \rangle = p' \\ \langle k_{N+1}, \cdots, k_{N+r-1} \rangle = q & \langle k_{N+1}, \cdots, k_{N+r-2} \rangle = q' \end{cases}$$

とおけば，(5)の右辺は§3により

$$\frac{\langle k_N, k_{N+1}, \cdots, k_{N+r-1}, \lambda_N\rangle}{\langle k_{N+1}, k_{N+2}, \cdots, k_{N+r-1}, \lambda_N\rangle} = \frac{p\lambda_N + p'}{q\lambda_N + q'}$$

に等しい．よって(5)より

$$\lambda_N = \frac{p\lambda_N + p'}{q\lambda_N + q'}$$

$$(7)\qquad \therefore\quad q\lambda_N{}^2 + (q'-p)\lambda_N - p' = 0$$

よって，λ_N は整係数の2次方程式の根である．しかも λ_N の連分数展開は無限に続くから，λ_N は2次の無理数である．よって λ_N の形は，(7)より(2次方程式の根の公式により)

$$(8)\qquad \lambda_N = \alpha + \beta\sqrt{\gamma}$$

ただし α, β は有理数，γ は自然数であり，しかも γ は平方数ではない．さて

$$(9)\qquad \lambda = k_0 + \frac{1}{k_1} + \cdots + \frac{1}{k_{N-1}} + \frac{1}{\lambda_N}$$

により，

$$\langle k_0, k_1, \cdots, k_{N-1}\rangle = u \qquad \langle k_0, k_1, \cdots, k_{N-2}\rangle = u'$$
$$\langle k_1, k_2, \cdots, k_{N-1}\rangle = v \qquad \langle k_1, k_2, \cdots, k_{N-2}\rangle = v'$$

とおけば上と同様に

$$\lambda = \frac{u\lambda_N + u'}{v\lambda_N + v'}$$

となる．ここへ(8)を代入して，分母を有理化すれば，λ の形も

$$\lambda = \alpha' + \beta'\sqrt{\gamma}$$

となる．(α', β' は有理数.) よって

$$(\lambda - \alpha')^2 = \beta'^2\gamma$$

となり，分母を払えば，λ は整係数の2次方程式を満たす．よって λ は2次の無理数である．∎

以下(1)を満たすような周期的な連分数を

(10)
$$\lambda = k_0 + \frac{1}{k_1} + \cdots + \frac{1}{k_{N-1}} + \underbrace{\frac{1}{k_N} + \cdots + \frac{1}{k_{N+r-1}}}_{\text{循環部あるいはc.p.}}$$

と書くことにする(c. p.=cyclic part の略).

*　　*　　*

さて次に定理7.5.1の逆の問題を考えよう．すなわち，もしλが2次の無理数ならば，λの連分数展開は周期的になるだろうか？ §4の諸例から見るとどうも本当らしく思われる．実はこの予感は正しい．すなわち

定理 7.5.2　2次の無理数λの連分数展開は周期的である．すなわち(10)の形をもつ．

証明　λの連分数展開は，λが無理数だから無限に続く．(有限で終ればλは有理数になる.) それを

(11)
$$\lambda = k_0 + \frac{1}{k_1} + \frac{1}{k_2} + \cdots$$

とおく．さらに途中までの展開を

(12)
$$\lambda = k_0 + \frac{1}{k_1} + \cdots + \frac{1}{k_{n-1}} + \frac{1}{\lambda_n} \qquad (n=1, 2, \cdots)$$

とし，さらに

(13)
$$\begin{cases} p_n = \langle k_0, k_1, \cdots, k_{n-1} \rangle & p_{n-1} = \langle k_0, k_1, \cdots, k_{n-2} \rangle \\ q_n = \langle k_1, \cdots, k_{n-1} \rangle & q_{n-1} = \langle k_1, \cdots, k_{n-2} \rangle \end{cases}$$

とおく．λが満たす整係数の2次方程式を

(14)
$$a\lambda^2 + b\lambda + c = 0$$

とおく．(12)と(13)から，

(15)
$$\lambda = \frac{p_n\lambda_n + p_{n-1}}{q_n\lambda_n + q_{n-1}}$$

となる(§4(7)参照)．(15)を(14)に代入して次式を得る．

$$a\left(\frac{p_n\lambda_n+p_{n-1}}{q_n\lambda_n+q_{n-1}}\right)^2+b\frac{p_n\lambda_n+p_{n-1}}{q_n\lambda_n+q_{n-1}}+c=0$$

$$\therefore\quad a(p_n\lambda_n+p_{n-1})^2+b(p_n\lambda_n+p_{n-1})(q_n\lambda_n+q_{n-1})+c(q_n\lambda_n+q_{n-1})^2=0$$

これを λ_n について整頓すると

(16)
$$a_n\lambda_n{}^2+b_n\lambda_n+c_n=0$$

となる．ただしここで

(17)
$$\begin{cases} a_n=ap_n{}^2+bp_nq_n+cq_n{}^2 \\ b_n=2ap_np_{n-1}+b(p_nq_{n-1}+p_{n-1}q_n)+2cq_nq_{n-1} \\ c_n=ap_{n-1}{}^2+bp_{n-1}q_{n-1}+cq_{n-1}{}^2 \end{cases}$$

とおいている．(17)で $a_n\neq 0, c_n\neq 0$ となることに注意しよう．例えばもし $a_n=0$ とすると，(17)により有理数 p_n/q_n が $ax^2+bx+c=0$ の根となり，その判別式は完全平方数となる．これは λ が無理数という仮定に反する．$c_n\neq 0$ の方も同様にして示される．

さて等式(17)を行列等式に直せる．実際

(18)
$$\begin{pmatrix} p_n & q_n \\ p_{n-1} & q_{n-1}\end{pmatrix}\begin{pmatrix} 2a & b \\ b & 2c\end{pmatrix}\begin{pmatrix} p_n & p_{n-1} \\ q_n & q_{n-1}\end{pmatrix}$$

$$=\begin{pmatrix} 2ap_n+bq_n & bp_n+2cq_n \\ 2ap_{n-1}+bq_{n-1} & bp_{n-1}+2cq_{n-1}\end{pmatrix}\begin{pmatrix} p_n & p_{n-1} \\ q_n & q_{n-1}\end{pmatrix}$$

$$=\begin{pmatrix} 2a_n & b_n \\ b_n & 2c_n\end{pmatrix}\qquad(\because\ (17))$$

そこで(18)の左端と右端にある2次行列の行列式を比べると

(19)
$$(p_nq_{n-1}-p_{n-1}q_n)^2(4ac-b^2)=4a_nc_n-b_n{}^2$$

を得る．しかし§4(12)により $(p_nq_{n-1}-p_{n-1}q_n)^2=1$ であるから，

(19*)
$$4ac-b^2=4a_nc_n-b_n{}^2$$

となる．

さて

(20)
$$\varepsilon_n=p_nq_n-\lambda q_n{}^2$$

(ε はイプシロンと読む)とおくと，§4(13)により

$$\left|\frac{\varepsilon_n}{{q_n}^2}\right| = \left|\frac{p_n}{q_n} - \lambda\right| < \frac{1}{{q_n}^2}$$

となる．したがって

(21)
$$|\varepsilon_n| < 1$$

が成り立つ．したがって(17)より

$$a_n = a\left(\frac{\varepsilon_n}{q_n} + \lambda q_n\right)^2 + bq_n\left(\frac{\varepsilon_n}{q_n} + \lambda q_n\right) + c{q_n}^2$$

$$= (a\lambda^2 + b\lambda + c)\,{q_n}^2 + 2a\lambda\varepsilon_n + a\frac{{\varepsilon_n}^2}{{q_n}^2} + b\varepsilon_n$$

となる．よって(14)より

$$a_n = 2a\lambda\varepsilon_n + a\frac{{\varepsilon_n}^2}{{q_n}^2} + b\varepsilon_n$$

$$\therefore\quad |a_n| \leqq |2a\lambda\varepsilon_n| + \left|a\frac{{\varepsilon_n}^2}{{q_n}^2}\right| + |b\varepsilon_n|$$

(22)
$$\therefore\quad |a_n| < |2a\lambda| + |a| + |b|$$

次に(17)により

$$c_n = a_{n-1} \qquad (n=2,\ 3,\ \cdots)$$

であるから，c_n も(22)により

(23)
$$|c_n| < |2a\lambda| + |a| + |b|$$

を満たす．(22), (23)から整数列 $|a_n|, |c_n|\,(n=2, 3, \cdots)$ 中のどの整数も一定値 $|2a\lambda|+|a|+|b|$ より小さいことがわかる．次に(19*)より

$$ {b_n}^2 = 4a_nc_n - (4ac - b^2)$$

であるから，

$$|b_n|^2 \leqq |4a_nc_n| + |4ac - b^2|$$
$$\leqq 4\,(|2a\lambda| + |a| + |b|)^2 + |4ac - b^2|$$

となる．よって整数列 $|b_n|\,(n=2, 3, \cdots)$ 中のどの整数も一定値より小さいことがわかる．したがって3つの整数の組

$$(a_n, b_n, c_n) \qquad (n=2, 3, \cdots)$$

は実は有限個しかない．よって相異なる3つの番号 $i, j, k\,(i<j<k)$ を適当にとれば，

$$\begin{cases} a_i = a_j = a_k & (=\alpha \text{ とおく．} \alpha \neq 0 \text{ である}) \\ b_i = b_j = b_k & (=\beta \text{ とおく}) \\ c_i = c_j = c_k & (=\gamma \text{ とおく．} \gamma \neq 0 \text{ である}) \end{cases}$$

となる．対応する $\lambda_i, \lambda_j, \lambda_k$ は(16)により2次方程式

$$\alpha x^2 + \beta x + \gamma = 0$$

の根となる．しかし2次方程式は高々2個の根しかもたないから，$\lambda_i, \lambda_j, \lambda_k$ のうち2つは一致せねばならない．それを例えば

$$(24) \qquad \lambda_i = \lambda_j$$

としよう．すると $\lambda_{i+1}, \lambda_{i+2}, \cdots$ は λ_i のみから定まり，また $\lambda_{j+1}, \lambda_{j+2}, \cdots$ も λ_j のみから定まるという事実(すなわち

$$\lambda_{i+1} = \frac{1}{\lambda_i - [\lambda_i]}, \qquad \lambda_{i+2} = \frac{1}{\lambda_{i+1} - [\lambda_{i+1}]}, \cdots$$

という定め方)から，$j-i=l$ とおくと

$$(25) \quad \lambda_{i+1}=\lambda_{j+1}, \quad \lambda_{i+2}=\lambda_{j+2}, \quad \cdots, \quad \lambda_{i+l-1}=\lambda_{j+l-1}, \quad \lambda_{i+l}=\lambda_{j+l}$$

が成り立つ．(24), (25)により，数列 $\{\lambda_n\}$ は番号 i から後は周期的(周期は l)になる．したがって $[\lambda_n]=k_n$ という k_n の作り方を思い出せば，数列 $\{k_n\}$ も番号 i から後は周期的(周期は l)となる．(ただし l は最小周期とは限らない.) ▌

問1 $\lambda=\frac{1}{1+}\frac{1}{1+}\frac{1}{1+\cdots}$ とする．このとき $\lambda=\frac{1}{1+\lambda}$ となり，$\lambda^2+\lambda-1=0$，$\therefore\ \lambda=\frac{-1\pm\sqrt{5}}{2}$ となる．$\lambda>0$ だから，$\lambda=\frac{-1+\sqrt{5}}{2}$ であるが，$\frac{-1-\sqrt{5}}{2}=-(1+\lambda)$ も $\lambda^2+\lambda-1=0$ の解となっている．なぜか．

問2 $\lambda_n=\frac{1}{n+}\frac{1}{n+}\frac{1}{n+\cdots}$ とする．(n は正整数.) このとき $\lim\limits_{n\to\infty}\lambda_n$ は

どんな値となるか.

問3　"2次の無理数 $\Longleftrightarrow$ 連分数が循環する" が示されたが，似た事実として，"有理数 $\Longleftrightarrow$ 小数表示が有限でとまるか，または循環する" を示せ.

練習問題 7

1. 整数 k_0 および自然数からなる無限列 $k_1, k_2, \cdots$ を任意に1つ定め，

$$\begin{pmatrix} p_n & p_{n-1} \\ q_n & q_{n-1} \end{pmatrix} = \begin{pmatrix} k_0 & 1 \\ 1 & 0 \end{pmatrix}\begin{pmatrix} k_1 & 1 \\ 1 & 0 \end{pmatrix}\cdots\begin{pmatrix} k_{n-1} & 1 \\ 1 & 0 \end{pmatrix} \qquad (n=1, 2, \cdots)$$

により整数列 $\{p_n\}, \{q_n\}$ を定める．このとき次を証明せよ.

(i)　$\dfrac{p_2}{q_2} > \dfrac{p_4}{q_4} > \dfrac{p_6}{q_6} > \cdots$

(ii)　$\dfrac{p_1}{q_1} < \dfrac{p_3}{q_3} < \dfrac{p_5}{q_5} < \cdots$

(iii)　$\dfrac{p_{2i}}{q_{2i}} > \dfrac{p_{2j-1}}{q_{2j-1}} \qquad (i=1, 2, \cdots;\ j=1, 2, \cdots)$

(iv)　$\displaystyle\lim_{i\to\infty}\frac{p_{2i}}{q_{2i}}$ が存在する．(これを λ' とおく.)

(v)　$\displaystyle\lim_{j\to\infty}\frac{p_{2j-1}}{q_{2j-1}}$ が存在する．(これを λ'' とおく.)

(vi)　$\dfrac{p_{2j-1}}{q_{2j-1}} - \dfrac{p_{2j}}{q_{2j}} = \dfrac{p_{2j-1}q_{2j} - p_{2j}q_{2j-1}}{q_{2j-1}q_{2j}} = -\dfrac{1}{q_{2j-1}q_{2j}}$

(vii)　$1 = q_1 \leqq q_2 < q_3 < \cdots;\ \displaystyle\lim_{j\to\infty} q_j = \infty$

(viii)　$\lambda' = \lambda'' \qquad (=\lambda$ とおく.)

(ix)　λ の連分数展開は $k_0 + \dfrac{1}{k_1+}\,\dfrac{1}{k_2+}\,\dfrac{1}{k_3+}\cdots$ となる.

2. 前問の数列 $\{k_n\}, \{p_n\}, \{q_n\}$ に対して

$$\begin{vmatrix} p_n & p_{n-2} \\ q_n & q_{n-2} \end{vmatrix} = k_{n-1}(-1)^{n-1}$$

を示せ.

3.　2次の無理数 λ の満たす整係数2次方程式を

$$ax^2+bx+c=0$$

とし，その2根を λ, λ' とする．いま $\lambda>1,\ 0>\lambda'>-1$ と仮定する．そして λ の連分数展開を

$$\lambda = k_0+\frac{1}{k_1+}\frac{1}{k_2+}\cdots$$

とし，その途中までの展開を

$$\lambda = k_0+\frac{1}{k_1+}\cdots\frac{1}{+k_{n-1}+}\frac{1}{\lambda_n} \qquad (n=0, 1, 2, \cdots)$$

とおく $(\lambda_0=\lambda)$．§5(13)，(17) で a_n, b_n, c_n を定め，2次方程式

$$a_nx^2+b_nx+c_n=0$$

の2根を $\lambda_n, \lambda'_n (\lambda_n>\lambda'_n)$ とする．このとき次を示せ．

(i) $\lambda_j>1,\ 0>\lambda'_j>-1 \qquad (j=0, 1, 2, \cdots)$

(ii) 或る番号 n, m (ただし $n<m$) に対して $\lambda_n=\lambda_m$ ならば (このような n, m は定理 7.5.2 により必ず存在する.)

$$\begin{cases} \lambda_{n-1}-\lambda_{m-1} = k_{n-1}-k_{m-1} \\ \lambda'_{n-1}-\lambda'_{m-1} = k_{n-1}-k_{m-1} = 0 \end{cases}$$

となる．したがって $\lambda_{n-1}=\lambda_{m-1}$．以下これを繰り返して $\lambda_0=\lambda_{m-n}$．よって $k_0=k_{m-n}, k_1=k_{m-n+1}, \cdots, k_{m-n-1}=k_{2(m-n)-1}, \cdots$ となり，λ の連分数展開は初項 k_0 から純循環する．

4. $\lambda=\underbrace{k_0+\frac{1}{k_1+}\frac{1}{k_2+}\frac{1}{k_3}}_{\text{c.p.}}$ の形の2次の無理数 λ の例を与えよ．

第8章
2項漸化式をもつ数列・関数列

§1　2項漸化式

数列 $a_0, a_1, a_2, \cdots$ や関数列 $f_0(x), f_1(x), f_2(x), \cdots$ において，定数 k, l が存在して

(1) $$a_n = ka_{n-1} + la_{n-2} \qquad (n=2, 3, \cdots)$$

あるいは一定の関数 k, l が存在して

(2) $$f_n(x) = kf_{n-1}(x) + lf_{n-2}(x) \qquad (n=2, 3, \cdots)$$

が成り立つとき，数列 $\{a_n\}$ あるいは関数列 $\{f_n(x)\}$ は**2項漸化式**を満たすという．このとき $\{a_n\}$ や $\{f_n(x)\}$ の初めの2項 a_0, a_1 あるいは $f_0(x), f_1(x)$ さえ与えられれば，以下の項は(1), (2)により次々に定まってしまう．a_0, a_1 あるいは $f_0(x), f_1(x)$ をこの数列 $\{a_n\}$ あるいは関数列 $\{f_n(x)\}$ の**初期値**という．

例1　フィボナッチ(Fibonacci)数列

$$\begin{cases} \text{初期値} \quad F_0 = 0,\ F_1 = 1 \\ \text{2項漸化式} \quad F_n = F_{n-1} + F_{n-2} \qquad (n=2, 3, \cdots) \end{cases}$$

で与えられる数列 $F_0, F_1, F_2, \cdots$ を**フィボナッチ数列**という．各 F_n を**フィボナッチ数**という．数学の種々の場面に登場するのみならず，ゲームにも顔を出す.(その例は後述する.) しかもさまざまな美しい性質をもつことで有名である．初めのいくつかの項に対して，上の漸化式から出した表を作ってみよう．

n	0	1	2	3	4	5	6	7	8	9	10	11	12	13	14	15
F_n	0	1	1	2	3	5	8	13	21	34	55	89	144	233	377	610

例えばこの表だけでも次の性質に気づかれた読者がおられよう．

n が 3 の倍数ならば F_n は偶数.

n が 4 の倍数ならば F_n は 3 の倍数.

n が 5 の倍数ならば F_n は 5 の倍数.

実は後述するように(§5 参照)，一般に次のことが成り立つ.

n が m の倍数ならば，F_n は F_m の倍数.

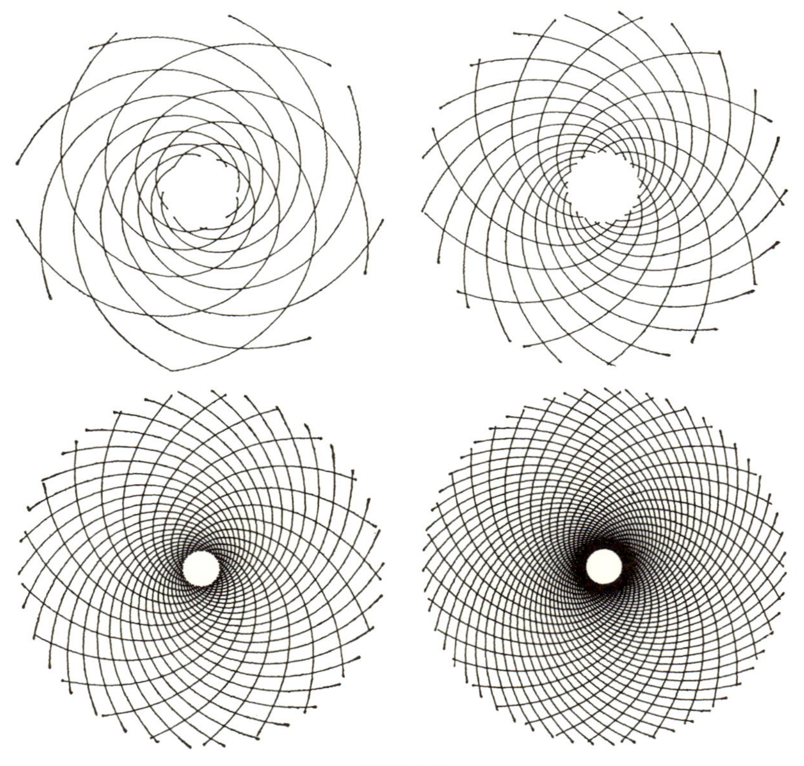

図 8.1.1

＊　　＊　　＊

フィボナッチ数が自然界と深く関係する有名な例として，ヒマワリやダリアの花弁のうち，右回りの数と左回りの数が，隣接したフィボナッチ数(13, 21 や 21, 34 や 34, 55 など)になることが多いことが知られている(図 8.1.1).

コンピュータのプログラミングに関連してフィボナッチ数列が利用される例は多い．これらについては，例えば次を参照されたい．

D. E. Knuth : The Art of Computer Programming (邦訳: 基本算法(基礎概念・情報構造 etc.)サイエンス社刊)

例 2　チェビシェフ(Tschebyscheff)多項式列(やや変形してある)

$$\begin{cases} \text{初期値} \quad f_0(x) = 0, \ f_1(x) = 1 \\ 2\text{項漸化式} \quad f_n(x) = xf_{n-1}(x) - f_{n-2}(x) \qquad (n=2, 3, \cdots) \end{cases}$$

この場合には，次々に**チェビシェフ多項式**と呼ばれる多項式の列

$$f_2(x) = x$$
$$f_3(x) = x^2-1$$
$$f_4(x) = x^3-2x$$
$$f_5(x) = x^4-3x^2+1$$
$$\cdots\cdots$$

となる．$f_n(x)$ は $n-1$ 次の多項式となるが，その根が2次行列の応用としてすべて求められることを後で述べよう(§3参照).

問 1　フィボナッチ数の F_{20} を求めよ.

問 2　チェビシェフ多項式 $f_{10}(x)$ を求めよ.

§2　2項漸化式をもつ数列の一般項の求め方

§1の(1)を満たす数列 $\{a_n\}$ の一般項 a_n はどのような形になるであろうか？

まず§1の(1)を2次行列の言葉で書き直してみよう．すると

$$\begin{pmatrix} a_3 & a_2 \\ a_2 & a_1 \end{pmatrix} = \begin{pmatrix} k & l \\ 1 & 0 \end{pmatrix} \begin{pmatrix} a_2 & a_1 \\ a_1 & a_0 \end{pmatrix}$$

$$\begin{pmatrix} a_4 & a_3 \\ a_3 & a_2 \end{pmatrix} = \begin{pmatrix} k & l \\ 1 & 0 \end{pmatrix} \begin{pmatrix} a_3 & a_2 \\ a_2 & a_1 \end{pmatrix} = \begin{pmatrix} k & l \\ 1 & 0 \end{pmatrix}^2 \begin{pmatrix} a_2 & a_1 \\ a_1 & a_0 \end{pmatrix}$$

$$\begin{pmatrix} a_5 & a_4 \\ a_4 & a_3 \end{pmatrix} = \begin{pmatrix} k & l \\ 1 & 0 \end{pmatrix} \begin{pmatrix} a_4 & a_3 \\ a_3 & a_2 \end{pmatrix} = \begin{pmatrix} k & l \\ 1 & 0 \end{pmatrix}^3 \begin{pmatrix} a_2 & a_1 \\ a_1 & a_0 \end{pmatrix}$$

$$\cdots\cdots$$

となる．よって以下同様に進めば次式が得られる．

$$(1) \qquad \begin{pmatrix} a_n & a_{n-1} \\ a_{n-1} & a_{n-2} \end{pmatrix} = \begin{pmatrix} k & l \\ 1 & 0 \end{pmatrix}^{n-2} \begin{pmatrix} a_2 & a_1 \\ a_1 & a_0 \end{pmatrix}$$

よって行列

$$(2) \qquad \begin{pmatrix} k & l \\ 1 & 0 \end{pmatrix}^{n-2}$$

の形が具体的に求められさえすれば，(1)により a_n も求まることになる．そのため第6章§6に述べたことを用いる．いま行列

$$(3) \qquad A = \begin{pmatrix} k & l \\ 1 & 0 \end{pmatrix}$$

の固有多項式を

$$(4) \qquad f(x) = \begin{vmatrix} x-k & -l \\ -1 & x \end{vmatrix} = x^2-kx-l$$

とし，$f(x)$ の根，すなわち A の固有値を α, β とおく．

（I）　$\alpha \neq \beta$ の場合

α, β に属する固有ベクトルをそれぞれ

$$(5) \qquad \begin{pmatrix} p \\ q \end{pmatrix}, \qquad \begin{pmatrix} r \\ s \end{pmatrix}$$

とし，

$$P=\begin{pmatrix} p & r \\ q & s \end{pmatrix} \tag{6}$$

とおく．すると行列 P の行列式は0ではない(定理6.6.2参照)．よって P は逆行列 P^{-1} をもつ．しかも

$$A\begin{pmatrix} p \\ q \end{pmatrix}=\alpha\begin{pmatrix} p \\ q \end{pmatrix},\quad A\begin{pmatrix} r \\ s \end{pmatrix}=\beta\begin{pmatrix} r \\ s \end{pmatrix}$$

であるから

$$A\begin{pmatrix} p & r \\ q & s \end{pmatrix}=\begin{pmatrix} p & r \\ q & s \end{pmatrix}\begin{pmatrix} \alpha & 0 \\ 0 & \beta \end{pmatrix} \tag{7}$$

が成り立つ．P^{-1} を(7)の両辺に左から掛ければ

$$P^{-1}AP=\begin{pmatrix} \alpha & 0 \\ 0 & \beta \end{pmatrix} \tag{8}$$

を得る．(8)の両辺の2乗，3乗，… を作ると

$$(P^{-1}AP)^2=P^{-1}AP\cdot P^{-1}AP=\begin{pmatrix} \alpha & 0 \\ 0 & \beta \end{pmatrix}\begin{pmatrix} \alpha & 0 \\ 0 & \beta \end{pmatrix}=\begin{pmatrix} \alpha^2 & 0 \\ 0 & \beta^2 \end{pmatrix}$$

$$\therefore\quad P^{-1}A^2P=\begin{pmatrix} \alpha^2 & 0 \\ 0 & \beta^2 \end{pmatrix}$$

$$(P^{-1}AP)^3=P^{-1}AP\cdot P^{-1}A^2P=\begin{pmatrix} \alpha & 0 \\ 0 & \beta \end{pmatrix}\begin{pmatrix} \alpha^2 & 0 \\ 0 & \beta^2 \end{pmatrix}=\begin{pmatrix} \alpha^3 & 0 \\ 0 & \beta^3 \end{pmatrix}$$

$$\therefore\quad P^{-1}A^3P=\begin{pmatrix} \alpha^3 & 0 \\ 0 & \beta^3 \end{pmatrix}$$

以下同様に進行して

$$P^{-1}A^{n-2}P=\begin{pmatrix} \alpha^{n-2} & 0 \\ 0 & \beta^{n-2} \end{pmatrix}$$

$$\therefore\quad A^{n-2}=P\begin{pmatrix} \alpha^{n-2} & 0 \\ 0 & \beta^{n-2} \end{pmatrix}P^{-1} \tag{9}$$

これを(1)に代入して次式を得る．

$$\begin{pmatrix} a_n & a_{n-1} \\ a_{n-1} & a_{n-2} \end{pmatrix}=P\begin{pmatrix} \alpha^{n-2} & 0 \\ 0 & \beta^{n-2} \end{pmatrix}P^{-1}\begin{pmatrix} a_2 & a_1 \\ a_1 & a_0 \end{pmatrix} \tag{10}$$

いま

$$P^{-1}\begin{pmatrix} a_2 & a_1 \\ a_1 & a_0 \end{pmatrix} = \begin{pmatrix} c_1 & c_2 \\ c_3 & c_4 \end{pmatrix}$$

とおけば，(10)は

$$\begin{pmatrix} a_n & a_{n-1} \\ a_{n-1} & a_{n-2} \end{pmatrix} = \begin{pmatrix} p & r \\ q & s \end{pmatrix}\begin{pmatrix} \alpha^{n-2} & 0 \\ 0 & \beta^{n-2} \end{pmatrix}\begin{pmatrix} c_1 & c_2 \\ c_3 & c_4 \end{pmatrix}$$
$$= \begin{pmatrix} p\alpha^{n-2} & r\beta^{n-2} \\ q\alpha^{n-2} & s\beta^{n-2} \end{pmatrix}\begin{pmatrix} c_1 & c_2 \\ c_3 & c_4 \end{pmatrix}$$

よって両辺の(1, 1)成分を比べれば

$$a_n = c_1 p\alpha^{n-2} + c_3 r\beta^{n-2}$$

となる．すなわち a_n の形は $n=3, 4, \cdots$ に対し

$$(11) \qquad a_n = \lambda\alpha^{n-2} + \mu\beta^{n-2} \qquad (\lambda, \mu \text{ は定数})$$

の形となる．さらにこれを書き直して，a_n の形は，$n=0, 1, 2, \cdots$ に対して

$$(12) \qquad a_n = \lambda'\alpha^n + \mu'\beta^n \qquad (\lambda', \mu' \text{ は定数})$$

としてよい．なぜなら根と係数の関係により

$$\alpha+\beta = k, \qquad \alpha\beta = -l$$

である．よって，

$$(13) \qquad \begin{cases} a_0 = \lambda' + \mu' \\ a_1 = \lambda'\alpha + \mu'\beta \end{cases}$$

の解 λ', μ'，すなわち

$$(14) \qquad \lambda' = \frac{a_1 - \beta a_0}{\alpha - \beta}, \qquad \mu' = \frac{a_1 - \alpha a_0}{\beta - \alpha}$$

をとれば，

$$a_2 = ka_1 + la_0 = (\alpha+\beta)(\lambda'\alpha + \mu'\beta) - \alpha\beta(\lambda' + \mu')$$
$$= \lambda'\alpha^2 + \mu'\beta^2$$
$$a_3 = ka_2 + la_1 = (\alpha+\beta)(\lambda'\alpha^2 + \mu'\beta^2) - \alpha\beta(\lambda'\alpha + \mu'\beta)$$

$$= \lambda' \alpha^3 + \mu' \beta^3$$

以下同様にして(12)を得る．以上をまとめて

定理 8.2.1 2項漸化式

$$a_n = ka_{n-1} + la_{n-2} \qquad (n=2, 3, \cdots)$$

を満たす数列 $a_0, a_1, a_2, \cdots$ に対し，もし x の2次方程式(これをこの数列の**固有方程式**という)

$$x^2 - kx - l = 0$$

が相異なる2根 α, β をもてば，一般項 a_n は

$$a_n = \lambda\alpha^n + \mu\beta^n \qquad (n=0, 1, 2, \cdots)$$

で与えられる．ただし，

$$\lambda = \frac{a_1 - \beta a_0}{\alpha - \beta}, \qquad \mu = \frac{a_1 - \alpha a_0}{\beta - \alpha}$$

である．——

（II） $\alpha=\beta$ の場合

(3)より $A \neq \alpha I$ であるから，α に属する固有ベクトル

$$\begin{pmatrix} p \\ q \end{pmatrix}$$

をとり，さらにベクトル $\begin{pmatrix} r \\ s \end{pmatrix}$ を適当にとると

$$P = \begin{pmatrix} p & r \\ q & s \end{pmatrix}$$

は $\det P \neq 0$ を満たし，かつ $A = \begin{pmatrix} k & l \\ 1 & 0 \end{pmatrix}$ は

$$(15) \qquad A\begin{pmatrix} p \\ q \end{pmatrix} = \alpha\begin{pmatrix} p \\ q \end{pmatrix}, \qquad A\begin{pmatrix} r \\ s \end{pmatrix} = \alpha\begin{pmatrix} r \\ s \end{pmatrix} + \begin{pmatrix} p \\ q \end{pmatrix}$$

を満たす(定理6.6.3参照)．よって

$$(16) \qquad \begin{pmatrix} \alpha & 1 \\ 0 & \alpha \end{pmatrix} = Q$$

とおくと，(15)は次のように書ける．

(17) $$AP = PQ$$

よって，$P^{-1}AP=Q$ となるから，(I)と同様に

(18) $$P^{-1}A^{n-2}P = Q^{n-2}$$

を得る．一方，$Q^2, Q^3, \cdots$ を順次計算してみると

$$Q^2 = \begin{pmatrix} \alpha & 1 \\ 0 & \alpha \end{pmatrix}\begin{pmatrix} \alpha & 1 \\ 0 & \alpha \end{pmatrix} = \begin{pmatrix} \alpha^2 & 2\alpha \\ 0 & \alpha^2 \end{pmatrix}$$

$$Q^3 = \begin{pmatrix} \alpha & 1 \\ 0 & \alpha \end{pmatrix}\begin{pmatrix} \alpha^2 & 2\alpha \\ 0 & \alpha^2 \end{pmatrix} = \begin{pmatrix} \alpha^3 & 3\alpha^2 \\ 0 & \alpha^3 \end{pmatrix}$$

$$\cdots\cdots$$

となり，一般に

(19) $$Q^j = \begin{pmatrix} \alpha^j & j\alpha^{j-1} \\ 0 & \alpha^j \end{pmatrix} \qquad (j=1, 2, \cdots)$$

がわかる．よって(18)から

$$A^{n-2} = PQ^{n-2}P^{-1}$$

(20) $$\therefore \begin{pmatrix} a_n & a_{n-1} \\ a_{n-1} & a_{n-2} \end{pmatrix} = \begin{pmatrix} p & r \\ q & s \end{pmatrix}\begin{pmatrix} \alpha^{n-2} & (n-2)\alpha^{n-3} \\ 0 & \alpha^{n-2} \end{pmatrix}P^{-1}\begin{pmatrix} a_2 & a_1 \\ a_1 & a_0 \end{pmatrix}$$

となる．いま

(21) $$P^{-1}\begin{pmatrix} a_2 & a_1 \\ a_1 & a_0 \end{pmatrix} = \begin{pmatrix} c_1 & c_2 \\ c_3 & c_4 \end{pmatrix}$$

とおくと，(20)から

(22) $$\begin{pmatrix} a_n & a_{n-1} \\ a_{n-1} & a_{n-2} \end{pmatrix} = \begin{pmatrix} p & r \\ q & s \end{pmatrix}\begin{pmatrix} \alpha^{n-2} & (n-2)\alpha^{n-3} \\ 0 & \alpha^{n-2} \end{pmatrix}\begin{pmatrix} c_1 & c_2 \\ c_3 & c_4 \end{pmatrix}$$
$$= \begin{pmatrix} p\alpha^{n-2} & (n-2)p\alpha^{n-3}+r\alpha^{n-2} \\ q\alpha^{n-2} & (n-2)q\alpha^{n-3}+s\alpha^{n-2} \end{pmatrix}\begin{pmatrix} c_1 & c_2 \\ c_3 & c_4 \end{pmatrix}$$

となる．(22)の両辺の(1, 1)成分を比べると，

(23)
$$\begin{cases} a_n = \lambda\alpha^{n-2} + \mu(n-2)\alpha^{n-3} & (n=3, 4, \cdots) \\ (\text{ただし } \lambda, \mu \text{ は定数}) \end{cases}$$

の形となる．さらにこれを書き直して，a_n の形は

(24)　$a_n = \lambda'\alpha^n + \mu' n\alpha^{n-1}$　　$(n=0, 1, \cdots)$；λ', μ' は定数

としてよい．なぜなら根と係数の関係により

$$2\alpha = k, \quad -\alpha^2 = l$$

である．よって

(25)
$$\begin{cases} a_0 = \lambda' \\ a_1 = \lambda'\alpha + \mu' \end{cases}$$

で λ', μ' を定めると

$$\begin{aligned} a_2 = ka_1 + la_0 &= 2\alpha(\lambda'\alpha + \mu') - \alpha^2\lambda' \\ &= \lambda'\alpha^2 + 2\mu'\alpha \\ a_3 = ka_2 + la_1 &= 2\alpha(\lambda'\alpha^2 + 2\mu'\alpha) - \alpha^2(\lambda'\alpha + \mu') \\ &= \lambda'\alpha^3 + 3\mu'\alpha^2 \end{aligned}$$

となる．一般に $j=0, 1, 2, \cdots, n$ に対して

(26)
$$a_j = \lambda'\alpha^j + j\alpha^{j-1}\mu'$$

がわかったとすれば

(27)
$$\begin{aligned} a_{n+1} &= ka_n + la_{n-1} \\ &= 2\alpha(\lambda'\alpha^n + n\alpha^{n-1}\mu') - \alpha^2(\lambda'\alpha^{n-1} + (n-1)\alpha^{n-2}\mu') \\ &= \lambda'\alpha^{n+1} + (n+1)\alpha^n\mu' \end{aligned}$$

となり，$j=n+1$ でも(26)の成り立つことがわかる．これで(24)が得られた．以上をまとめると次の定理になる．

定理 8.2.2　2項漸化式

$$a_n = ka_{n-1} + la_{n-2} \qquad (n=2, 3, \cdots)$$

を満たす数列 $a_0, a_1, a_2, \cdots$ に対して，もしこの数列の固有方程式

$$x^2 - kx - l = 0$$

が等根 α をもてば，一般項 a_n は

$$a_n = \lambda\alpha^n + \mu n\alpha^{n-1} \qquad (n=0, 1, \cdots)$$

で与えられる．ただし

$$\lambda = a_0$$

$$\mu = a_1 - \alpha a_0$$

である．——

例1　フィボナッチ数列の一般項(**ビネ(Binet)の公式**)：固有方程式

$$x^2 - x - 1 = 0$$

の2根は

$$\alpha = \frac{1+\sqrt{5}}{2}, \qquad \beta = \frac{1-\sqrt{5}}{2}$$

である．($\alpha=1.61803\cdots$ は**黄金比**と呼ばれている.)　一般項 F_n は

$$F_n = \lambda\alpha^n + \mu\beta^n$$

の形である．定数 λ, μ は

$$\begin{cases} 0 = F_0 = \lambda + \mu \\ 1 = F_1 = \lambda\alpha + \mu\beta \end{cases}$$

から定めればよい．これを解くと

$$\lambda = \frac{1}{\alpha-\beta} = \frac{1}{\sqrt{5}}, \qquad \mu = \frac{1}{\beta-\alpha} = \frac{-1}{\sqrt{5}}$$

よって一般項は

$$F_n = \frac{1}{\sqrt{5}}\left\{\left(\frac{1+\sqrt{5}}{2}\right)^n - \left(\frac{1-\sqrt{5}}{2}\right)^n\right\} \qquad (n=0, 1, 2, \cdots)$$

で与えられる．これを**ビネの公式**という．

例2　数列 $a_n=6a_{n-1}-9a_{n-2}$, $(a_0=1, a_1=8)$ の一般項を求めよう．固有方程式は

$$x^2 - 6x + 9 = 0$$

となり，等根 $\alpha=3$ をもつ．よって一般項 a_n は

$$a_n = \lambda 3^n + n\mu 3^{n-1} \qquad (\lambda, \mu \text{ は定数})$$

の形である．$n=0,1$ として

$$1 = \lambda$$

$$8 = 3\lambda + \mu, \qquad \therefore \quad \mu = 5$$

よって一般項は次式で与えられる．

$$a_n = 3^n + 5n3^{n-1} \qquad (n=0,1,2,\cdots)$$

問1　$2a_{n+2} - 5a_{n+1} + 2a_n = 0 \quad (a_0=1,\ a_1=2)$

で定義される数列 $\{a_n\}$ の一般項を求めよ．

問2　$\begin{aligned} x_{n+1} &= 3x_n + 2y_n \\ y_{n+1} &= x_n + 2y_n \end{aligned} \qquad (x_0=y_0=1)$

で定義される数列 $\{x_n\}, \{y_n\}$ の一般項を求めよ．

問3　$\begin{aligned} x_{n+1} &= 5x_n + y_n - 6 \\ y_{n+1} &= -6x_n + 8 \end{aligned} \qquad (x_0=0,\ y_0=1)$

で定義される数列 $\{x_n\}, \{y_n\}$ の一般項を求めよ．

§3　チェビシェフ多項式の根の公式

§1の例2で述べたチェビシェフ多項式 $f_n(x)$ の根を求めよう．2項漸化式を行列形に直すと

$$\begin{pmatrix} f_n & f_{n-1} \\ f_{n-1} & f_{n-2} \end{pmatrix} = \begin{pmatrix} f_{n-1} & f_{n-2} \\ f_{n-2} & f_{n-3} \end{pmatrix} \begin{pmatrix} x & 1 \\ -1 & 0 \end{pmatrix} \qquad (n=3,4,\cdots)$$

である．漸化式

(1)　$$f_n = xf_{n-1} - f_{n-2}$$

をもつ多項式列 $\{f_n\}$ を，数列の場合と同様な考察法で扱う．いま

(2)　$$x = 2\cos\theta$$

とおいて，多項式列 $\{f_n\}$ の固有方程式

(3)　$$t^2 - (2\cos\theta)t + 1 = 0$$

を作ると，その根 α, β は

(4) $\alpha = \dfrac{2\cos\theta + \sqrt{4\cos^2\theta - 4}}{2}, \quad \beta = \dfrac{2\cos\theta - \sqrt{4\cos^2\theta - 4}}{2}$

となる．すなわちオイラー(Euler)の公式 $e^{i\theta} = \cos\theta + i\sin\theta$(本シリーズの片山孝次氏の“複素数の幾何学”参照)を用いて

(5) $\alpha = \cos\theta + i\sin\theta = e^{i\theta}, \quad \beta = \cos\theta - i\sin\theta = e^{-i\theta}$

となる．よって数列の場合(定理 8. 2. 1)と同様に

(6) $f_n = \lambda\alpha^n + \mu\beta^n \qquad (n=0, 1, 2, \cdots)$; λ, μ は定数

となる．(6)で $n=0, 1$ として

$$\begin{cases} 0 = \lambda + \mu \\ 1 = \lambda\alpha + \mu\beta \end{cases}$$

$$\therefore \quad \lambda = \frac{1}{\alpha - \beta}, \quad \mu = \frac{1}{\beta - \alpha}$$

しかし

$$\alpha - \beta = e^{i\theta} - e^{-i\theta} = 2i\sin\theta$$

であるから，(6)より($\alpha^n = e^{in\theta}$ と $\beta^n = e^{-in\theta}$ とを用いて)

(7) $f_n(2\cos\theta) = \dfrac{e^{in\theta} - e^{-in\theta}}{2i\sin\theta} = \dfrac{2i\sin n\theta}{2i\sin\theta} = \dfrac{\sin n\theta}{\sin\theta}$

となる．よって $\sin\theta \neq 0$ であり，かつ

(8) $\sin n\theta = 0$

を満たす θ を用いて $x = 2\cos\theta$ を作れば，これが $f_n(x) = 0$ の根となる．さて

$$\begin{cases} \sin n\theta = 0 \iff n\theta = \pi j \quad (j \text{ は整数}) \\ \sin\theta \neq 0 \iff \theta \text{ は } k\pi\,(k \text{ は整数}) \text{ の形ではない} \end{cases}$$

であるから，

$$\theta = \frac{\pi}{n} j \qquad (j \text{ は整数，かつ } n \text{ の倍数ではない})$$

を満たす θ に対して，$2\cos\theta$ が $f_n(x) = 0$ の根になる．よって，相

異なる $n-1$ 個の値

$$(9) \qquad 2\cos\frac{\pi}{n},\ 2\cos\frac{2\pi}{n},\ 2\cos\frac{3\pi}{n},\ \cdots,\ 2\cos\frac{(n-1)\pi}{n}$$

が $f_n(x)=0$ の根となる．さて $f_n(x)$ は x の $n-1$ 次の多項式であるから，$f_n(x)$ は高々 $n-1$ 個の根しかもたない．よって，(9)が $f_n(x)$ の根のすべてを与える．よって

定理 8.3.1　チェビシェフ多項式列 $f_n(x)$ を

$$\begin{cases} f_0(x)=0, \quad f_1(x)=1, \\ f_n(x)=xf_{n-1}(x)-f_{n-2}(x) \quad (n=2,3,\cdots) \end{cases}$$

で定めれば，$n \geqq 2$ のとき $f_n(x)$ は $n-1$ 個の相異なる根をもつ．それらは

$$2\cos\frac{\pi}{n},\ 2\cos\frac{2\pi}{n},\ 2\cos\frac{3\pi}{n},\ \cdots,\ 2\cos\frac{(n-1)\pi}{n}$$

である．——

例 1　$f_2(x)=x$,　根　$2\cos\dfrac{\pi}{2}=0$

$f_3(x)=x^2-1$,　根　$2\cos\dfrac{\pi}{3}=1$,　$2\cos\dfrac{2\pi}{3}=-1$

$f_4(x)=x^3-2x$,

根　$2\cos\dfrac{\pi}{4}=\sqrt{2}$,　$2\cos\dfrac{2\pi}{4}=0$,　$2\cos\dfrac{3\pi}{4}=-\sqrt{2}$

$f_5(x)=x^4-3x^2+1$,

根　$2\cos\dfrac{\pi}{5}=\dfrac{1+\sqrt{5}}{2}$,　$2\cos\dfrac{2\pi}{5}=\dfrac{-1+\sqrt{5}}{2}$

$2\cos\dfrac{3\pi}{5}=\dfrac{1-\sqrt{5}}{2}$,　$2\cos\dfrac{4\pi}{5}=\dfrac{-1-\sqrt{5}}{2}$

注意　$f_5(x)=(x^2+x-1)(x^2-x-1)$

問 1　$f_n(x)$ をチェビシェフ多項式とするとき

$$\left(x-\frac{1}{x}\right)f_n\left(x+\frac{1}{x}\right)=x^n-\frac{1}{x^n}$$

なることを示せ.

§4　mod k, mod $f(x)$ の行列合同式

すべての成分が整数であるような $m\times n$ 型の行列の全体のなす集合を $M_{m,n}(\boldsymbol{Z})$ と書く. $M_{m,m}(\boldsymbol{Z})$ は単に $M_m(\boldsymbol{Z})$ と書く. ($\boldsymbol{Z}$ は整数の全体のなす集合を表わす: $\boldsymbol{Z}=\{0, \pm 1, \pm 2, \cdots\}$.) $A\in M_{m,n}(\boldsymbol{Z})$ と $B\in M_{m,n}(\boldsymbol{Z})$ および整数 k が与えられているとし,

$$A=(a_{ij}),\qquad B=(b_{ij}) \tag{1}$$

とする. $a_{ij}-b_{ij}$ が k の倍数であるとき,

$$a_{ij}\equiv b_{ij}\pmod{k} \tag{2}$$

と書く. (2)がすべての $i=1, 2, \cdots, m$ とすべての $j=1, 2, \cdots, n$ に対して成り立つとき, (1)の行列 A と B とは **k を法として**(あるいは **mod k で**) **合同である**といい, これを

$$A\equiv B\pmod{k} \tag{3}$$

と書く. (3)を行列に対する **mod k の合同式**という. 合同式の場合にも行列等式と同様な性質が成り立つ. (証明はやさしいから読者自らチェックされたい.) 例えば

(イ)　$A\equiv B\pmod{k}$ なら任意の整数 l に対して

$$lA\equiv lB\pmod{k}$$

(ロ)　さらに $C\in M_{n,p}(\boldsymbol{Z})$, $D\in M_{n,p}(\boldsymbol{Z})$ が $C\equiv D\pmod{k}$ を満たせば

$$AC\equiv BD\pmod{k}$$

(ハ)　特に $A\in M_n(\boldsymbol{Z})$, $B\in M_n(\boldsymbol{Z})$ が $A\equiv B\pmod{k}$ を満たせば,

(ロ)を繰り返し用いて

$$A^j \equiv B^j \pmod{k} \qquad (j=1, 2, 3, \cdots)$$

が成り立つ．また整係数多項式 $\psi(t)=\alpha_0 t^r+\alpha_1 t^{r-1}+\cdots+\alpha_r$ に対して(ψ はプサイと読む)

$$\psi(A) = \alpha_0 A^r + \alpha_1 A^{r-1} + \cdots + \alpha_r I_n$$
$$\psi(B) = \alpha_0 B^r + \alpha_1 B^{r-1} + \cdots + \alpha_r I_n$$

とおけば

$$\psi(A) \equiv \psi(B) \pmod{k}$$

が成り立つ．

全く同様の記法を，x を変数とする複素係数の多項式を成分とする $m\times n$ 型の行列についても使用することがある．そのような行列の全体を $M_{m,n}(\boldsymbol{C}[x])$ と書く．$M_{m,m}(\boldsymbol{C}[x])$ は単に $M_m(\boldsymbol{C}[x])$ と書く．($\boldsymbol{C}[x]$ は x の複素係数の多項式の全体のなす集合を表わす.) $A\in M_{m,n}(\boldsymbol{C}[x])$ と $B\in M_{m,n}(\boldsymbol{C}[x])$ および多項式 $f(x)\in \boldsymbol{C}[x]$ が与えられているとし，

$$A = (g_{ij}(x)), \qquad B = (h_{ij}(x)) \tag{4}$$

とする．$g_{ij}(x)-h_{ij}(x)$ が $f(x)$ で割り切れるとき

$$g_{ij}(x) \equiv h_{ij}(x) \pmod{f(x)} \tag{5}$$

と書く．(5)がすべての $i=1, 2, \cdots, m$ とすべての $j=1, 2, \cdots, n$ に対して成り立つとき，(4)の行列 A と B とは $\boldsymbol{f(x)}$ **を法として**(あるいは $\mathbf{mod}\, \boldsymbol{f(x)}$ **で**)**合同である**といい，これを

$$A \equiv B \pmod{f(x)} \tag{6}$$

と書く．(6)を行列に対する $\mathbf{mod}\, \boldsymbol{f(x)}$ **の合同式**という．これについても mod k の場合と同様な性質(イ)，(ロ)，(ハ)が成り立つ．ただし(ハ)では $\psi(t)$ の係数 $\alpha_0, \alpha_1, \cdots$ は複素数でよい．

§5　フィボナッチ数列の性質(そのI：約数・倍数関係)

§2(1)に述べたように，フィボナッチ数列 $F_0, F_1, F_2, \cdots$ は

(1)
$$\begin{pmatrix} F_{n+1} & F_n \\ F_n & F_{n-1} \end{pmatrix} = \begin{pmatrix} 1 & 1 \\ 1 & 0 \end{pmatrix}^{n-1} \begin{pmatrix} F_2 & F_1 \\ F_1 & F_0 \end{pmatrix}$$

を満たす．しかし

(2)
$$\begin{pmatrix} F_2 & F_1 \\ F_1 & F_0 \end{pmatrix} = \begin{pmatrix} 1 & 1 \\ 1 & 0 \end{pmatrix}$$

であるから，(1)より

(3)
$$\begin{pmatrix} F_{n+1} & F_n \\ F_n & F_{n-1} \end{pmatrix} = \begin{pmatrix} 1 & 1 \\ 1 & 0 \end{pmatrix}^n$$

を得る．両辺の行列式をとると

(4)
$$F_{n+1}F_{n-1} - F_n^{\ 2} = (-1)^n$$

を得る．

さて，負の整数 j に対しても F_j を定義して，すべての整数 j に対して，

(5)
$$F_j = F_{j-1} + F_{j-2}$$

が成り立つようにしよう．それには

$$F_{-1} = F_1 - F_0 = 1$$
$$F_{-2} = F_0 - F_{-1} = -1$$
$$F_{-3} = F_{-1} - F_{-2} = 2$$
$$F_{-4} = F_{-2} - F_{-3} = -3$$
$$\cdots\cdots$$

とおけばよい．これから暗示されるように $j>0$ に対して

$$\begin{cases} j\text{ が奇数なら} & F_{-j} = F_j \\ j\text{ が偶数なら} & F_{-j} = -F_j \end{cases}$$

とおく．すなわち

(6)
$$F_{-j} = (-1)^{j+1} F_j \qquad (j=1, 2, \cdots)$$

とおく．すると $j \geqq 2$ が奇数のときは

$$
\begin{aligned}
F_{-j} &= F_j = F_{j-1} + F_{j-2} \\
&= -F_{-(j-1)} + F_{-(j-2)} = F_{-j+2} - F_{-j+1}
\end{aligned}
$$

$$
\therefore \quad F_{-j+2} = F_{-j+1} + F_{-j}
$$

となり，(5)に当る式が成り立つ．$j \geqq 2$ が偶数のときにも同様にして(5)に当る式が確かめられる．$j=1$ のときの $F_{-1}+F_0=F_1$ はすでに確かめてあるから，これですべての整数 j に対し(5)の成立がわかった．$j \leqq 0$ のときでも(5)から

$$
\begin{pmatrix} F_j & F_{j-1} \\ F_{j-1} & F_{j-2} \end{pmatrix} = \begin{pmatrix} 1 & 1 \\ 1 & 0 \end{pmatrix} \begin{pmatrix} F_{j-1} & F_{j-2} \\ F_{j-2} & F_{j-3} \end{pmatrix}
$$

となる．よって $j=1, 0, -1, -2, \cdots$ として

$$
\begin{pmatrix} 1 & 0 \\ 0 & 1 \end{pmatrix} = \begin{pmatrix} 1 & 1 \\ 1 & 0 \end{pmatrix} \begin{pmatrix} F_0 & F_{-1} \\ F_{-1} & F_{-2} \end{pmatrix},
$$

$$
\begin{pmatrix} F_0 & F_{-1} \\ F_{-1} & F_{-2} \end{pmatrix} = \begin{pmatrix} 1 & 1 \\ 1 & 0 \end{pmatrix} \begin{pmatrix} F_{-1} & F_{-2} \\ F_{-2} & F_{-3} \end{pmatrix},
$$

$$
\begin{pmatrix} F_{-1} & F_{-2} \\ F_{-2} & F_{-3} \end{pmatrix} = \begin{pmatrix} 1 & 1 \\ 1 & 0 \end{pmatrix} \begin{pmatrix} F_{-2} & F_{-3} \\ F_{-3} & F_{-4} \end{pmatrix},
$$

$$
\cdots\cdots
$$

を得る．よって，

$$
\begin{pmatrix} F_0 & F_{-1} \\ F_{-1} & F_{-2} \end{pmatrix} = \begin{pmatrix} 1 & 1 \\ 1 & 0 \end{pmatrix}^{-1}, \quad \begin{pmatrix} F_{-1} & F_{-2} \\ F_{-2} & F_{-3} \end{pmatrix} = \begin{pmatrix} 1 & 1 \\ 1 & 0 \end{pmatrix}^{-2}, \quad \cdots
$$

となる．すなわち任意の整数 j に対して

$$
(7) \qquad \begin{pmatrix} F_{j+1} & F_j \\ F_j & F_{j-1} \end{pmatrix} = \begin{pmatrix} 1 & 1 \\ 1 & 0 \end{pmatrix}^j
$$

が成り立つ．ただし

$$
(8) \qquad \begin{pmatrix} 1 & 1 \\ 1 & 0 \end{pmatrix}^0 = I_2 = \begin{pmatrix} 1 & 0 \\ 0 & 1 \end{pmatrix}
$$

とおく．(自然数 k に対し，行列 A の $(-k)$ 乗とは，A^{-1} の k 乗の

意味である.)

さて，フィボナッチ数のもつ有名な性質の第1として次の定理がある.

定理 8.5.1　m が n の倍数ならば F_m は F_n の倍数である.

証明　$m=nk$ とおくと(7)より

$$\begin{pmatrix} F_{m+1} & F_m \\ F_m & F_{m-1} \end{pmatrix} = \begin{pmatrix} 1 & 1 \\ 1 & 0 \end{pmatrix}^m = \begin{pmatrix} 1 & 1 \\ 1 & 0 \end{pmatrix}^{nk} = \begin{pmatrix} F_{n+1} & F_n \\ F_n & F_{n-1} \end{pmatrix}^k$$

である. この行列等式の成分はすべて整数だから，両辺を $\bmod F_n$ での行列合同式にしても成り立つ(§4参照).

$$\begin{pmatrix} F_{m+1} & F_m \\ F_m & F_{m-1} \end{pmatrix} \equiv \begin{pmatrix} F_{n+1} & 0 \\ 0 & F_{n-1} \end{pmatrix}^k = \begin{pmatrix} {F_{n+1}}^k & 0 \\ 0 & {F_{n-1}}^k \end{pmatrix} \pmod{F_n}$$

よって，$F_m \equiv 0 \pmod{F_n}$ を得る. すなわち F_m は F_n の倍数である. ▌ (6)により m, n は同符号としてよい

系 8.5.2　$F_{nk+1} \equiv {F_{n+1}}^k, \quad F_{nk-1} \equiv {F_{n-1}}^k \pmod{F_n}$

この証明は定理 8.5.1 の証明中の式に含まれている.

定理 8.5.3　整数 m, n の最大公約数を $d=(m, n)$ とすれば，$F_d=(F_m, F_n)$ である.

証明　m, n はいずれも d の倍数であるから，F_m, F_n はいずれも F_d の倍数である(∵ 定理 8.5.1). よって，F_m と F_n の最大公約数 (F_m, F_n) を g とおけば，g も F_d の倍数である. あとは g が F_d の約数であることを示せばよい. さて，ユークリッドの互除法により，整数 a, b を適当にとれば $am+bn=d$ となる. よって，

$$\begin{pmatrix} 1 & 1 \\ 1 & 0 \end{pmatrix}^d = \begin{pmatrix} 1 & 1 \\ 1 & 0 \end{pmatrix}^{am} \begin{pmatrix} 1 & 1 \\ 1 & 0 \end{pmatrix}^{bn}$$

$$\therefore \quad \begin{pmatrix} F_{d+1} & F_d \\ F_d & F_{d-1} \end{pmatrix} = \begin{pmatrix} F_{am+1} & F_{am} \\ F_{am} & F_{am-1} \end{pmatrix} \begin{pmatrix} F_{bn+1} & F_{bn} \\ F_{bn} & F_{bn-1} \end{pmatrix}$$

両辺の(1, 2)成分を比べれば

$$(*)\qquad F_d = F_{am+1}F_{bn} + F_{am}F_{bn-1}$$

となる．g は F_n の約数，F_n は F_{bn} の約数だから，g は F_{bn} の約数である．同様に g は F_{am} の約数である．したがって(＊)により g は F_d の約数となる．▌

系 8.5.4　隣接するフィボナッチ数 F_j, F_{j+1} は互いに素である(すなわち，$(F_j, F_{j+1})=1$)．

証明　$(j, j+1)=1$ であるから，$(F_j, F_{j+1})=F_1=1$．▌

さて定理 8.5.1 の逆が成り立つか否かを考えてみよう．$F_2=1$ だから，どの F_m も F_2 の倍数である．m が奇数の時を考えれば，定理 8.5.1 の逆は無条件では成り立たないことがわかる．しかし，次の形でなら，弱い意味での逆が成り立つのである．

定理 8.5.5　自然数 m, n が $3 \leqq n \leqq m$ を満たすとする．もし F_m が F_n の倍数ならば，m は n の倍数である．

証明　$(m, n)=d>0$ とおくと，$F_d=(F_m, F_n)$ であった(定理 8.5.3)から，$F_d=F_n$ が成り立つ．さて条件 $3 \leqq n \leqq m$ より，$F_3 \leqq F_n \leqq F_m$ である．(これはフィボナッチ数列の作り方からわかる：$F_1=F_2<F_3<F_4<F_5<\cdots$ である.) また $d \leqq n$ より $F_d \leqq F_n$ である．ところが上記より $F_d=F_n$ で，しかも $3 \leqq n$ だから，$d=n$ とならざるを得ない．よって n は m の約数となる．▌

例 1　$F_3=2$ より，F_n が偶数 $\Leftrightarrow$ n が 3 の倍数

$F_4=3$ より，F_n が 3 の倍数 $\Leftrightarrow$ n が 4 の倍数

$F_5=5$ より，F_n が 5 の倍数 $\Leftrightarrow$ n が 5 の倍数

実は次の事実も成り立つ．(証明は本書の程度を越えるので省く.)

定理 8.5.6　(i)　素数 p を 5 で割った余りが 1 または 4 ならば，F_{p-1} が p の倍数となる．

(ii)　素数 p を 5 で割った余りが 2 または 3 ならば，F_{p+1} が p の倍数となる．

例2　$p=11$，$F_{10}=55$ は 11 の倍数
　$p=13$，$F_{14}=377$ は 13 の倍数

§6　フィボナッチ数列の性質(そのII: 或るゲームと関連して)

いま次のような石取りゲーム(**2倍取りゲーム**と呼ばれる)を考える．(R. E. Gaskel-M. J. Whinihan, Fibonacci Quat. 1(1963年12月号)による.)

テーブルの上に n 個の碁石をおく(n は自然数)．そして甲，乙2人が次の規則に従ってゲームをする．

[ルール1]　甲，乙交互に机上の碁石を何個か取り除く．

[ルール2]　パスは許されない．(すなわち自分の手番では少なくとも1個の碁石を取り除かねばならない.)

[ルール3]　先手(第1着手者)の甲は n 個の碁石全部を取り除くことは許されない．しかし1個以上，$(n-1)$ 個以下なら幾つ取り除いてもよい．

[ルール4]　自分の手番で取り除ける碁石の数 j は，その直前に相手が取り除いた碁石の数 k の2倍以下なら幾つでもよい．すなわち $1\leqq j\leqq 2k$ なる任意の自然数 j が取り除ける個数である．

[ルール5]　上記ルールのもとで，自分の手番でテーブル上のすべての碁石を取り除いた者を勝者とする．ただし $n=1$ の時は取り除ける碁石がない先手番になった者を負けとする．

(ルール4で，j と k の関係を $1\leqq j\leqq 3k$ に直し，他のルールはそのままとした場合には，**3倍取りゲーム**と呼ばれる．一般に $\lambda\geqq 1$ を満たす実数 λ を1つ定め，ルール4で j と k の関係を

$$1\leqq j\leqq \lambda k$$

に直し，他はそのままとした場合には **λ 倍取りゲーム**と呼ばれる.)

さて，2倍取りゲームで，初めに与えられる碁石の数 n を見て，

先手をもつべきか，後手をもつべきかを判定するにはどうしたらよいか？　そしてまた先手の時には幾つ取り除けばよいか？――これらがこのゲームを戦うに当ってマスターすべき必須事項である．以下これについて述べよう．

まず $n=1,2,3,4,5,6$ について若干の実験を試みよう．

$n=1$ の時．先手必敗(∵ ルール5)．後手必勝．

$n=2$ の時．先手必敗．なぜなら先手は1個取り除くしかないが，後手は次に1個取って勝つ．

$n=3$ の時．先手必敗．なぜなら先手が1個取れば後手は2個取り除いて勝つ．先手が2個取れば，後手は1個取り除いて勝つ．

$n=4$ の時．先手必勝．先手甲は1個取り除く．後手乙はすると1個または2個取り除くことになるが……

後手乙が1個取れば甲は2個取る．

後手乙が2個取れば甲は1個取る．

これで乙はどうやっても負けとなる．

$n=5$ の時．後手必勝．そのパターンは次の通り：

甲が1個取る ⟶ 乙は1個取って3個残す ⟶ 乙が必勝．

甲が2個取る ⟶ 乙は3個取って残り0：乙勝ち．

甲が3個取る ⟶ 乙は2個取って残り0：乙勝ち．

甲が4個取る ⟶ 乙は1個取って残り0：乙勝ち．

$n=6$ の時．先手必勝．先手甲は1個取る．次のパターンは

乙が1個取れば ⟶ 甲も1個取り3個残す．⟶ 甲が必勝．

乙が2個取れば ⟶ 甲は3個取って残り0．甲勝ち．

これで $1 \leqq n \leqq 6$ の時，後手必勝となる n は

$$n = 1, 2, 3, 5$$

であることが実験的にわかった．これらはいずれもフィボナッチ数である．実はnがフィボナッチ数列 $F_1, F_2, F_3, \cdots$ 中のどれかと一

致すれば2倍取りゲームは後手必勝となり，そうでなければ先手必勝となるのである．これを以下に示そう．そのためにまず自然数nのフィボナッチ分解なるものについて述べよう．

定理 8.6.1　任意の自然数nに対して，

$$F_j \leqq n \quad かつ \quad j \geqq 2$$

なる最大のフィボナッチ数F_jを$F_j=S(n)$と表わすことにする．すると，任意の自然数nに対して

$$\text{(i)} \qquad (*) \quad \begin{cases} n = F_{j(1)}+F_{j(2)}+\cdots+F_{j(r)} \quad かつ \\ j(1)-j(2) \geqq 2,\ j(2)-j(3) \geqq 2,\ \cdots, \\ \qquad\qquad j(r-1)-j(r) \geqq 2,\ j(r) \geqq 2 \end{cases}$$

を満たす自然数$j(1), j(2), \cdots, j(r)$が存在する．

(ii)　上の$j(1), j(2), \cdots, j(r)$はただ1組しかない．そしてそれらは次の規則

$$(**) \quad \begin{cases} F_{j(1)} = S(n),\ F_{j(2)} = S(n-F_{j(1)}), \\ F_{j(3)} = S(n-F_{j(1)}-F_{j(2)}), \cdots, \\ \qquad F_{j(r)} = S(n-F_{j(1)}-F_{j(2)}-\cdots-F_{j(r-1)}) \end{cases}$$

によって与えられる．このようにして，nをフィボナッチ数の**非隣接和の形**$(*)$として表わすことをnの**フィボナッチ分解**と呼び，rをその**長さ**と呼ぶ．

証明の前にフィボナッチ分解の例を少し挙げておこう．

$1 = F_2$　　$5 = F_5$　　$9 = F_6+F_2$　　$13 = F_7$

$2 = F_3$　　$6 = F_5+F_2$　　$10 = F_6+F_3$　　$14 = F_7+F_2$

$3 = F_4$　　$7 = F_5+F_3$　　$11 = F_6+F_4$　　$15 = F_7+F_3$

$4 = F_4+F_2$　　$8 = F_6$　　$12 = F_6+F_4+F_2$　　$16 = F_7+F_4$

さて，フィボナッチ分解の存在証明をしよう．$S(n)=F_{j(1)}$から始めて，$(**)$の方法で逐次$j(2), j(3), \cdots$を作り，$n-F_{j(1)}-F_{j(2)}-\cdots-F_{j(r-1)}$が初めてフィボナッチ数$F_{j(r)}$(ここで$j(r)\geqq 2$とし

てよいことは明らかであろう：$F_1=F_2=1$ であるから）になったところで止める．すると

$$n = F_{j(1)}+F_{j(2)}+\cdots+F_{j(r)}$$

となる．よって

$$j(1)-j(2) \geqq 2,\ j(2)-j(3) \geqq 2,\ \cdots,\ j(r-1)-j(r) \geqq 2$$

を示そう．$m=n-F_{j(1)}$ とおくと，$F_{j(2)}=S(m)$ だから

$$F_{j(2)} \leqq m < n$$

よって，$S(n)=F_{j(1)}$ の定義の仕方を思い出せば

$$F_{j(2)} \leqq F_{j(1)} \qquad \therefore\quad j(2) \leqq j(1)$$

よって，$j(1)-j(2)\geqq 2$ を示すには，$j(1)-j(2)$ が 0 か 1 なら矛盾が生ずることをいえばよい．

$j(1)=j(2)$ と仮定した場合

$$n-F_{j(1)} = m \geqq F_{j(2)} = F_{j(1)}$$

$$\therefore\quad n \geqq F_{j(1)}+F_{j(1)} \geqq F_{j(1)}+F_{j(1)-1} = F_{j(1)+1}, \qquad \therefore\quad n \geqq F_{j(1)+1}$$

となる．ところが $j(1)\geqq 2$ であるから，$F_{j(1)+1}>F_{j(1)}$．これは $F_{j(1)}$ が n 以下の最大のフィボナッチ数であることに反する．

$j(1)=j(2)+1$ と仮定した場合

$$m = n-F_{j(1)} = n-F_{j(2)+1} \geqq F_{j(2)}$$

$$\therefore\quad n \geqq F_{j(1)}+F_{j(2)} = F_{j(2)+1}+F_{j(2)} = F_{j(2)+2} = F_{j(1)+1}$$

これと $F_{j(1)+1}>F_{j(1)}$ ($\because\ j(1)\geqq 2$) とから再び $F_{j(1)}=S(n)$ とおいたことに反する事実 $n\geqq F_{j(1)+1}$ が生じた．

以上で $j(1)-j(2)\geqq 2$ がわかった．$j(3)$ 以下に対しても $m=n-F_{j(1)}$，$F_{j(2)}=S(m)$，$F_{j(3)}=S(m-F_{j(2)})$ であるから，“n から生ずる $j(1), j(2)$ の代りに，m から同様な方法で $j(2), j(3)$ が生じている”ことに着目すれば，上と同じ理由で $j(2)-j(3)\geqq 2$ が出る．以下同様に進行すれば，最後に $n-F_{j(1)}-F_{j(2)}-\cdots-F_{j(r-1)}$ がフ

ィボナッチ数 $F_{j(r)}$, $j(r) \geqq 2$ となり，目的であったフィボナッチ分解(*)に達する．

次にフィボナッチ分解(*)がただ1通りであることを示そう．それには(*)を満す n の分解が(**)のようにして得られるものに限る——ということをいえばよい．それには，$F_{j(1)}=S(n)$ を示せばよい．それが示されれば $m=n-F_{j(1)}$ のフィボナッチ分解 $m=F_{j(2)}+\cdots+F_{j(r)}$ についても $F_{j(2)}=S(m)$ となり，以下同様に(**)の形に達するからである．条件(*)より $F_{j(1)} \leqq n$ となるから，$F_{j(1)}=S(n)$ を示すには，$F_{j(1)}<S(n)$ として矛盾を導けばよい．すると $S(n)=F_i$ とおくと，$F_{j(1)}<F_i \leqq n$ となる．しかしフィボナッチ数列の漸化式により，

$$
\begin{aligned}
(1) \qquad F_i &= F_{i-1}+F_{i-2} \\
&= F_{i-1}+F_{i-3}+F_{i-4} \\
&= F_{i-1}+F_{i-3}+F_{i-5}+F_{i-6} \\
&\cdots\cdots
\end{aligned}
$$

と分解される．これはフィボナッチ分解とよく似た形であるが，フィボナッチ分解ではない．最後の2項の番号が隣接しているからである．結局 i が奇数か偶数かにより，F_i の分解は次のようになる．

$$
\begin{cases}
i \text{ が奇数なら} \quad F_i = F_{i-1}+F_{i-3}+F_{i-5}+\cdots+F_2+F_1 \\
\qquad\qquad\qquad\qquad \left(\left[\dfrac{i}{2}\right]+1 \text{ 個の和}\right) \\
i \text{ が偶数なら} \quad F_i = F_{i-1}+F_{i-3}+F_{i-5}+\cdots+F_3+F_2 \\
\qquad\qquad\qquad\qquad \left(\dfrac{i}{2} \text{ 個の和}\right)
\end{cases}
$$

さて，(*)より

$$
j(2) \leqq j(1)-2, \quad j(3) \leqq j(1)-4, \quad \cdots, \quad j(r) \leqq j(1)-2(r-1)
$$

よって $2 \leqq j(r)$ より，$2r \leqq j(1) < i$, $\therefore\ r<\dfrac{i}{2}$, $\therefore\ r \leqq \left[\dfrac{i}{2}\right]$. しかも

$$
(☆)\quad \begin{cases} F_{i-1} \geqq F_{j(1)} & (\because\ i-1 \geqq j(1)) \\ F_{i-3} \geqq F_{j(2)} & (\because\ i-3 \geqq j(1)-2 \geqq j(2)) \\ \qquad \cdots\cdots \\ F_{i-(2r-1)} \geqq F_{j(r)} & (\because\ i-(2r-1) \geqq j(1)-2(r-1) \geqq j(r)) \end{cases}
$$

よって(☆)を辺々加えると，i が奇数のときには

$$n \geqq F_i > F_{i-1}+F_{i-3}+\cdots+F_{i-(2r-1)} \geqq F_{j(1)}+\cdots+F_{j(r)} = n$$

となって矛盾である．i が偶数のときも

$$n \geqq F_i \geqq F_{i-1}+F_{i-3}+\cdots+F_{i-(2r-1)} \geqq F_{j(1)}+\cdots+F_{j(r)} = n$$

よって，(☆)より $j(1)=i-1$，$j(2)=i-3$，…，$j(r-1)=3$，$j(r)=2$ を得るが，これは $j(r-1)-j(r) \geqq 2$ に反し，矛盾である．これで $S(n)=F_{j(1)}$ が示されたから，(**)が成立して，フィボナッチ分解は(**)に限ることが示された．▮

ここでゲームの必勝法を述べやすくするため次の用語を導入する．

定義 自然数 n のフィボナッチ分解 $n=F_{j(1)}+\cdots+F_{j(r)}$ の長さ r が $r>1$ のとき，n は**尻尾**(シッポ)**をもつ**といい，フィボナッチ数 $F_{j(r)}$ を n の**尻尾**という．$r=1$ のとき，すなわち n がフィボナッチ数の時は，n には**尻尾がない**という．

*　　*　　*

さて2倍取りゲームの勝ち方を述べよう．初めにテーブルの上に n 個の碁石があるとき，定理8.6.1の(**)の方法で n のフィボナッチ分解を行なう．そして n に尻尾があるかどうかを見る．今後 n の尻尾となるフィボナッチ数を $T(n)$ と書くことにする．n がフィボナッチ数の時は，$T(n)=n$ とおく．

さて，テーブル上に m 個の碁石が残留していて，次の手番の者が取り除ける碁石の個数が $1, 2, \cdots, k$ のいずれかである状態を，2倍取りゲームの局面は**状態** $[\boldsymbol{m}, \boldsymbol{k}]$ **にある**ということにする．例えば開始局面は $[n, n-1]$ の状態にある——というわけである．

法則 I

状態 $[m,k]$ にある局面で，$T(m)\leqq k$ ならば，その手番の者に対し次のいずれかが生ずる．

(イ)　$m\leqq k$　　このときは碁石を全部取り除いて勝ちとなる．

(ロ)　$m>k\geqq T(m)$　　このときは $T(m)$ 個の碁石を取り除く．(これを m の**尻尾切り**をする――という．) すると状態 $[m', k']$ $(m'=m-T(m),\ k'=2\cdot T(m))$ の局面が生ずるが，ここで $T(m')>k'$ となる．

証明　(イ)の場合は明らかである．(ロ)の場合には，m のフィボナッチ分解の長さ r は $\geqq 2$ である($\because\ m>T(m)$)．これを

$$m = F_{j(1)}+F_{j(2)}+\cdots+F_{j(r)}$$
$$j(1)-j(2)\geqq 2,\ \cdots,\ j(r-1)-j(r)\geqq 2,\ j(r)\geqq 2$$

とすれば，$T(m)=F_{j(r)}$，$m'=F_{j(1)}+\cdots+F_{j(r-1)}$，$k'=2F_{j(r)}$，$T(m')=F_{j(r-1)}$ である．よって

$$F_{j(r-1)} > 2F_{j(r)}$$

をいえばよい．しかし

$$\begin{aligned} F_{j(r-1)} &= F_{j(r-1)-1}+F_{j(r-1)-2} \\ &> F_{j(r)}+F_{j(r)} = 2F_{j(r)} \end{aligned}$$

となる．($\because\ j(r-1)-1>j(r)\geqq 2,\ j(r-1)-2\geqq j(r)\geqq 2$) ▮

法則 II

状態 $[m,k]$ にある局面で，$T(m)>k$ ならば，その手番の者がどのような石の取り方をしても，新しく生ずる局面の状態 $[m',k']$ に対して $T(m')\leqq k'$ が成り立つ．

証明　その手番の者が t 個 $(0<t\leqq k<T(m))$ の碁石を取り除いたとすれば，

$$m' = m-t, \qquad k' = 2t$$

である．よって，$T(m-t) \leqq 2t$ を示せばよい．$T(m)-t=s>0$ とおくと，次の不等式を示せばよいことがわかる：

(☆)　$T(m-T(m)+s) \leqq 2(T(m)-s)$　　$(0<s<T(m)$ のとき$)$

いま m のフィボナッチ分解を

$$m = F_{j(1)}+F_{j(2)}+\cdots+F_{j(r)}, \qquad F_{j(r)} = T(m)$$

とおくと，

$$m-T(m)+s = F_{j(1)}+\cdots+F_{j(r-1)}+s$$

であるが，ここで $s<T(m)=F_{j(r)}$ であるから，s のフィボナッチ分解を $s=F_{h(1)}+\cdots+F_{h(p)}$ とすると，$j(r-1)-h(1) \geqq 2$ となり，$m-T(m)+s$ のフィボナッチ分解は

$$F_{j(1)}+\cdots+F_{j(r-1)}+F_{h(1)}+\cdots+F_{h(p)}$$

となる．よって，(☆)の左辺$=T(m-T(m)+s)=F_{h(p)}=T(s)$ となる．$j(r)=j$ とおくと $T(m)=F_j$ となるから，(☆)を示すには

(☆☆)　　$0<s<F_j$　ならば　$T(s) \leqq 2(F_j-s)$

をいえばよい．$T(s)=F_{h(p)}$ であるが，$h(p)=i$ とおくと $T(s)=F_i$．よって $F_i \leqq 2(F_j-s)$ をいえばよい．それには

(2)
$$s \leqq -\frac{1}{2}F_i+F_j$$

をいえばよい．さて s のフィボナッチ分解 $s=F_{h(1)}+\cdots+F_{h(p)}$ において，$F_{h(1)}=S(s)<F_j$，$\therefore\ h(1) \leqq j-1$，そして

$$h(2) \leqq h(1)-2 \leqq j-3$$
$$h(3) \leqq h(1)-4 \leqq j-5$$
$$\cdots\cdots$$

(***)
$$i = h(p) \leqq h(1)-2(p-1) \leqq j-2(p-2)-3$$

であるから

(3)
$$s \leqq F_{j-1}+F_{j-3}+F_{j-5}+\cdots+F_{j-2p+1}$$

$= F_j - F_{j-2p}$　　(ここは(1)と同様の計算である)

一方，(***)より $i \leqq j-2p+1$ だから，$j-2p+1=k$ とおくと，$i \leqq k$，$\therefore F_i \leqq F_k = F_{k-1}+F_{k-2} \leqq F_{k-1}+F_{k-1}=2F_{k-1}$，$\therefore \frac{1}{2}F_i \leqq F_{k-1}$．よって(3)より $s \leqq F_j - F_{k-1} \leqq F_j - \frac{1}{2}F_i$．これで(2)が示されたので，法則 II の証明が完了した．▮

法則 I と II とから2倍取りゲームの勝ち方がわかる．

(イ)　開始局面 $[n, n-1]$ において，n がフィボナッチ数ならば，$T(n)=n$ だから，これは法則 II の適用される局面である．よって先手がどのような石の取り方をしても法則 I の適用される局面となる．そこで後手は碁石の全部を取り除けるか，さもなくば法則 II の適用される状態 $[m', k']$, $T(m')>k'$ を"尻尾切り"によって作り出せる．以下先手がどのように石を取っても，後手は尻尾切りを繰り返すか，または全部の石を取り除いて勝つことができる．——かくして，フィボナッチ数 n から始める時は"後手必勝"である．

(ロ)　開始曲面 $[n, n-1]$ において，n がフィボナッチ数でないならば，これは法則 I の適用される局面である．よって先手は尻尾切りにより法則 II の適用される局面を作り出せる．以下後手がどのように石を取っても，先手は尻尾切りを繰り返すか，または全部の石を取り除いて勝つことができる．——かくして尻尾のある数 n から始める時は，尻尾切りの術を繰り返して，"先手必勝"である．

例1　$n=100$ から始める時．

$S(n)=89$，$100-89=11$，$S(11)=8$，　$11-8=3=F_2$

$\therefore\ 100=89+8+3$，　$T(100)=3$

よって，先手必勝．ただし先手は3個とるのが尻尾切りとなる．

例2　$n=144$ から始める時．

$144=F_{12}$ であるから，後手必勝である．（もし先手になったらやむを得ないから1個取って様子を見る．後手はフィボナッチ分解 $133=89+34+8+2$ での尻尾切りの術を知っていれば正解の2個を取るであろうし，知らなければ間違って1個取る可能性もある．そのときは $132=89+34+8+1$ となるから尻尾切り——1個取り——によって勝ってしまうのである.）

練習問題 8

1. 多項式の列 $f_i(x)(i=0,1,2\cdots)$ を

$$f_0(x)=x,\quad f_1(x)=2,$$
$$f_n(x)=xf_{n-1}(x)-f_{n-2}(x)\qquad (n=2,3,\cdots)$$

で定める．$f_n(x)\ (n\geqq 2)$ の $n-1$ 個の根を求めよ．

2. (**3山崩し**)　テーブル上に碁石の山を3個作る．甲，乙2人で次の規則のもとに交互に碁石を取り除いて勝負する．

（イ）　パスは許されない．

（ロ）　1つの山からはいくつ取り除いてもよいが，2つ以上の山から石を取り除くことは許されない．

（ハ）　最後にすべての石を取り除いた者が勝ちである．

このとき，3山の石の個数を α,β,γ とし，これを2進展開して

$$\alpha=\varepsilon_0+\varepsilon_1 2+\varepsilon_2 2^2+\varepsilon_3 2^3+\cdots\qquad(有限和)$$
$$\beta=\varepsilon_0'+\varepsilon_1' 2+\varepsilon_2' 2^2+\varepsilon_3' 2^3+\cdots\qquad(有限和)$$
$$\gamma=\varepsilon_0''+\varepsilon_1'' 2+\varepsilon_2'' 2^2+\varepsilon_3'' 2^3+\cdots\qquad(有限和)$$

とおく．($\varepsilon_i,\varepsilon_i',\varepsilon_i''$ はすべて0か1である.）いま

$$\varepsilon_i+\varepsilon_i'+\varepsilon_i''=\sigma_i\qquad (i=0,1,2,\cdots)$$

とおくとき，次のことを示せ．

（イ）　$\sigma_0,\sigma_1,\sigma_2,\cdots$ がすべて偶数なら後手必勝である．

（ロ）　そうでないときは或る山から適当に取り除いて（イ）の状態を作り出すことによって先手必勝となる．

3. 3山崩しで3個の山の石の数が 15, 33, 28 のとき，先手必勝形である

か，後手必勝形であるかを判定せよ．

4. (**変形2山崩し**．あるいは**ウィットホフ(Whythoff)のゲーム**，あるいは**チャヌシッツィ**と呼ばれるゲーム) テーブル上に碁石の山を2個作る．甲，乙2人が次の規則のもとに交互に碁石を取り除いて勝負する．

(イ) パスは許されない．

(ロ) 1つの山からはいくつ取り除いてもよい．2つの山からも同数個ずつならいくつ取り除いてもよい．

(ハ) 最後にすべての石を取り除いた者が勝ちである．

2山の石の個数を $\alpha, \beta(\alpha \leqq \beta)$ としたとき，これが後手必勝形となるための必要十分条件として，ウィットホフの定理“或る自然数 s が存在して，$\alpha=\left[\frac{1+\sqrt{5}}{2}s\right]$，$\beta=\alpha+s$ と書ける”が知られている．この証明を試みよ．

(参考：松田道雄，パズルと数学 I，II，明治図書
一松信，石とりゲームの数理，森北出版)

5. 変形2山崩しの後手必勝形の α(練習問題8の4参照)のフィボナッチ分解 $\alpha=F_{j(1)}+\cdots+F_{j(r)}$ は $j(r)$＝偶数という特徴をもつ．これを証明せよ．またこのとき $s=F_{j(1)-1}+F_{j(2)-1}+\cdots+F_{j(r)-1}$ でこれはフィボナッチ分解の“最終項の番号 $\geqq 2$”以外の条件を満たすことを示せ．また β のフィボナッチ分解は $\beta=F_{j(1)+1}+F_{j(2)+1}+\cdots+F_{j(r)+1}$ となることを示せ．

例

s	α	β	フィボナッチ分解		
1	1	2	$s=1$,	$\alpha=1$,	$\beta=2$
2	3	5	$s=2$,	$\alpha=3$,	$\beta=5$
3	4	7	$s=3$,	$\alpha=3+1$,	$\beta=5+2$
4	6	10	$s=4=3+1$,	$\alpha=6=5+1$,	$\beta=8+2$
5	8	13	$s=5$,	$\alpha=8$,	$\beta=13$
6	9	15	$s=5+1$,	$\alpha=8+1$,	$\beta=13+2$

(参考：M. ガードナー，サイエンス，1977年5月号(一松信訳)
一松信，チャヌシッツィの数理，別冊数理科学，パズルII，サイエンス社)

6. 3倍取りゲームの後手必勝形となるような開始局面の個数は次の数列で与えられることを示せ．

$$G_1=1,\ G_2=2,\ G_3=3,\ G_4=4,\ G_5=6,\ G_6=8,\ G_7=11$$

一般に

$$G_n=G_{n-1}+G_{n-4} \qquad (n=6,7,8,\cdots)$$

である．自然数 n のフィボナッチ分解の類似である G_n 数分解を

$$\begin{cases} n=G_{j(1)}+G_{j(2)}+\cdots+G_{j(r)} \\ G_{j(1)}>3G_{j(2)},\ G_{j(2)}>3G_{j(3)},\ \cdots,\ G_{j(r-1)}>3G_{j(r)} \end{cases}$$

で定める．後手必勝形でないときは2倍取りゲームと同様の尻尾切りの術で先手必勝であることを示せ．

(参考: 一般の λ 倍取りゲームとその拡張については

I+F+T: λ 倍取りゲームをめぐって，数学セミナー(日本評論社)，

1983年に連載予定——を見られたい.)

7. $P_n=(x_n,y_n)\,(n=0,1,2,\cdots)$ を Γ 内の点列とする．“或る1次変換 f が存在して $P_n=f^n(P_0)$” $\Leftrightarrow$ “x_n, y_n が次の形” を示せ．($ad-bc\neq 0$, $\lambda\neq\mu$, $\nu=0$)

(i)　$x_n=a\lambda^n+b\mu^n$　　(ii)　$x_n=a\lambda^n+bn\lambda^{n-1}$　　(iii)　$x_n=p\lambda^n$

　　$y_n=c\lambda^n+d\mu^n$　　　　$y_n=c\lambda^n+dn\lambda^{n-1}$　　　　$y_n=q\lambda^n$

(iv)　$x_n=(a+bi)(\lambda+\nu i)^n+(a-bi)(\lambda-\nu i)^n$

　　$y_n=(c+di)(\lambda+\nu i)^n+(c-di)(\lambda-\nu i)^n$

8. 次の命題の正誤を判定せよ．“Γ 内の任意の3点 P,Q,R に対し，Γ から Γ への1次変換 f と Γ 内の適当な点 S があって，集合 $\{P,Q,R\}$ が集合 $\{f^n(S)\mid n=0,1,2,\cdots\}$ に含まれるようにできる”．

9. 平面 Γ 内の円板 D を $D=\{(x,y)\mid x^2+y^2\leqq 1\}$ で定める．f を Γ の1次変換，P を Γ 内の点とし，$\{f^n(P)\mid n=0,1,2,\cdots\}$ は無限集合であるとする．このとき次の場合 A,B,C がどういうときに生ずるかを調べよ．

場合 A: 或る N 以上のすべての n に対し $f^n(P)\notin D$

場合 B: 或る N 以上のすべての n に対し $f^n(P)\in D$

場合 C: n をいくら大きくしても，$f^n(P)\notin D$ も $f^n(P)\in D$ も両方起る．

解　　答

第1章

§1　問1　6.　**問2**　2つ; -3, 17.

練習問題1　1　111通り.　**2**　30通り.　**3**　まず, 曜日のつけ方が異なる7枚のカレンダーをまとめて書いて日月火水木金土をそれぞれAGFEDCBに書きかえ(図1.0.2からアルファベット欄と日にちの欄だけを取り出したものになる), 曜日を書いた各列の上に, そのカレンダーを使う月を書いた図を用意する. (例えば1989年なら図1.0.2の月の欄の通りになる.) 次に, 月の欄はこのまま固定し, 年が変ったらアルファベットと曜日の対応を変える. 平年は52週+1日だから, 3月以降の同じ月日の曜日は, 平年ならば前年に比べて1つ遅れ, 閏年ならば2つ遅れる. だからアルファベットと曜日の対応の年による変化を表わす図は, 図1.0.2から曜日とアルファベットと年の欄だけを取り出したものになる. こうして作った2つの図を重ねたのが図1.0.2である. なお1, 2月については閏年のみ月の欄で調整して曜日を1つ早めればよい. 年の欄が28年周期なのは, 1901年～2099年の間は閏年は4年ごとにあるから, 4年ごとに曜日が5つずれ, 7回つまり28年たつと元に戻るから.　**4**　3と同様.

第2章

§1　問1　直線gによってできる半平面のうち, 点Eを含まぬ方.　**問2**　$y=x+1$.　**問3**　$y=x+1$.　**問4**　一致する.　**問5**　ある.　**問6**　$y=2, x=1$.　**問7**　$c=101$.　**問8**　$\alpha:\beta:\gamma=\alpha':\beta':\gamma'$のとき(定理2.2.1参照).　**問9**　直線$\alpha x+\beta y+\gamma=0$によってできる2つの半平面の一方と他方.

§2　問1　(i) (イ), 交点は(2, 3), (ii) (ロ)の(**), (iii) (ロ)の(*). (図1.)　**問2**　$x+5y-22=0$.

§3　問1　$\sqrt{10}$.　**問2**　$x+y-9=0$.　**問3**　$(x-3)^2+(y-4)^2<(x-5)^2$

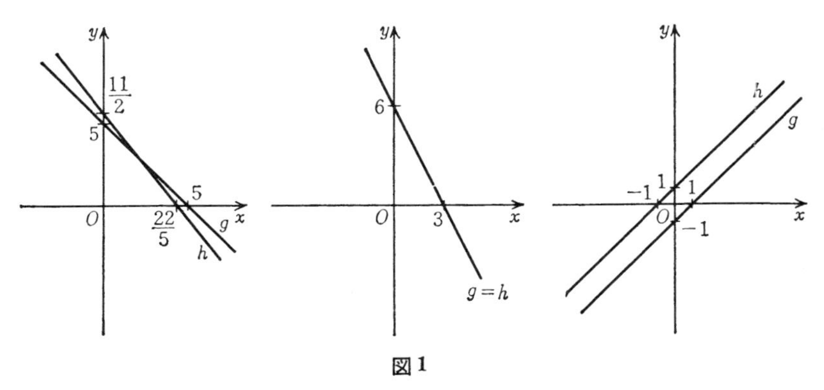

図1

$+(y-6)^2$ より $x+y-9<0$. (問2の直線によってできる半平面のうち点 A を含む方.)

§4 問1 (i) $x^2+y^2=4$, (ii) $(x-1)^2+(y-1)^2=2$, (iii) 半径はこの2点間の距離の半分だから $\sqrt{3^2+4^2}/2=5/2$. 中心を (a, b) とすれば方程式は $(x-a)^2+(y-b)^2=(5/2)^2$. これが $(0, 0)$, $(3, 4)$ を通るから $a^2+b^2=(3-a)^2+(4-b)^2=(5/2)^2$, これより $a=3/2$, $b=2$. よって方程式は $(x-3/2)^2+(y-2)^2=25/4$. (線分の中点の座標の公式(第5章§1例1)を使えば中心の座標がすぐ求まる.) **問2** それぞれ中心が原点で半径が r の円の外部と内部. **問3** 円, 中心 $(3, 4)$, 半径5. **問4** $\gamma<25$. **問5** 方程式を $x^2+y^2+\alpha x+\beta y+\gamma=0$ とおくと, 3点を通ることから $\alpha+2\beta+\gamma=-5$, $4\beta+\gamma=-16$, $3\alpha-\gamma=9$, これより $\alpha=3$, $\beta=-4$, $\gamma=0$. 変形して $(x+3/2)^2+(y-2)^2=25/4$, 中心 $(-3/2, 2)$, 半径 $5/2$. **問6** (i) $(x-2)^2+(y-1)^2=4\{(x-4)^2+(y-3)^2\}$ より $x^2+y^2-(28/3)x-(22/3)y+95/3=0$, 変形して $(x-14/3)^2+(y-11/3)^2=32/9$. よって中心が $(14/3, 11/3)$, 半径が $4\sqrt{2}/3$ の円. (ii) $k>1$ のとき, 同様にして中心が $\left(\dfrac{2(2k^2-1)}{k^2-1}, \dfrac{3k^2-1}{k^2-1}\right)$, 半径が $\dfrac{2\sqrt{2}k}{k^2-1}$ の円; $k=1$ のとき, 線分 AB の垂直2等分線 $x+y-5=0$; $0<k<1$ のとき, 中心が $\left(\dfrac{2(1-2k^2)}{1-k^2}, \dfrac{1-3k^2}{1-k^2}\right)$, 半径が $\dfrac{2\sqrt{2}k}{1-k^2}$ の円.

§5 問1 $\dfrac{x^2}{25/4}+\dfrac{y^2}{9/4}=1$. **問2** 焦点 $(-4, 0)$, $(4, 0)$, $l=10$. **問3** $\sqrt{(x+1)^2+(y+1)^2}=4-\sqrt{(x-1)^2+(y-1)^2}$ より $3x^2-2xy+3y^2=8$.

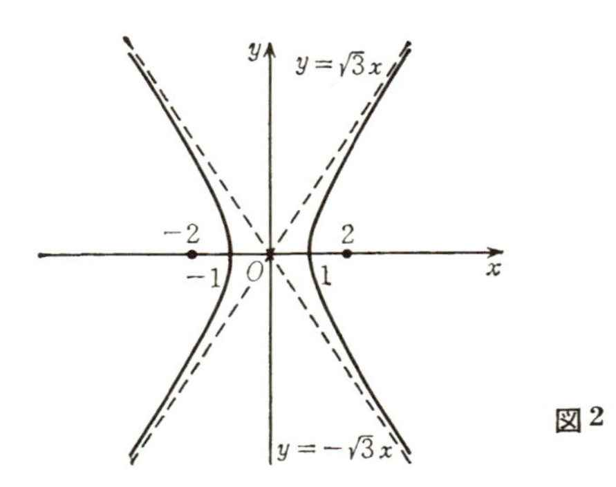

図 2

§6　問 1　$x^2-y^2/3=1$, 漸近線 $y=\pm\sqrt{3}\,x$ (図 2). **問 2**　焦点 $(-5, 0)$, $(5, 0)$, 漸近線 $y=\pm\dfrac{4}{3}x$, $l=6$. **問 3**　$\sqrt{(x+1)^2+(y+1)^2}=\sqrt{(x-1)^2+(y-1)^2}\pm2$ より $2xy=1$.

§7　問 1　$y=\dfrac{1}{4}x^2+1$. **問 2**　$y=5x^2+3x+2=5\left(x+\dfrac{3}{10}\right)^2+\dfrac{31}{20}$ だから, $y=5x^2$ のグラフを x 軸の負の向きに 3/10, y 軸の正の向きに 31/20 平行移動したもの (図 3). 焦点 $(-3/10, 8/5)$, 準線 $y=3/2$. **問 3**　点 (x, y) と $y=-x$ との距離は $|(x+y)/\sqrt{2}|$. (なぜか考えよ.) よって方程式は $|(x+y)/\sqrt{2}|=\sqrt{(x+1)^2+(y+1)^2}$ となる. これより $x^2-2xy+y^2+4x+4y+4=0$.

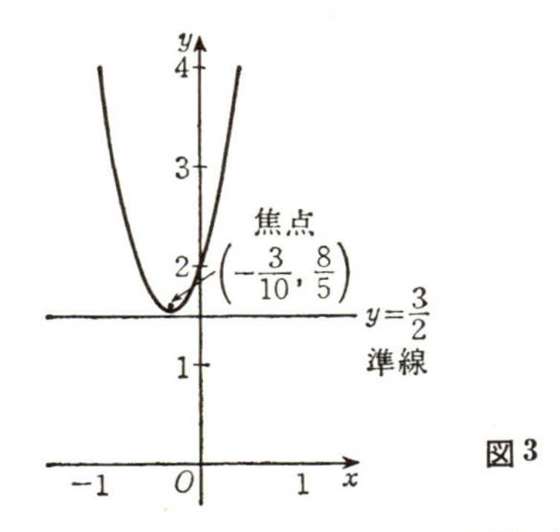

図 3

練習問題 2　1　描かれる曲線上の任意の点 Q は $|\overline{QF}-\overline{QF'}|=l-k$ で定義される双曲線に乗る. 図 2.6.1 のように座標軸をとれば, 方程式は $\dfrac{x^2}{(l-k)^2/4}-\dfrac{y^2}{\{\overline{FF'}^2-(l-k)^2\}/4}=1$. **2**　描かれる曲線上の任意の点 P は "P から l までの距離が P から F までの距離に等しい" という条件で定義さ

れる放物線に乗る．**3** 図2.7.1と同様に，l を x 軸とし，点 A を通る l の垂線に l から A へ向かう向きを与えたものを y 軸として，点 A の座標を $(0,f)\,(f>0)$，点 P の座標を (x,y) とすると，$\overline{PQ}=\alpha\overline{PA} \Leftrightarrow y^2=\alpha^2\{x^2+(y-f)^2\}$．$\alpha>1$ のときは $\dfrac{x^2}{f^2/(\alpha^2-1)}+\dfrac{\{y-\alpha^2 f/(\alpha^2-1)\}^2}{\alpha^2 f^2/(\alpha^2-1)^2}=1$ で，§5 (4) $(a=f/\sqrt{\alpha^2-1},\ b=\alpha f/(\alpha^2-1))$ を平行移動した楕円．$\alpha=1$ のときは放物線 $y=(x^2+f^2)/2f$ (§7)．$\alpha<1$ のときは $\dfrac{\{y+\alpha^2 f/(1-\alpha^2)\}^2}{\alpha^2 f^2/(1-\alpha^2)^2}-\dfrac{x^2}{f^2/(1-\alpha^2)}=1$ で，§6 (4) $(a=\alpha f/(1-\alpha^2),\ b=f/\sqrt{1-\alpha^2}$ の変数 x と y を交換して平行移動した式だから上下に開いた双曲線．

第3章

§2 問1 $r=6,\ s=12$.

§5 問1 $x=1,\ y=4/3$.

§6 問1 $x=45,\ y=58$.

§7 問1 $x=-5/2$. **問2** $((2+\sqrt{3})/\sqrt{5},\ (1-2\sqrt{3})/\sqrt{5}),\ ((2-\sqrt{3})/\sqrt{5},\ (1+2\sqrt{3})/\sqrt{5})$.

§8 問1 $\overrightarrow{AC}=\begin{pmatrix}2\\4\end{pmatrix}$, $\overrightarrow{AB}=\begin{pmatrix}-3\\-6\end{pmatrix}$ より $\overrightarrow{AC}=-\dfrac{2}{3}\overrightarrow{AB}$, よって同一直線上．**問2** 単位方向ベクトル $\begin{pmatrix}1/\sqrt{5}\\2/\sqrt{5}\end{pmatrix}$, 方向ベクトル $\begin{pmatrix}\lambda/\sqrt{5}\\2\lambda/\sqrt{5}\end{pmatrix}$ (λ: 正の実数)．パラメータ表示の一例 $x=t,\ y=-3+2t$.

§9 問1 方向ベクトルとして $\begin{pmatrix}1\\\sqrt{3}\end{pmatrix}$, $\begin{pmatrix}1\\\sqrt{3}/3\end{pmatrix}$ をとる．交角を θ とすれば $\cos\theta=\dfrac{1+\sqrt{3}\,(\sqrt{3}/3)}{\sqrt{1+\sqrt{3}^2}\sqrt{1+(\sqrt{3}/3)^2}}=\dfrac{\sqrt{3}}{2}$, $\therefore\ \theta=\dfrac{\pi}{6}$. **問2** 2直線の方向ベクトルを $\vec{u},\vec{v}$ とすれば $\vec{u}\cdot\vec{v}=\pm\dfrac{1}{\sqrt{2}}|\vec{u}|\cdot|\vec{v}|$. **問3** $\pi/2$.

§10 問1 $\begin{pmatrix}3\\-1\end{pmatrix}$(またはその0でないスカラー倍)．

§11 問1 $\dfrac{|1\cdot3+2\cdot5+6|}{\sqrt{3^2+5^2}}=\dfrac{19}{\sqrt{34}}$. **問2** $(x-1)^2+(y-2)^2=\dfrac{(3x+5y+6)^2}{3^2+5^2}$ を整理して，$25x^2-30xy+9y^2-104x-196y+134=0$.

§12 問1 (i) 1個, $(0,0)$. (ii) 2個, $((-1\pm\sqrt{17})/2,\ (-3\pm\sqrt{17})/2)$ (複号同順)． (iii) 0個. **問2** $3x+4y=25$. **問3** $x^2+y^2+2x+6y+5=(x+1)^2+(y+3)^2-5$ だから中心 C は $(-1,-3)$．点 $(0,-1)$ を P とよべ

ば，直線 CP の方程式は $2x-y=1$，求める接線は P を通りこれに垂直だから $x+2(y+1)=0$，すなわち $x+2y+2=0$.

練習問題 3　**1**　M を P から OQ に下ろした垂線の足，$\angle POQ=\theta$(図4)とすると $s=\overline{OQ}\cdot\overline{PM}=\overline{OQ}\cdot\overline{OP}\cdot\sin\theta$. 一方，$\cos\theta=\dfrac{\overrightarrow{OP}\cdot\overrightarrow{OQ}}{\overline{OP}\cdot\overline{OQ}}$，$\therefore$ $\sin^2\theta=$

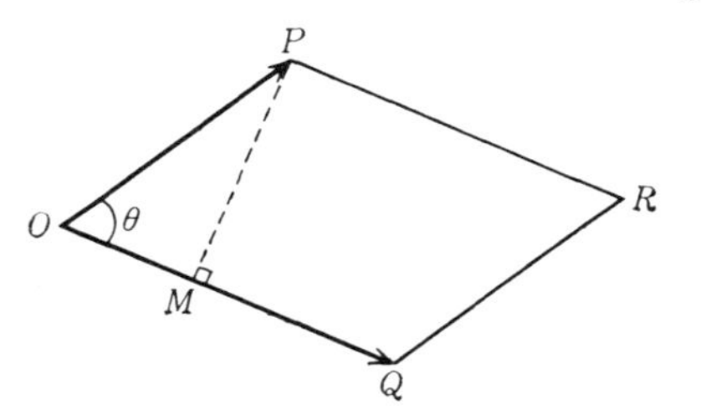

図 4

$1-\cos^2\theta=1-\dfrac{(\overrightarrow{OP}\cdot\overrightarrow{OQ})^2}{\overline{OP}^2\cdot\overline{OQ}^2}=\dfrac{(ad-bc)^2}{(a^2+b^2)(c^2+d^2)}$. よって，$s=\sqrt{c^2+d^2}\sqrt{a^2+b^2}\cdot\dfrac{|ad-bc|}{\sqrt{(a^2+b^2)(c^2+d^2)}}=|ad-bc|$.　**2**　図5において $\triangle OAP\equiv\triangle QSR$，$\triangle OBQ\equiv\triangle PWR$ より

長方形 $OAUB$ = 平行四辺形 $OPRQ+\triangle TSR+$台形 $TUWR$
= 平行四辺形 $OPRQ+$長方形 $USRW$.

いま，$OPRQ$ の内部または辺 OQ, OP 上の格子点(P, Q は除く)を $OPRQ$ の格子点と呼べば，

$OAUB$ の格子点数 = $OPRQ$ の格子点数＋$USRW$ の格子点数

もわかる．一方，長方形 $OAUB, USRW$ の格子点数はそれぞれの面積に

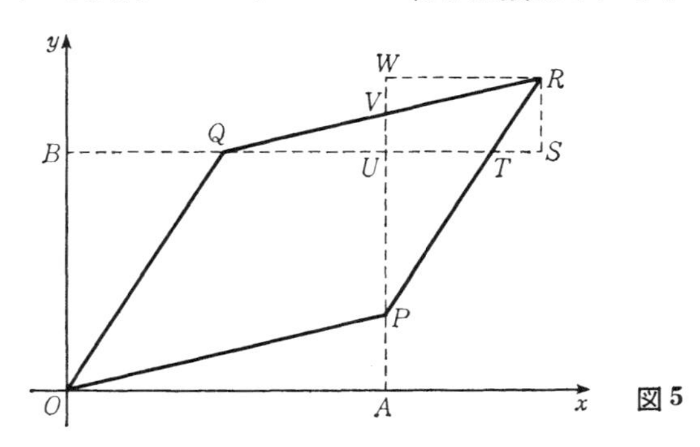

図 5

等しいから，平行四辺形 $OPRQ$ の格子点数はその面積 $|ad-bc|$ に等しい．P, Q が第 I 象限になくても同様．**3** $\overrightarrow{OW}=x\overrightarrow{OP}+y\overrightarrow{OQ}$，$[x]=m$，$[y]=n$（[　] はガウス記号，第 7 章 §1）とすれば，$\overrightarrow{OW}=m\overrightarrow{OP}+n\overrightarrow{OQ}+s\overrightarrow{OP}+t\overrightarrow{OQ}$ $(0\leqq s, t<1)$，$\therefore$ $\overrightarrow{OW}-(m\overrightarrow{OP}+n\overrightarrow{OQ})=s\overrightarrow{OP}+t\overrightarrow{OQ}$．これを $\overrightarrow{OW'}$ とおけば W' は左辺より格子点，右辺より (ii), (iii) を満たす．**4** $\vec{a}\cdot\vec{b}=|\vec{a}||\vec{b}|\cos\theta$（$\theta$ は $\vec{a}$ と $\vec{b}$ とのなす角），$|\cos\theta|\leqq 1$ より $(\vec{a}\cdot\vec{b})^2=|\vec{a}|^2|\vec{b}|^2\cos^2\theta\leqq|\vec{a}|^2|\vec{b}|^2$，等号成立は $\cos\theta=\pm 1$，すなわち $\vec{a}$ と $\vec{b}$ のなす角が 0 または π のとき．

5 (i) $y_0\neq 0$ のとき：求める直線を $y=m(x-x_0)+y_0$ とする．$x^2/a^2+y^2/b^2=1$ と連立させて y を消去すると，$(m^2a^2+b^2)x^2+2a^2m(y_0-mx_0)x+a^2(y_0-mx_0)^2-a^2b^2=0$．“重解をもつ $\Longleftrightarrow$ $D/4=a^4m^2(y_0-mx_0)^2-(m^2a^2+b^2)\times\{a^2(y_0-mx_0)^2-a^2b^2\}=0$”．$\therefore$ $m=-\dfrac{b^2x_0}{a^2y_0}$，これと ${x_0}^2/a^2+{y_0}^2/b^2=1$ より方程式は $x_0x/a^2+y_0y/b^2=1$．$(x_0, y_0)=(\pm a, 0)$ のときも，この式でよいことは明らか．(ii) (i) と同様．(iii) 求める直線を $y=m(x-x_0)+y_0$ とする．$y=(x^2+f^2)/2f$ に代入して，$x^2-2fmx+2fmx_0-2fy_0+f^2=0$，$D/4=f^2m^2-(2fmx_0-2fy_0+f^2)=0$ より $m=x_0/f$．これと $y_0=\dfrac{1}{2f}({x_0}^2+f^2)$ より方程式は $\dfrac{y+y_0}{2}=\dfrac{1}{2f}(x_0x+f^2)$．**6** (i) 第 2 章 §5 と同様に座標系および f, l を定め，点 P の座標を (x_1, y_1) とする．FP の P 側への延長上

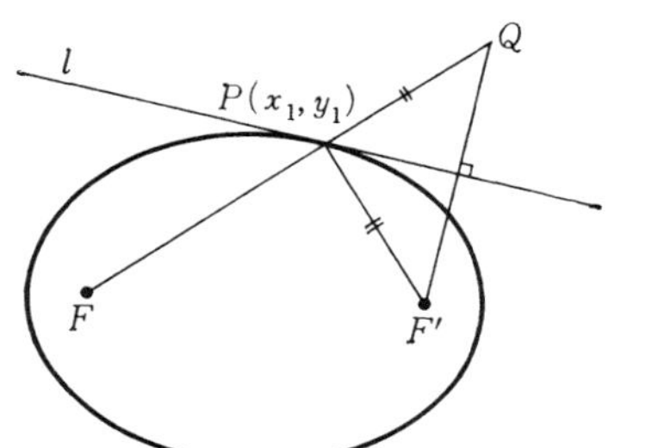

図 6

に $\overline{PF'}=\overline{PQ}$ なる点 Q をとる（図 6）．点 P を通る直線が，“角 QPF' の 2 等分線 $\Longleftrightarrow$ 直線 $F'Q$ と直交” だから点 P における楕円の接線の法線ベクトル $\begin{pmatrix}\dfrac{x_1}{(l/2)^2}\\[2mm]\dfrac{y_1}{(\sqrt{l^2-4f^2}/2)^2}\end{pmatrix}$（練習問題 3 の 5）が $\overrightarrow{F'Q}$ と平行なことを示せばよい．

$\overrightarrow{F'Q}=\dfrac{\overline{FQ}}{\overline{FP}}\overrightarrow{FP}-\overrightarrow{FF'}$, $\overline{FQ}=l$, $\overline{FP}=\dfrac{4fx_1+l^2}{2l}$. $\Bigl($∵ $\sqrt{(x_1+f)^2+y_1{}^2}+\sqrt{(x_1-f)^2+y_1{}^2}=l$ の左辺第1項を移項し，両辺を平方して整理すれば，$\sqrt{(x_1+f)^2+y_1{}^2}=\dfrac{4fx_1+l^2}{2l}$.$\Bigr)$

$$\therefore\quad \overrightarrow{F'Q}=\begin{pmatrix}2l^2(x_1+f)/(4fx_1+l^2)-2f\\ 2l^2y_1/(4fx_1+l^2)\end{pmatrix}=\begin{pmatrix}2(l^2-4f^2)x_1/(4fx_1+l^2)\\ 2l^2y_1/(4fx_1+l^2)\end{pmatrix}.$$

ここで $\dfrac{2(l^2-4f^2)x_1}{4fx_1+l^2}\cdot\dfrac{y_1}{(\sqrt{l^2-4f^2}/2)^2}-\dfrac{2l^2y_1}{4fx_1+l^2}\cdot\dfrac{x_1}{(l/2)^2}=0$ より平行.

(ii) (i) と同様. (iii) 同様に l が FH と直交すること，すなわち l の法線ベクトル $\begin{pmatrix}x_1/2f\\ -1/2\end{pmatrix}$ (練習問題3の5 (iii)) が $\overrightarrow{FH}=\begin{pmatrix}x_1\\ -f\end{pmatrix}$ と平行なることを示す. $(x_1/2f)(-f)-(-1/2)x_1=0$.

第4章

§3　問1　$\begin{pmatrix}1 & 6\\ -11 & -8\end{pmatrix}$, $(55, 75)$.

練習問題4　1　$A^2=sA-\varDelta I$ は計算せよ. 後半は数学的帰納法による: $j=2$ のときは成立している. j まで等式が成立したと仮定すると，$A^{j+1}=A\cdot A^j=A(f_jA+g_jI)=f_jA^2+g_jA=f_j(sA-\varDelta I)+g_jA=(f_js+g_j)A-f_j\varDelta I=f_{j+1}A+g_{j+1}I$. よって $j+1$ でも成り立つ. **2**　$\begin{pmatrix}2 & 1\\ 1 & 1\end{pmatrix}$, $\begin{pmatrix}3 & 2\\ 2 & 1\end{pmatrix}$, $\begin{pmatrix}5 & 3\\ 3 & 2\end{pmatrix}$, $\begin{pmatrix}8 & 5\\ 5 & 3\end{pmatrix}$, $\begin{pmatrix}13 & 8\\ 8 & 5\end{pmatrix}$. **3**　$s=1$, $\varDelta=-1$ だから $f_{j+1}=f_j+g_j$, $g_{j+1}=f_j$. よって $f_{j+1}=f_j+f_{j-1}$. これと $f_2=a_2=1$, $f_3=a_3=2$ より $f_j=a_j\,(j\geqq 2)$. ∴ $A^j=f_jA+g_jI=a_jA+a_{j-1}I=\begin{pmatrix}a_j+a_{j-1} & a_j\\ a_j & a_{j-1}\end{pmatrix}=\begin{pmatrix}a_{j+1} & a_j\\ a_j & a_{j-1}\end{pmatrix}$. **4**　$\lim\limits_{n\to\infty}\dfrac{a_n}{\alpha^n}=c$ (c は0でない実数) とする. $a_j=a_{j-1}+a_{j-2}$ を α^j で割って $\dfrac{a_j}{\alpha^j}=\dfrac{1}{\alpha}\cdot\dfrac{a_{j-1}}{\alpha^{j-1}}+\dfrac{1}{\alpha^2}\cdot\dfrac{a_{j-2}}{\alpha^{j-2}}$ (∗). $j\to\infty$ として分母を払えば $\alpha^2c=\alpha c+c$, c で割って $\alpha^2=\alpha+1$ より $\alpha=\dfrac{1\pm\sqrt{5}}{2}$ であるが a_n は常に正だから $\alpha=\dfrac{1-\sqrt{5}}{2}<0$ は不適格. 逆に $\alpha=\dfrac{1+\sqrt{5}}{2}$ のとき $\lim\limits_{n\to\infty}\dfrac{a_n}{\alpha^n}$ が0でない実数であることを示す. (∗) と $\dfrac{1}{\alpha}+\dfrac{1}{\alpha^2}=1$ より $\dfrac{a_j}{\alpha^j}-\dfrac{a_{j-1}}{\alpha^{j-1}}=-\dfrac{1}{\alpha^2}\left(\dfrac{a_{j-1}}{\alpha^{j-1}}-\dfrac{a_{j-2}}{\alpha^{j-2}}\right)$. ∴ $0=\dfrac{a_0}{\alpha^0}<\dfrac{a_2}{\alpha^2}<\dfrac{a_4}{\alpha^4}$

$< \cdots < \frac{a_5}{\alpha^5} < \frac{a_3}{\alpha^3} < \frac{a_1}{\alpha^1} = \frac{1}{\alpha}$, $\frac{a_{2j+1}}{\alpha^{2j+1}} - \frac{a_{2j}}{\alpha^{2j}} \to 0\,(j\to\infty)$. よって $\lim_{n\to\infty}\frac{a_n}{\alpha^n}$ は存在して 0 より大. **7** (ii) $X=\begin{pmatrix} x & y \\ z & w \end{pmatrix}$ とおく. $Y=\begin{pmatrix} 1 & 0 \\ 0 & 0 \end{pmatrix}, \begin{pmatrix} 0 & 1 \\ 0 & 0 \end{pmatrix}, \begin{pmatrix} 0 & 0 \\ 1 & 0 \end{pmatrix}, \begin{pmatrix} 0 & 0 \\ 0 & 1 \end{pmatrix}$ に対し, $B(X, Y)$ はそれぞれ x, z, y, w. よって仮定から $X=0$.

第5章

§1 問1 (i) (17/5, 28/5), (ii) (13, 20). **問2** AN を 2 : 3, CM を 9 : 1 に分割. **問3** 3 : 2. **問4** 図 5.1.5 に, O が原点, T が xy 平面, 半球 S^+ の半径が 1 となるように空間座標を入れると, Γ 上の直線 g と, O を通り T と異なる平面が 1 対 1 に対応する. "$a_1x+b_1y+c_1z=0$, $a_2x+b_2y+c_2z=0$ に対応する直線が平行 $\Longleftrightarrow$ $\begin{pmatrix} a_1 \\ b_1 \end{pmatrix}$ と $\begin{pmatrix} a_2 \\ b_2 \end{pmatrix}$ が平行", また対応する S^+ 上の半大円弧の両端は $x^2+y^2=1$, $a_1x+b_1y=0$ の解と, $x^2+y^2=1$, $a_2x+b_2y=0$ の解, ゆえに "$\begin{pmatrix} a_1 \\ b_1 \end{pmatrix}$ と $\begin{pmatrix} a_2 \\ b_2 \end{pmatrix}$ が平行 $\Longleftrightarrow$ 半大円弧の両端が一致".

§2 問1 $k=12$. **問2** g^* の方程式は $5x-9y+33=0$. **問3** 直線 $2x-3y+4=0$.

§3 問1 条件式をまとめて $A\begin{pmatrix} a & c \\ b & d \end{pmatrix}=\begin{pmatrix} \alpha & \gamma \\ \beta & \delta \end{pmatrix}$, ∴ $A=\frac{1}{ad-bc}\begin{pmatrix} \alpha & \gamma \\ \beta & \delta \end{pmatrix}\times\begin{pmatrix} d & -c \\ -b & a \end{pmatrix}=\frac{1}{ad-bc}\begin{pmatrix} \alpha d-\gamma b & -\alpha c+\gamma a \\ \beta d-\delta b & -\beta c+\delta a \end{pmatrix}$. **問2** (イ) 正則でない, (ロ) 正則. **問3** f を表わす式を $x^*=\alpha x+\beta y+\gamma$, $y^*=\alpha' x+\beta' y+\gamma'$ とする. 定理 5.2.1 より $\alpha\beta'-\alpha'\beta=0$ だから $\beta' x^*-\beta y^*=\beta'\gamma-\beta\gamma'$. よって $\beta\neq 0$ または $\beta'\neq 0$ ならば $f(\Gamma)$ は直線. $\beta=\beta'=0$ とすると, $\alpha' x^*-\alpha y^*=\alpha'\gamma-\alpha\gamma'$ より $\alpha\neq 0$ または $\alpha'\neq 0$ なら $f(\Gamma)$ は直線で, $\alpha=\alpha'=0$ なら $f(\Gamma)$ は 1 点. **問4** (i) f が退化していないとすると, $f^{-1}: \Gamma\to\Gamma$ が存在するから, $f=(f^{-1}\circ f)\circ f=f^{-1}\circ(f\circ f)=f^{-1}\circ f=$ 恒等写像. これは仮定に反す. (ii) $x^*=x$, $y^*=0$ で与えられる f が 1 つの例. **問5** $AB=I$ より $\det A\det B=1$. よって $\det A\neq 0$ で A^{-1} が存在するから, $B=(A^{-1}A)B=A^{-1}(AB)=A^{-1}I=A^{-1}$, $BA=A^{-1}A=I$.

§4 問1 任意の 2 点 $P=(x, y)$, $Q=(u, v)$ の像を $P^*=(x^*, y^*)$, $Q^*=(u^*, v^*)$ とし, $u-x=a$, $v-y=b$, $u^*-x^*=a^*$, $v^*-y^*=b^*$ とおけば, $\overline{P^*Q^*}^2=a^{*2}+b^{*2}=(\alpha a+\beta b)^2+(\gamma a+\delta b)^2=a^2(\alpha^2+\gamma^2)+2ab(\alpha\beta+\gamma\delta)+$

$b^2(\beta^2+\delta^2)=a^2+b^2=\overline{PQ}^2$，よって合同変換．**問 2**　$E=(1,0)$，$F=(0,1)$ とおけば $f(E)=E^*=(\alpha+\gamma,\alpha'+\gamma')$，$f(F)=F^*=(\beta+\gamma,\beta'+\gamma')$，また $f(O)=O^*=(\gamma,\gamma')$．$\alpha^2+\alpha'^2=\overline{O^*E^*}^2=\overline{OE}^2=1$，$\beta^2+\beta'^2=\overline{O^*F^*}^2=\overline{OF}^2=1$．$\alpha\beta+\alpha'\beta'=\frac{1}{2}(\overline{E^*F^*}^2-\overline{O^*E^*}^2-\overline{O^*F^*}^2)=\frac{1}{2}(\overline{EF}^2-1-1)=0$.

練習問題 5　**1** および **2**　結合律により $(AB)(B^{-1}A^{-1})=((AB)B^{-1})A^{-1}=(A(BB^{-1}))A^{-1}=(AI)A^{-1}=AA^{-1}=I$．$(B^{-1}A^{-1})(AB)=I$ も同様．**3**　整数 n に対して $A_n=\begin{pmatrix}1 & n\\ 0 & 1\end{pmatrix}^{-1}\begin{pmatrix}0 & 1\\ 1 & 0\end{pmatrix}\begin{pmatrix}1 & n\\ 0 & 1\end{pmatrix}=\begin{pmatrix}-n & -n^2+1\\ 1 & n\end{pmatrix}$ は (イ)，(ロ)，(ハ) の条件を満たす．$m\neq n$ ならば $A_m\neq A_n$ だから (イ)，(ロ)，(ハ) を満たす行列は無数にある．5つの実例 $\begin{pmatrix}0 & 1\\ 1 & 0\end{pmatrix}$，$\begin{pmatrix}-1 & 0\\ 1 & 1\end{pmatrix}$，$\begin{pmatrix}-2 & -3\\ 1 & 2\end{pmatrix}$，$\begin{pmatrix}-3 & -8\\ 1 & 3\end{pmatrix}$，$\begin{pmatrix}100 & -9999\\ 1 & -100\end{pmatrix}$．**4**　(i) $f_{A,-1}(P)=Q$ とすると $-\overrightarrow{AP}=\overrightarrow{AQ}$，$\therefore\ \overrightarrow{PA}=\overrightarrow{AQ}$．つまり P と $f_{A,-1}(P)$ の中点は常に A だから $f_{A,-1}$ は §2 例 4 の写像．(ii) $A=(a,b)$ とおく．$f_{A,k}$ を行列で表わすと，

$$\begin{pmatrix}x'\\ y'\\ 1\end{pmatrix}=\begin{pmatrix}1 & 0 & a\\ 0 & 1 & b\\ 0 & 0 & 1\end{pmatrix}\begin{pmatrix}k & 0 & 0\\ 0 & k & 0\\ 0 & 0 & 1\end{pmatrix}\begin{pmatrix}1 & 0 & -a\\ 0 & 1 & -b\\ 0 & 0 & 1\end{pmatrix}\begin{pmatrix}x\\ y\\ 1\end{pmatrix}=\begin{pmatrix}k & 0 & a(1-k)\\ 0 & k & b(1-k)\\ 0 & 0 & 1\end{pmatrix}\begin{pmatrix}x\\ y\\ 1\end{pmatrix}$$

(ただし $f_{A,k}(x,y)=(x',y')$)

$\begin{vmatrix}k & 0\\ 0 & k\end{vmatrix}=k^2\neq 0$ だから定理 5.2.1 により $f_{A,k}$ は正則なアフィン写像，また，

$$\begin{pmatrix}k & 0 & a(1-k)\\ 0 & k & b(1-k)\\ 0 & 0 & 1\end{pmatrix}\begin{pmatrix}k^{-1} & 0 & a(1-k^{-1})\\ 0 & k^{-1} & b(1-k^{-1})\\ 0 & 0 & 1\end{pmatrix}=\begin{pmatrix}1 & 0 & 0\\ 0 & 1 & 0\\ 0 & 0 & 1\end{pmatrix}$$

より $(f_{A,k})^{-1}=f_{A,k^{-1}}$．(iii) B の座標を (a',b') とすれば，

$$f_{B,k'}\circ f_{A,k}=\begin{pmatrix}k' & 0 & a'(1-k')\\ 0 & k' & b'(1-k')\\ 0 & 0 & 1\end{pmatrix}\begin{pmatrix}k & 0 & a(1-k)\\ 0 & k & b(1-k)\\ 0 & 0 & 1\end{pmatrix}$$

$$=\begin{pmatrix}1 & 0 & (k'-1)(a-a')\\ 0 & 1 & (k'-1)(b-b')\\ 0 & 0 & 1\end{pmatrix}$$

$\overrightarrow{BA}=\begin{pmatrix}a-a'\\ b-b'\end{pmatrix}$ だから，これは $(k'-1)\overrightarrow{BA}$ だけの平行移動を表わす．(iv)

$f_{B,k'}\circ f_{A,k}$ の行列表示は

$$\begin{pmatrix} k'k & 0 & ak'(1-k)+a'(1-k') \\ 0 & k'k & bk'(1-k)+b'(1-k') \\ 0 & 0 & 1 \end{pmatrix}.$$

これは $C=\left(\dfrac{k'(1-k)}{1-kk'}a+\dfrac{1-k'}{1-kk'}a',\ \dfrac{k'(1-k)}{1-kk'}b+\dfrac{1-k'}{1-kk'}b'\right)$ とおくとき $f_{C,kk'}$ を表わす．(このとき，$\dfrac{k'(1-k)}{1-kk'}+\dfrac{(1-k')}{1-kk'}=1$ だから，C は直線 AB 上にあり，C は線分 AB の分割比 $\dfrac{1-k'}{1-kk'}:\dfrac{k'(1-k)}{1-kk'}$ の分割点.)　(v) k, k', k'' をそれぞれ $f_{Z,k}(B)=A$, $f_{Y,k'}(A)=C$, $f_{X,k''}(C)=B$ なるように定める. $kk'\neq 1$ ($\because$ 仮に $kk'=1$ なら $g//BC$) だから (iv) より $f_{Y,k'}\circ f_{Z,k}=f_{X,kk'}$. $\therefore\ f_{X,kk''}\circ f_{Y,k'}\circ f_{Z,k}=f_{X,k''}\circ f_{X,kk'}=f_{X,kk'k''}$. これは点 X を中心とする相似変換で，X と異なる点 A を固定するから $kk'k''=1$. $|k|=\dfrac{\overline{ZA}}{\overline{ZB}}$, $|k'|=\dfrac{\overline{YC}}{\overline{YA}}$, $|k''|=\dfrac{\overline{XB}}{\overline{XC}}$ だから $\dfrac{\overline{XB}}{\overline{XC}}\cdot\dfrac{\overline{YC}}{\overline{YA}}\cdot\dfrac{\overline{ZA}}{\overline{ZB}}=1$ を得る. (vi) (ii) をみよ.

5　(vi) より示す. $\overrightarrow{AP}=\begin{pmatrix} x-\alpha \\ y-\beta \end{pmatrix}$ だから $\overrightarrow{AQ}=\begin{pmatrix} x^*-\alpha \\ y^*-\beta \end{pmatrix}$ は $\begin{pmatrix} x^*-\alpha \\ y^*-\beta \end{pmatrix}=\begin{pmatrix} \cos\theta & -\sin\theta \\ \sin\theta & \cos\theta \end{pmatrix}\begin{pmatrix} x-\alpha \\ y-\beta \end{pmatrix}$ と表わされる. (i) $g_{A,\theta'}\circ g_{A,\theta}(x,y)=(x'',y'')$ と表わすと，

$$\begin{pmatrix} x''-\alpha \\ y''-\beta \end{pmatrix}=\begin{pmatrix} \cos\theta' & -\sin\theta' \\ \sin\theta' & \cos\theta' \end{pmatrix}\begin{pmatrix} \cos\theta & -\sin\theta \\ \sin\theta & \cos\theta \end{pmatrix}\begin{pmatrix} x-\alpha \\ y-\beta \end{pmatrix}$$
$$=\begin{pmatrix} \cos(\theta+\theta') & -\sin(\theta+\theta') \\ \sin(\theta+\theta') & \cos(\theta+\theta') \end{pmatrix}\begin{pmatrix} x-\alpha \\ y-\beta \end{pmatrix}$$

だから $g_{A,\theta'}\circ g_{A,\theta}=g_{A,\theta+\theta'}$. (ii) $g_{A,\theta}$ の行列表示は

$$\begin{pmatrix} \cos\theta & -\sin\theta & * \\ \sin\theta & \cos\theta & * \\ 0 & 0 & 1 \end{pmatrix} \quad \text{で} \quad \begin{vmatrix} \cos\theta & -\sin\theta \\ \sin\theta & \cos\theta \end{vmatrix}=1\neq 0$$

だから，定理 5. 2. 1 により $g_{A,\theta}$ は正則なアフィン写像. 合同変換であることは§4 と同様. (iii)(iv) $A=(\alpha,\beta)$, $B=(\alpha',\beta')$, $(x',y')=g_{A,\theta}(x,y)$, $(x'',y'')=g_{B,\theta'}(x',y')$ とする. まず $\begin{pmatrix} x'-\alpha \\ y'-\beta \end{pmatrix}=\begin{pmatrix} \cos\theta & -\sin\theta \\ \sin\theta & \cos\theta \end{pmatrix}\begin{pmatrix} x-\alpha \\ y-\beta \end{pmatrix}$,

$$\therefore\ \begin{pmatrix} x''-\alpha' \\ y''-\beta' \end{pmatrix}=\begin{pmatrix} \cos\theta' & -\sin\theta' \\ \sin\theta' & \cos\theta' \end{pmatrix}\begin{pmatrix} x'-\alpha' \\ y'-\beta' \end{pmatrix}$$

$$=\begin{pmatrix} \cos\theta' & -\sin\theta' \\ \sin\theta' & \cos\theta' \end{pmatrix}\begin{pmatrix} x'-\alpha+\alpha-\alpha' \\ y'-\beta+\beta-\beta' \end{pmatrix}$$

$$=\begin{pmatrix} \cos(\theta+\theta') & -\sin(\theta+\theta') \\ \sin(\theta+\theta') & \cos(\theta+\theta') \end{pmatrix}\begin{pmatrix} x-\alpha \\ y-\beta \end{pmatrix}$$

$$+\begin{pmatrix} \cos\theta' & -\sin\theta' \\ \sin\theta' & \cos 6' \end{pmatrix}\begin{pmatrix} \alpha-\alpha' \\ \beta-\beta' \end{pmatrix}.$$

$\theta+\theta'=2k\pi$ のとき $\begin{pmatrix} x'' \\ y'' \end{pmatrix}=\begin{pmatrix} x \\ y \end{pmatrix}+\begin{pmatrix} \cos\theta' & -\sin\theta' \\ \sin\theta' & \cos 6' \end{pmatrix}\begin{pmatrix} \alpha-\alpha' \\ \beta-\beta' \end{pmatrix}-\begin{pmatrix} \alpha-\alpha' \\ \beta-\beta' \end{pmatrix}$,
よって $\begin{pmatrix} x''-x \\ y''-y \end{pmatrix}=\overrightarrow{BC}-\overrightarrow{BA}=\overrightarrow{AC}$ となり，$g_{B,\theta'}\circ g_{A,\theta}$ は $\overrightarrow{AC}$ だけの平行移動. $(\theta'+\theta)/2\pi$ が非整数のとき

$$\begin{pmatrix} x'' \\ y'' \end{pmatrix}=\begin{pmatrix} \cos(\theta+\theta') & -\sin(\theta+\theta') \\ \sin(\theta+\theta') & \cos(\theta+\theta') \end{pmatrix}\begin{pmatrix} x \\ y \end{pmatrix}+\begin{pmatrix} \bar{\alpha} \\ \bar{\beta} \end{pmatrix}$$

ここで $\begin{pmatrix} \bar{\alpha} \\ \bar{\beta} \end{pmatrix}=\begin{pmatrix} \cos\theta' & -\sin\theta' \\ \sin\theta' & \cos 6' \end{pmatrix}\begin{pmatrix} \alpha-\alpha' \\ \beta-\beta' \end{pmatrix}-\begin{pmatrix} \cos(\theta+\theta') & -\sin(\theta+\theta') \\ \sin(\theta+\theta') & \cos(\theta+\theta') \end{pmatrix}$
$\times\begin{pmatrix} \alpha \\ \beta \end{pmatrix}+\begin{pmatrix} \alpha' \\ \beta' \end{pmatrix}.$

まず $g_{B,\theta'}\circ g_{A,\theta}$ に不動点がただ1つ存在することを示す. $(\theta+\theta')/2\pi$ が非整数だから $\begin{vmatrix} 1-\cos(\theta+\theta') & \sin(\theta+\theta') \\ -\sin(\theta+\theta') & 1-\cos(\theta+\theta') \end{vmatrix}=4\sin^2\dfrac{\theta+\theta'}{2}\neq 0$ で

$$\begin{pmatrix} 1-\cos(\theta+\theta') & \sin(\theta+\theta') \\ -\sin(\theta+\theta') & 1-\cos(\theta+\theta') \end{pmatrix}\begin{pmatrix} x \\ y \end{pmatrix}=\begin{pmatrix} \bar{\alpha} \\ \bar{\beta} \end{pmatrix}$$

が解ける. その解を $\begin{pmatrix} p \\ q \end{pmatrix}$ とすると，$C'=(p,q)$ が唯一の不動点. よって，

$$\begin{pmatrix} x'' \\ y'' \end{pmatrix}=\begin{pmatrix} \cos(\theta+\theta') & -\sin(\theta+\theta') \\ \sin(\theta+\theta') & \cos(\theta+\theta') \end{pmatrix}\begin{pmatrix} x \\ y \end{pmatrix}+\begin{pmatrix} \bar{\alpha} \\ \bar{\beta} \end{pmatrix}$$

$$=\begin{pmatrix} \cos(\theta+\theta') & -\sin(\theta+\theta') \\ \sin(\theta+\theta') & \cos(\theta+\theta') \end{pmatrix}\begin{pmatrix} x \\ y \end{pmatrix}$$

$$+\begin{pmatrix} p \\ q \end{pmatrix}-\begin{pmatrix} \cos(\theta+\theta') & -\sin(\theta+\theta') \\ \sin(\theta+\theta') & \cos(\theta+\theta') \end{pmatrix}\begin{pmatrix} p \\ q \end{pmatrix}$$

$$(\because\ (p,q)=g_{B,\theta'}\circ g_{A,\theta}(p,q).)$$

$$\therefore \begin{pmatrix} x''-p \\ y''-q \end{pmatrix} = \begin{pmatrix} \cos(\theta+\theta') & -\sin(\theta+\theta') \\ \sin(\theta+\theta') & \cos(\theta+\theta') \end{pmatrix} \begin{pmatrix} x-p \\ y-q \end{pmatrix}$$

$$\therefore g_{B,\theta'} \circ g_{A,\theta} = g_{C',\theta+\theta'}.$$

ところで図5.0.6における点 C も不動点であるが，不動点はただ1つなので $C=C'$. (v) $g_{C,\frac{\pi}{2}}(W)=A$, $g_{B,\frac{\pi}{2}}(A)=Y$ で，このとき，$g_{B,\frac{\pi}{2}} \circ g_{C,\frac{\pi}{2}}$ は (iv) によって或る点 M' を中心とする π だけの回転変換となるが，これは M' を中心とする点対称変換. よって $M'=YW$ の中点$=M$. このとき $\angle MBC=\angle MCB=\dfrac{\pi}{4}$ は (iv) の議論より明らか. **6** (i) $\vec{a} \neq \vec{0}$, $\vec{b} \neq \vec{0}$ だから $\vec{a}=r\begin{pmatrix} \cos\alpha \\ \sin\alpha \end{pmatrix}$ $(r=|\vec{a}|>0)$, $\vec{b}=s\begin{pmatrix} \cos\beta \\ \sin\beta \end{pmatrix}$ $(s=|\vec{b}|>0)$. β に 2π の整数倍を加えて $\alpha \leqq \beta < \alpha+2\pi$ とする. O, P, Q は1直線上にないから $\beta \neq \alpha$, $\beta \neq \alpha+\pi$. さて $\begin{vmatrix} a_1 & b_1 \\ a_2 & b_2 \end{vmatrix} = rs(\cos\alpha\sin\beta-\cos\beta\sin\alpha)=rs\sin(\beta-\alpha)=rs\sin\theta$, だからこれが "正 $\Leftrightarrow 0<\theta<\pi$", "負 $\Leftrightarrow \pi<\theta<2\pi$". (ii) $\begin{vmatrix} b_1 & a_1 \\ b_2 & a_2 \end{vmatrix} = -\begin{vmatrix} a_1 & b_1 \\ a_2 & b_2 \end{vmatrix}$ (計算せよ). (iii) $\vec{a}^*=\begin{pmatrix} a_1{}^* \\ a_2{}^* \end{pmatrix}$, $\vec{b}^*=\begin{pmatrix} b_1{}^* \\ b_2{}^* \end{pmatrix}$ とすれば，$\begin{pmatrix} a_1{}^* & b_1{}^* \\ a_2{}^* & b_2{}^* \end{pmatrix} = A\begin{pmatrix} a_1 & b_1 \\ a_2 & b_2 \end{pmatrix}$, $\therefore \begin{vmatrix} a_1{}^* & b_1{}^* \\ a_2{}^* & b_2{}^* \end{vmatrix} = \det A \begin{vmatrix} a_1 & b_1 \\ a_2 & b_2 \end{vmatrix}$ だから，"$\det A>0 \Leftrightarrow$ $\begin{vmatrix} a_1{}^* & b_1{}^* \\ a_2{}^* & b_2{}^* \end{vmatrix}$ の符号$=$$\begin{vmatrix} a_1 & b_1 \\ a_2 & b_2 \end{vmatrix}$ の符号 $\Leftrightarrow$ A が向きを保つ, $\det A<0 \Leftrightarrow$ $\begin{vmatrix} a_1{}^* & b_1{}^* \\ a_2{}^* & b_2{}^* \end{vmatrix}$ の符号$\neq$$\begin{vmatrix} a_1 & b_1 \\ a_2 & b_2 \end{vmatrix}$ の符号 $\Leftrightarrow$ A が向きを保たない". **7** (i) 図7の左のように線分 PQ を $\lambda:1-\lambda$ に分割する点 R をとり，$f(R)=R'$ とおくと，$\overrightarrow{OR}=(1-\lambda)\overrightarrow{OP}+\lambda\overrightarrow{OQ}$ $(0 \leqq \lambda \leqq 1)$. (§1(7) 参照). $\overrightarrow{OR'}=(1-\lambda)\cdot\overrightarrow{OP'}+\lambda\overrightarrow{OQ'}$, よって R' は線分 $P'Q'$ を $\lambda:1-\lambda$ に分割する点となり，線分 $P'Q'$ 上にある. (ii) 図7の右のように，$\triangle OPQ$ 内の任意の点を S とす

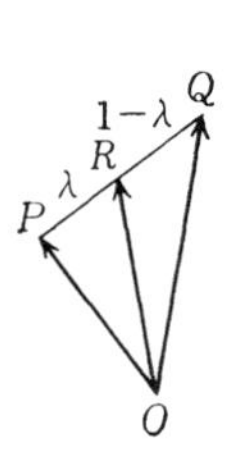

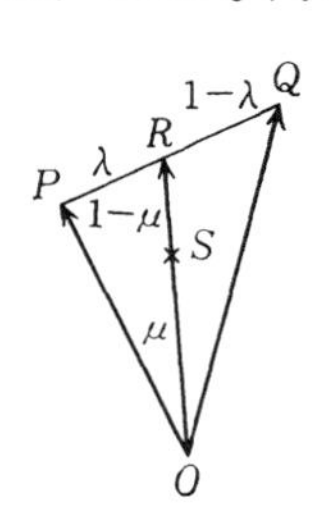

図7

ると，$\overrightarrow{OS}=\mu\overrightarrow{OR}$ $(0\leqq\mu\leqq1)$，$\overrightarrow{OR}=(1-\lambda)\overrightarrow{OP}+\lambda\overrightarrow{OQ}$ $(0\leqq\lambda\leqq1)$ となる．$f(R)=R', f(S)=S'$ とおくと，$\overrightarrow{OS'}=\mu\overrightarrow{OR'}=\mu\{(1-\lambda)\overrightarrow{OP'}+\lambda\overrightarrow{OQ'}\}$． (iii) $P=(x_1, y_1)$，$Q=(x_2, y_2)$，$P'=(x_1', y_1')$，$Q'=(x_2', y_2')$ とすると

$$\begin{pmatrix} x_1' \\ y_1' \end{pmatrix}=\begin{pmatrix} a & b \\ c & d \end{pmatrix}\begin{pmatrix} x_1 \\ y_1 \end{pmatrix}=\begin{pmatrix} ax_1+by_1 \\ cx_1+dy_1 \end{pmatrix},\quad \begin{pmatrix} x_2' \\ y_2' \end{pmatrix}=\begin{pmatrix} a & b \\ c & d \end{pmatrix}\begin{pmatrix} x_2 \\ y_2 \end{pmatrix}=\begin{pmatrix} ax_2+by_2 \\ cx_2+dy_2 \end{pmatrix}.$$

$$\triangle OP'Q' \text{ の面積}=\frac{1}{2}\left|\begin{vmatrix} x_1' & x_2' \\ y_1' & y_2' \end{vmatrix}\right|=\frac{1}{2}\left|\begin{vmatrix} a & b \\ c & d \end{vmatrix}\cdot\begin{vmatrix} x_1 & x_2 \\ y_1 & y_2 \end{vmatrix}\right|$$
$$=|ad-bc|\times(\triangle OPQ \text{ の面積})$$

(練習問題 3 の 1)． **8**　$X\neq O$, $AX=O$ なる 2 次行列 X が存在するとする．$\det A\neq0$ ならば A^{-1} が存在して，$X=A^{-1}(AX)=O$ となって仮定に反する．ゆえに $\det A=0$．逆に $\det A=0$ とする．$A=O$ ならば明らか．$A=\begin{pmatrix} a & b \\ c & d \end{pmatrix}\neq O$ ならば $X=\begin{pmatrix} b & d \\ -a & -c \end{pmatrix}$ とおけば，$X\neq O$ で，

$$AX=\begin{pmatrix} a & b \\ c & d \end{pmatrix}\begin{pmatrix} b & d \\ -a & -c \end{pmatrix}=\begin{pmatrix} 0 & ad-bc \\ bc-ad & 0 \end{pmatrix}=O.$$

($\because$ $\det A=ad-bc=0$.) 2 番目の同値性も同様． **9**　(i) 求める 1 次変換を表わす行列を $\begin{pmatrix} \alpha & \beta \\ \gamma & \delta \end{pmatrix}$ とする．$\begin{pmatrix} x^* \\ y^* \end{pmatrix}=\begin{pmatrix} \alpha & \beta \\ \gamma & \delta \end{pmatrix}\begin{pmatrix} x \\ y \end{pmatrix}=\begin{pmatrix} \alpha x+\beta y \\ \gamma x+\delta y \end{pmatrix}$ であって，(x^*, y^*) は曲線 $\dfrac{x^2}{a^2}+\dfrac{y^2}{b^2}=1$ 上の点だから $\dfrac{(\alpha x+\beta y)^2}{a^2}+\dfrac{(\gamma x+\delta y)^2}{b^2}=1$． $\therefore$ $\left(\dfrac{\alpha^2}{a^2}+\dfrac{\gamma^2}{b^2}\right)x^2+2\left(\dfrac{\alpha\beta}{a^2}+\dfrac{\gamma\delta}{b^2}\right)xy+\left(\dfrac{\beta^2}{a^2}+\dfrac{\delta^2}{b^2}\right)y^2=1$．これが，もとの式 $\dfrac{x^2}{a^2}+\dfrac{y^2}{b^2}=1$ と一致しなければならないから $\dfrac{1}{a^2}=\dfrac{\alpha^2}{a^2}+\dfrac{\gamma^2}{b^2}$, $\dfrac{\alpha\beta}{a^2}+\dfrac{\gamma\delta}{b^2}=0$, $\dfrac{\beta^2}{a^2}+\dfrac{\delta^2}{b^2}=\dfrac{1}{b^2}$ が成り立つ．第 1 式より $|\alpha|\leqq1$．よって，$\alpha=\cos\theta$ $(0\leqq\theta\leqq\pi)$ とおきこれらの式から β, γ, δ を計算せよ． (ii) $E=(1,0)$，$F=(0,1)$ とし，$\langle\overrightarrow{OE}, \overrightarrow{OE}\rangle=u$, $\langle\overrightarrow{OF}, \overrightarrow{OF}\rangle=v$, $\langle\overrightarrow{OE}, \overrightarrow{OF}\rangle=w$ とする．$\overrightarrow{OE^*}=\cos\theta\cdot\overrightarrow{OE}+\dfrac{b}{a}\sin\theta\cdot\overrightarrow{OF}$ で E^* を定める．条件より，$\langle\overrightarrow{OE^*}, \overrightarrow{OE^*}\rangle=\langle\overrightarrow{OE}, \overrightarrow{OE}\rangle=u$．よって，上の式を代入して，(イ)(ロ)(ハ)を用いて計算すると，$u\cos^2\theta+\dfrac{b^2}{a^2}v\sin^2\theta+2w\dfrac{b}{a}\sin\theta\cos\theta=u$．ここで $\theta=\dfrac{\pi}{2}$ とすれば $\dfrac{b^2}{a^2}v=u$． $\therefore$ $v=\dfrac{a^2}{b^2}u$．これを上式に代入すると，$2w\dfrac{b}{a}\sin\theta\cos\theta=0$． $\therefore$ $w=0$．したがって，$\overrightarrow{OP}$

$=x_1\overrightarrow{OE}+x_2\overrightarrow{OF}$, $\overrightarrow{OQ}=y_1\overrightarrow{OE}+y_2\overrightarrow{OF}$ とすれば，$\langle\overrightarrow{OP},\overrightarrow{OQ}\rangle=u\left(x_1y_1+\dfrac{a^2}{b^2}x_2y_2\right)$.
とくに合同1次変換のときは，原点を中心とする円を保つから，$a=b=1$.
したがって $\dfrac{a^2}{b^2}=1$ となり，$\langle\overrightarrow{OP},\overrightarrow{OQ}\rangle=u(x_1y_1+x_2y_2)$.

第6章

§1 問1 (i) $\begin{pmatrix}\cos\dfrac{2\pi}{3} & \sin\dfrac{2\pi}{3}\\ -\sin\dfrac{2\pi}{3} & \cos\dfrac{2\pi}{3}\end{pmatrix}\begin{pmatrix}3\\2\end{pmatrix}=\begin{pmatrix}\dfrac{-3+2\sqrt{3}}{2}\\ \dfrac{-3\sqrt{3}-2}{2}\end{pmatrix}$,

$$\therefore\ P=\left(\frac{-3+2\sqrt{3}}{2},\ \frac{-3\sqrt{3}-2}{2}\right)(Ox'y'\ \text{系で})$$

(ii) (a) $31x'^2-10\sqrt{3}\,x'y'-21y'^2=144$. (b) $23x'^2+20\sqrt{3}\,x'y'-3y'^2=144$.
(c) $x'^2+2\sqrt{3}\,x'y'+3y'^2-8\sqrt{3}\,x'+8y'+16=0$.

§2 問1 $P=(2,2)$, $Q=(4,0)$.

§3 問1 $2x'^2+x'y'-y'^2+7x'+y'+5=0$.

§4 問1 $x^*=x-\dfrac{1}{4}y$, $y^*=-y$. **問2** S^{-1} が存在するとき，$\tilde{T}=\left(\begin{array}{cc|c} \multicolumn{2}{c|}{S^{-1}} & \begin{array}{c}t\\t'\end{array}\\ \hline 0 & 0 & 1\end{array}\right)$ とおき，$\tilde{S}\tilde{T}=\tilde{T}\tilde{S}=I_3$ を計算せよ.

§5 問1 $A\begin{pmatrix}u\\v\end{pmatrix}=\lambda\begin{pmatrix}u\\v\end{pmatrix}$ を解く. $\begin{cases}(1-\lambda)u+2v=0\cdots①\\ 2u+(3-\lambda)v=0\cdots②\end{cases}$

v を消去して $\{(3-\lambda)(1-\lambda)-4\}u=0$
u を消去して $\{(3-\lambda)(1-\lambda)-4\}v=0$

$u^2+v^2=1\cdots③$ より u,v の一方は0でないから $(3-\lambda)(1-\lambda)-4=0$.

$\lambda=2-\sqrt{5}$ のとき，①②③から $\begin{pmatrix}u\\v\end{pmatrix}=\pm\begin{pmatrix}\sqrt{(5+\sqrt{5})/10}\\ -\sqrt{(5-\sqrt{5})/10}\end{pmatrix}$; $\lambda=2+\sqrt{5}$ のとき，$\begin{pmatrix}u\\v\end{pmatrix}=\pm\begin{pmatrix}\sqrt{(5-\sqrt{5})/10}\\ \sqrt{(5+\sqrt{5})/10}\end{pmatrix}$. **問2** $\lambda=1$, $\begin{pmatrix}u\\v\end{pmatrix}=\pm\begin{pmatrix}1\\0\end{pmatrix}$.

§6 問1 $A=\begin{pmatrix}1 & \sqrt{3}/2\\ 0 & -1\end{pmatrix}$ で，固有値 $\lambda=1$ のとき $\begin{pmatrix}1\\0\end{pmatrix}$ とその0でないスカラー倍(以後，スカラー倍は省略)，$\lambda=-1$ のとき $\begin{pmatrix}-\sqrt{3}\\4\end{pmatrix}$; $A=$

$\begin{pmatrix}\cos\theta & -\sin\theta\\ \sin\theta & \cos\theta\end{pmatrix}$ で，$\lambda=\cos\theta+i\sin\theta$ のとき $\begin{pmatrix}1\\ -i\end{pmatrix}$，$\lambda=\cos\theta-i\sin\theta$ のとき $\begin{pmatrix}1\\ i\end{pmatrix}$；$A=\begin{pmatrix}2 & 0\\ 0 & 2\end{pmatrix}$ で $\lambda=2$ のとき $\begin{pmatrix}0\\ 0\end{pmatrix}$ 以外のすべて；$A=\begin{pmatrix}2 & 1\\ 0 & 2\end{pmatrix}$ で $\lambda=2$ のとき $\begin{pmatrix}1\\ 0\end{pmatrix}$. **問 2**　S のとり方は1通りではないから，次の解は一例. (i) $S=\begin{pmatrix}2 & 1\\ 1 & 1\end{pmatrix}$，$S^{-1}AS=\begin{pmatrix}2 & 0\\ 0 & 3\end{pmatrix}$. (ii) $S=\begin{pmatrix}6 & 6\\ -3+\sqrt{21} & -3-\sqrt{21}\end{pmatrix}$，$S^{-1}AS=\begin{pmatrix}\dfrac{-1+\sqrt{21}}{2} & 0\\ 0 & \dfrac{-1-\sqrt{21}}{2}\end{pmatrix}$. (iii) $S=\begin{pmatrix}1 & 1\\ -i & i\end{pmatrix}$，$S^{-1}AS=\begin{pmatrix}1+i & 0\\ 0 & 1-i\end{pmatrix}$. (iv) $S=\begin{pmatrix}1 & 1\\ 1 & -1\end{pmatrix}$，$S^{-1}AS=\begin{pmatrix}3 & 0\\ 0 & -1\end{pmatrix}$. (v) $S=\begin{pmatrix}1-i & 1-i\\ 1-\sqrt{3} & 1+\sqrt{3}\end{pmatrix}$，$S^{-1}AS=\begin{pmatrix}\sqrt{3}\,i & 0\\ 0 & -\sqrt{3}\,i\end{pmatrix}$. (vi) $S=\begin{pmatrix}1 & -\dfrac{\sqrt{3}}{4}\\ 0 & 1\end{pmatrix}$，$S^{-1}AS=\begin{pmatrix}1 & 0\\ 0 & -1\end{pmatrix}$. **問 3**　(i) $P=\begin{pmatrix}2 & 1\\ 1 & 1\end{pmatrix}(\alpha=2,\beta=3)$. (ii) 帰納法による. (iii) $B^n=\begin{pmatrix}2^n & 0\\ 0 & 3^n\end{pmatrix}$ より $A^n=PB^nP^{-1}=\begin{pmatrix}2^{n+1}-3^n & -2^{n+1}+2\cdot 3^n\\ 2^n-3^n & -2^n+2\cdot 3^n\end{pmatrix}$. **問 4**　$A=\begin{pmatrix}\alpha & \beta\\ \alpha' & \beta'\end{pmatrix}$ で，$\alpha\beta'-\alpha'\beta=4$，$\alpha+\beta'=4$，$\alpha'^2+\beta^2>0$ を満たせばどれでもよい. たとえば $A=\begin{pmatrix}2 & 1\\ 0 & 2\end{pmatrix}$. **問 5**　$S=\begin{pmatrix}1 & 0\\ 1 & 1\end{pmatrix}$，$S^{-1}AS=\begin{pmatrix}2 & 1\\ 0 & 2\end{pmatrix}$. **問 6**　図8.

問 7　$S=\begin{pmatrix}3 & 3\\ 1+\sqrt{10} & 1-\sqrt{10}\end{pmatrix}$，$S^{-1}AS=\begin{pmatrix}3+\sqrt{10} & 0\\ 0 & 3-\sqrt{10}\end{pmatrix}$.

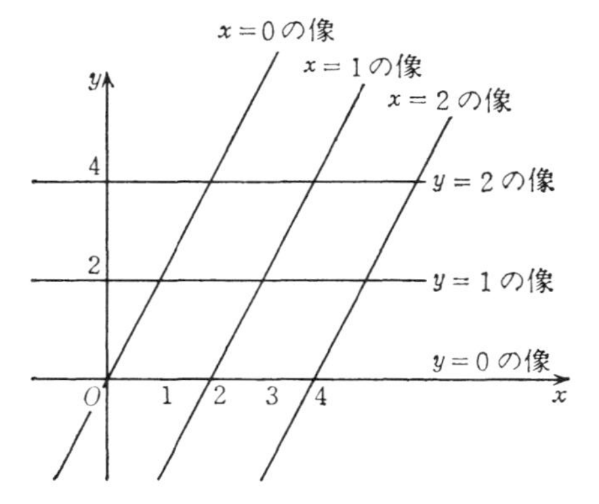

図8

§7　問1　$E'=\left(1, \frac{1+\sqrt{5}}{2}\right)$, $F'=\left(1, \frac{1-\sqrt{5}}{2}\right)$ ($(O;E,F)$ 系で) ととると き $\begin{pmatrix} u^* \\ v^* \end{pmatrix}=\begin{pmatrix} \frac{13+3\sqrt{5}}{2} & 0 \\ 0 & \frac{13-3\sqrt{5}}{2} \end{pmatrix}\begin{pmatrix} u \\ v \end{pmatrix}$. **問2**　$\begin{pmatrix} 1 & -1 \\ 1 & 1 \end{pmatrix}$ の固有値は実数でないから実数の範囲で対角化できない. よって f はどのような斜交軸をとっても $\begin{pmatrix} u^* \\ v^* \end{pmatrix}=\begin{pmatrix} \lambda & 0 \\ 0 & \mu \end{pmatrix}\begin{pmatrix} u \\ v \end{pmatrix}$ の形にはできない.

§8　問1　$A=\begin{pmatrix} a & b \\ c & d \end{pmatrix}$ が実直交行列のとき ${}^tA\cdot A=I_2$ より $a^2+c^2=1$, $ab+cd=0$, $b^2+d^2=1$. 第1式から或る θ を用いて, $a=\cos\theta$, $c=\sin\theta$. 同様に $b=\cos\varphi$, $d=\sin\varphi$. $ab+cd=\cos\theta\cos\varphi+\sin\theta\sin\varphi=\cos(\theta-\varphi)=0$, $\therefore\ \theta-\varphi=\pm\frac{\pi}{2}$. $\varphi=\theta+\frac{\pi}{2}$ のとき $A=\begin{pmatrix} \cos\theta & -\sin\theta \\ \sin\theta & \cos\theta \end{pmatrix}$, $\varphi=\theta-\frac{\pi}{2}$ のとき $A=\begin{pmatrix} \cos\theta & \sin\theta \\ \sin\theta & -\cos\theta \end{pmatrix}$. **問2**　(i) 楕円, (ii) 原点, (iii) 相交わる2直線, (iv) 1直線, (v) 平行2直線, (vi) 双曲線.

練習問題6　1　この方程式は $ax^2+2bxy+cy^2+2ex+2fy+d=0$. 定理6.8.1と同様に $A=\begin{pmatrix} a & b \\ b & c \end{pmatrix}$ の固有多項式が等根をもつかどうかで場合分けする. (i) 等根をもつとき: $ax^2+ay^2+2ex+2fy+d=0$, ゆえに空集合, 1点, 円, 直線, 全平面を表わす. (ii) 等根をもたぬとき: 相異なる固有値を a', c', 対応する固有ベクトルを $\begin{pmatrix} \cos\theta \\ \sin\theta \end{pmatrix}$, $\begin{pmatrix} -\sin\theta \\ \cos\theta \end{pmatrix}$ ととれば, 原点の回りに θ だけ回転した新座標軸に関して, 方程式は $a'u^2+c'v^2+2e'u+2f'v+d'=0$ となるから, $a'c'\neq 0$ のときは $a'\left(u+\frac{e'}{a'}\right)^2+c'\left(v+\frac{f'}{c'}\right)^2=-d'+\frac{e'^2}{a'}+\frac{f'^2}{c'}$ となって楕円, 双曲線, 空集合, 1点, 相交わる2直線, 平行2直線, 1直線を表わし, $a'c'=0$ のときは, 放物線, 1直線, 平行2直線.
2　(i) $a=b=0$, $c\neq 0$ のとき: 1直線, 1点. (ii) $a=0$, $b\neq 0$ のとき: $a'\neq 0$ ならば放物線, $a'=0$ ならば1直線, (iii) $a\neq 0$ のとき: $\cos\theta=\frac{1}{\sqrt{a^2+a'^2}}a'$, $\sin\theta=-\frac{1}{\sqrt{a^2+a'^2}}a$ を満たす角 θ だけ回転した新座標系では $u=\frac{1}{\sqrt{a^2+a'^2}}\times(a'x-ay)=$ 高々 t の1次式, $v=\frac{1}{\sqrt{a^2+a'^2}}(ax+a'y)=$ 高々 t の2次式. よ

って (i) (ii) に帰着するから，放物線，1直線，1点のいずれかになる．**3** $\begin{pmatrix} a' & b' \\ b' & c' \end{pmatrix}=\begin{pmatrix} \cos\theta & \sin\theta \\ -\sin\theta & \cos\theta \end{pmatrix}\begin{pmatrix} a & b \\ b & c \end{pmatrix}\begin{pmatrix} \cos\theta & -\sin\theta \\ \sin\theta & \cos\theta \end{pmatrix}$ を計算すればよい．また $\tan 2\theta=2b/(a-c)$ は $b'=0$ を倍角公式を用いて変形する．**4** $A=\begin{pmatrix} p & q \\ r & s \end{pmatrix}$ とすると，$F_A(x)=x^2-(p+s)x+(ps-qr)$．$F_A(A)$ を実際に計算すればよい．**5** $A=(a_{ij})$，$B=(b_{jk})$ とおけば ${}^t(AB)$ と ${}^tB{}^tA$ の (k,i) 成分は共に $\sum_{j=1}^{n} b_{kj}a_{ji}$．**6** $A=\begin{pmatrix} a & b \\ c & d \end{pmatrix}\in Z$ とする．$AX=XA$ より $X=\begin{pmatrix} 1 & 0 \\ 0 & 0 \end{pmatrix}$ とおけば $b=c=0$，$X=\begin{pmatrix} 0 & 1 \\ 0 & 0 \end{pmatrix}$ とおけば $a=d$，よって A はスカラー行列．逆にスカラー行列はすべて Z に属する．よって $Z=\{$実スカラー行列$\}$．
7 $A=\begin{pmatrix} a & b \\ c & d \end{pmatrix}$，$B=\begin{pmatrix} \alpha & \beta \\ \gamma & \delta \end{pmatrix}$ とおいて，AB, BA の固有多項式を $a,b,c,d,\alpha,\beta,\gamma,\delta$ で表わせ．**8** P, Q を焦点として $(1/\sqrt{2}, 1/\sqrt{2})$ を通る楕円を考

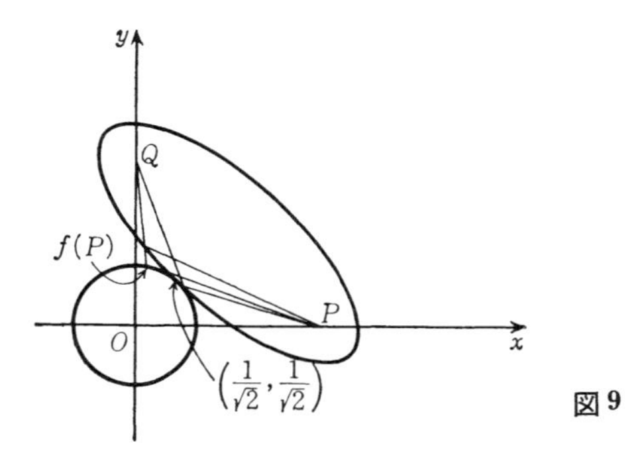

図 9

える．座標軸を $\pi/4$ 回転した新座標軸で計算すればわかるように，この点における楕円の接線は単位円の接線でもあるから，この楕円は単位円と $(1/\sqrt{2}, 1/\sqrt{2})$ で接する．よって単位円上の点 R で $\overline{PR}+\overline{RQ}$ を最小にするのは楕円の定義から $R=(1/\sqrt{2}, 1/\sqrt{2})$．$R=f(P)$，$f(R)=Q$ なる f を表わす行列を $\begin{pmatrix} a & b \\ c & d \end{pmatrix}$ とすると $\begin{pmatrix} a & b \\ c & d \end{pmatrix}\begin{pmatrix} 3 & 1/\sqrt{2} \\ 0 & 1/\sqrt{2} \end{pmatrix}=\begin{pmatrix} 1/\sqrt{2} & 0 \\ 1/\sqrt{2} & 3 \end{pmatrix}$ より $\begin{pmatrix} a & b \\ c & d \end{pmatrix}=\begin{pmatrix} 1/3\sqrt{2} & -1/3\sqrt{2} \\ 1/3\sqrt{2} & 17/3\sqrt{2} \end{pmatrix}$．**9** 任意の2次行列 $T(\det T\neq 0)$ に対し "$PAP^{-1}=kA \Longleftrightarrow (TPT^{-1})(TAT^{-1})(TP^{-1}T^{-1})=k(TAT^{-1})$" より，$P$ の代りに TPT^{-1} を考えても6個という条件は変らないから $P=\begin{pmatrix} \alpha & 0 \\ 0 & \alpha \end{pmatrix}$，$\begin{pmatrix} \alpha & 1 \\ 0 & \alpha \end{pmatrix}$，$\begin{pmatrix} \alpha & 0 \\ 0 & \beta \end{pmatrix}$

$(\alpha\neq 0, \beta\neq 0, \alpha\neq\beta)$ の3つの場合に条件を満たす A の個数を求める．計算により6個となるのは第3のタイプだから P が相異なる固有値をもつことが必要十分． **10**　$A=\begin{pmatrix}2&1\\0&2\end{pmatrix}$ のとき，$S=\begin{pmatrix}2&0\\0&2\end{pmatrix}=2I$, $N=\begin{pmatrix}0&1\\0&0\end{pmatrix}=A-2I$. 練習問題6の4より $A^2-4A+2I=0$, よって $S=-A^2+4A$, $N=A^2-3A$ だから $f(x)=-x^2+4x$, $g(x)=x^2-3x$ でよい． $A=\begin{pmatrix}5&1\\-1&7\end{pmatrix}$ のとき，$\begin{pmatrix}1&0\\1&1\end{pmatrix}^{-1}\begin{pmatrix}5&1\\-1&7\end{pmatrix}\begin{pmatrix}1&0\\1&1\end{pmatrix}=\begin{pmatrix}6&1\\0&6\end{pmatrix}$ より $S=\begin{pmatrix}1&0\\1&1\end{pmatrix}\begin{pmatrix}6&0\\0&6\end{pmatrix}\begin{pmatrix}1&0\\1&1\end{pmatrix}^{-1}=6I$, $N=\begin{pmatrix}1&0\\1&1\end{pmatrix}\begin{pmatrix}0&1\\0&0\end{pmatrix}\begin{pmatrix}1&0\\1&1\end{pmatrix}^{-1}=\begin{pmatrix}-1&1\\-1&1\end{pmatrix}=A-6I$. $f(x)=-\frac{1}{6}x^2+2x$, $g(x)=\frac{1}{6}x^2-x$. **11**　(i) $A=\begin{pmatrix}a&b\\b&c\end{pmatrix}$ とする．本文§8により A はスカラー行列または相異なる固有値 a', c' をもつ．いずれの場合も2つの固有ベクトルを $\begin{pmatrix}\cos\theta\\\sin\theta\end{pmatrix}$, $\begin{pmatrix}-\sin\theta\\\cos\theta\end{pmatrix}$ ととれるから(定理6.8.1)，θ だけ回転した新座標軸に関して f は $\begin{pmatrix}u^*\\v^*\end{pmatrix}=\begin{pmatrix}a'&0\\0&c'\end{pmatrix}\begin{pmatrix}u\\v\end{pmatrix}$. f は正則だから $a'\neq 0$, $c'\neq 0$. よって単位円 $u^2+v^2=1$ は楕円 $\frac{u^2}{a'^2}+\frac{v^2}{c'^2}=1$ に写る． (ii) Ouv 系で考える． $a'>c'>0$ のとき $\begin{pmatrix}1\\0\end{pmatrix}$ が大きい方に属する固有ベクトルであり，$g(P)=g(u,v)=a'u^2+c'v^2=a'-(a'-c')v^2$ から g は $v=0$ で最大，よって $(1,0)$ で最大． **12**　或る正則行列 S が存在して $B=S^{-1}AS=\begin{pmatrix}\alpha&0\\0&\beta\end{pmatrix}$ または $\begin{pmatrix}\alpha&1\\0&\alpha\end{pmatrix}$. $A^n=O$ より $B^n=O$. よって，(i) $B=\begin{pmatrix}\alpha&0\\0&\beta\end{pmatrix}$ ならば $B^n=\begin{pmatrix}\alpha^n&0\\0&\beta^n\end{pmatrix}$ より $\alpha=\beta=0$, $\therefore\ B=O$, $\therefore\ A=O$. (ii) $B=\begin{pmatrix}\alpha&1\\0&\alpha\end{pmatrix}$ ならば $B^n=\begin{pmatrix}\alpha^n&n\alpha^{n-1}\\0&\alpha^n\end{pmatrix}$ より $\alpha=0$, $\therefore\ B^2=O$, $\therefore\ A^2=O$. **13**　(i) $A=\begin{pmatrix}a&b\\0&c\end{pmatrix}$, $B=\begin{pmatrix}p&q\\0&r\end{pmatrix}$ とおき，$AB-BA=\lambda A$ を計算すると $a=c=0$. (ii) 或る正則行列 S が存在して，$S^{-1}AS=\begin{pmatrix}\alpha&0\\0&\beta\end{pmatrix}$ または $\begin{pmatrix}\alpha&1\\0&\alpha\end{pmatrix}$, $(S^{-1}AS)(S^{-1}BS)-(S^{-1}BS)(S^{-1}AS)=\lambda(S^{-1}AS)$. $S^{-1}BS=\begin{pmatrix}p&q\\r&s\end{pmatrix}$ として計算すると $S^{-1}AS=O$ または $\begin{pmatrix}0&1\\0&0\end{pmatrix}$ を得て $A^2=O$. **14**　$f(\theta)$ を微分すると $f'(\theta)=a\cos\theta$

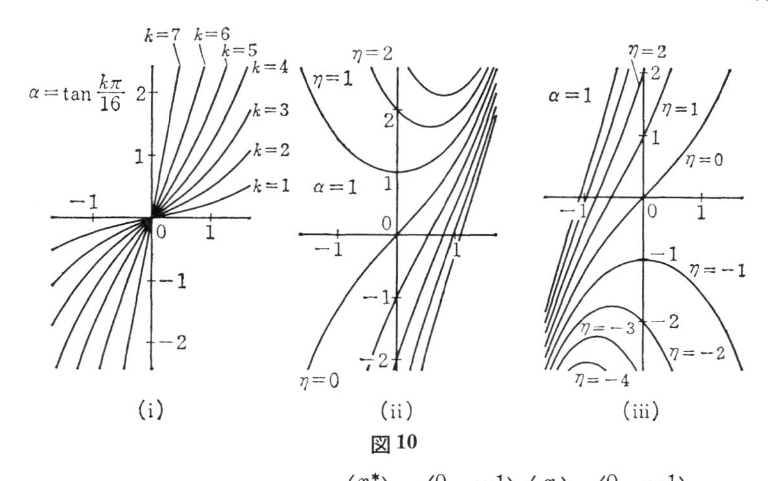

図 10

$-b\sin\theta$ より D の行列表示は $\begin{pmatrix} x^* \\ y^* \end{pmatrix}=\begin{pmatrix} 0 & -1 \\ 1 & 0 \end{pmatrix}\begin{pmatrix} x \\ y \end{pmatrix}$. $\begin{pmatrix} 0 & -1 \\ 1 & 0 \end{pmatrix}$ の固有値は $i, -i$ で対応する固有ベクトルは $\begin{pmatrix} i \\ 1 \end{pmatrix}$, $\begin{pmatrix} -i \\ 1 \end{pmatrix}$. **15** (ii) $(x, y)\cdot(x', y')=(x+x', e^{x}y'+e^{-x'}y)$, $(x, y)^{-1}=(-x, -y)$. (iii) 図 10. (a) (b) が閉じていることは $(0, y)\cdot(0, y')=(0, y+y')$, $(0, y)^{-1}=(0, -y)$, $\left(x, \frac{\alpha}{2}(e^{x}-e^{-x})\right)\cdot\left(x', \frac{\alpha}{2}(e^{x'}-e^{-x'})\right)=\left(x+x', \frac{\alpha}{2}(e^{x+x'}-e^{-x-x'})\right)$, $\left(x, \frac{\alpha}{2}(e^{x}-e^{-x})\right)^{-1}=\left(-x, \frac{\alpha}{2}(e^{-x}-e^{x})\right)$ より分る. 積に関し閉じているのが (b) に限ることは $(x_1, f(x_1))\cdot(x_2, f(x_2))=(x_1+x_2, e^{x_1}f(x_2)+e^{-x_2}f(x_1))=(x_1+x_2, f(x_1+x_2))$ より $e^{x_1}f(x_2)+e^{-x_2}f(x_1)=f(x_1+x_2)$, $\therefore$ $f'(x_2)=f(x_2)+f'(0)e^{-x_2}$, $f'(x_1)=f'(0)e^{x_1}-f(x_1)$. この 2 式の x_1, x_2 を x で置き換えて辺々引き算をして, $f(x)=\frac{f'(0)}{2}(e^{x}-e^{-x})$. (iv) 図 10 (ii) (iii). **16** 或る正則行列 S が存在して, $S^{-1}AS=\begin{pmatrix} \lambda_1 & 0 \\ 0 & \lambda_2 \end{pmatrix}$ または $\begin{pmatrix} \lambda & 1 \\ 0 & \lambda \end{pmatrix}$ であるが, 後者のとき $(S^{-1}AS)^{n}=\begin{pmatrix} \lambda^{n} & n\lambda^{n-1} \\ 0 & \lambda^{n} \end{pmatrix}\neq I$ より $S^{-1}AS=\begin{pmatrix} \lambda_1 & 0 \\ 0 & \lambda_2 \end{pmatrix}$. $\lambda_1{}^{n}=\lambda_2{}^{n}=1$ であるから, $\lambda_1=\cos\frac{2k\pi}{n}+i\sin\frac{2k\pi}{n}$, $\lambda_2=\cos\frac{2l\pi}{n}+i\sin\frac{2l\pi}{n}$ $(0\leqq k, l<n)$. $A=\begin{pmatrix} a & b \\ c & d \end{pmatrix}$ とすると, 根と係数の関係より $\lambda_1+\lambda_2=a+d$, $\lambda_1\lambda_2=ad-bc$ で,

共に整数. よって $\sin\frac{2k\pi}{n}+\sin\frac{2l\pi}{n}=0$ から $\cos\frac{2k\pi}{n}=\pm\cos\frac{2l\pi}{n}$. ($\because$ $\cos^2\theta+\sin^2\theta=1$). よって $\lambda_1+\lambda_2=0$ または $=2\cos\frac{2k\pi}{n}=2\cos\frac{2l\pi}{n}$. 前者のとき $\lambda_1\lambda_2=-\cos\frac{4k\pi}{n}-i\sin\frac{4k\pi}{n}$ が整数より $\frac{4k\pi}{n}=0, \pi, 2\pi, 3\pi$. $\frac{2k\pi}{n}=0, \frac{\pi}{2}, \pi, \frac{3}{2}\pi$ より $\lambda_1=-\lambda_2=\pm1, \pm i$. この式より, $A^2=I$, $A^4=I$ のいずれかが成立. 後者のとき, $2\cos\frac{2k\pi}{n}=\pm2, \pm1, 0$ より $\frac{2k\pi}{n}=0, \frac{\pi}{3}, \frac{2}{3}\pi, \pi, \frac{4}{3}\pi, \frac{5}{3}\pi$. よって $\lambda_1=\pm\frac{-1\pm\sqrt{3}\,i}{2}, \pm1$. $\lambda_1\lambda_2=\cos^2\frac{2k\pi}{n}+\sin^2\frac{2k\pi}{n}=1$ より $\lambda_1{}^n=1$ なら $\lambda_2{}^n=1$. よって $A=I$, $A^2=I$, $A^3=I$, $A^6=I$ のいずれかが成立. よって最小の n は 1, 2, 3, 4, 6 のいずれか. $\begin{pmatrix}1&0\\0&1\end{pmatrix}$, $\begin{pmatrix}-1&0\\0&-1\end{pmatrix}$, $\begin{pmatrix}1&1\\-3&-2\end{pmatrix}$, $\begin{pmatrix}0&-1\\1&0\end{pmatrix}$, $\begin{pmatrix}-1&-1\\3&2\end{pmatrix}$ がそれぞれの例を与える.

第7章

§1　問1　23. **問2**　1.

§2　問1　$d=23$, (14) より

$$\begin{pmatrix}0&1\\1&-4\end{pmatrix}\begin{pmatrix}0&1\\1&-3\end{pmatrix}\begin{pmatrix}0&1\\1&-1\end{pmatrix}\begin{pmatrix}0&1\\1&-2\end{pmatrix}=\begin{pmatrix}4&-11\\-17&47\end{pmatrix},$$

ゆえに, $(x, y)=(4-17k, -11+47k)$ (k: 整数) がすべての整数解. (なぜか考えてみよ.) x^2+y^2 を最小にするのは $(4, -11)$.

§3　問1　$-\frac{433}{167}$. **問2**　$3+\frac{1}{90+}\frac{1}{1}\frac{1}{+10+}\frac{1}{13+}\frac{1}{2}$.

§4　問1　$\sqrt{7}=2+\underbrace{\frac{1}{1+}\frac{1}{1+}\frac{1}{1+}\frac{1}{4+}}_{\text{循環}}\cdots$. 近似分数列は $\frac{2}{1}, \frac{3}{1}, \frac{5}{2}, \frac{8}{3}, \frac{37}{14}, \cdots$. **問2**　(q_m, p_m) は格子点で $y=\lambda x$ との距離は $\frac{|p_m-\lambda q_m|}{\sqrt{1+\lambda^2}}<\frac{1}{q_m}$, $\lim_{m\to\infty}q_m=\infty$ より直線 $y=\lambda x$ にいくらでも近い (q_m, p_m) がある.

§5　問1　$\mu=-(1+x)$ とおくと, $\mu=-1+\frac{1}{-1+}\frac{1}{-1+}\cdots$ で $\mu=-1+\frac{1}{\mu}$ となり, λ と同じ2次式を満たす. **問2**　$\lambda_n=\frac{1}{n+\lambda_n}$, $\lambda_n>0$ より $\lambda_n=$

$\dfrac{-n+\sqrt{n^2+4}}{2}=\dfrac{2}{n+\sqrt{n^2+4}}$, $\therefore \lim_{n\to\infty}\lambda_n=0$. **問3** 任意の有理数を $a+\dfrac{c}{b}$, (a: 整数, b, c: 自然数, $c<b$) と表わす. $b\overline{)c\quad}$ の割り算の手順は, ① 0 を c の右端に 1 つつける. ② b で割り商と余りを出す. ③ 余りを改めて c とし ① に戻る. ここで余りはすべて b より小さい 0 以上の整数だから, 上の手順を繰り返すと, どこかで割り切れるか, または余りの数に重複が生ずる. 前者のときは小数表示が有限, 後者のときは循環. 逆に小数表示が循環すれば, それを $a_n\cdots a_1.b_1\cdots b_r\underbrace{\dot{c}_1\cdots\dot{c}_s}_{\text{c.p.}}$ と表わし, $x=a_n\cdots a_1.b_1\cdots b_r$, $y=0.c_1\cdots c_s$ とおくと, 上の数は $x+10^{-r}y(1+10^{-s}+10^{-2s}+\cdots)$. 等比数列の和の公式より $1+10^{-s}+\cdots=\dfrac{1}{1-10^{-s}}$. よってこの数は有理数. また有限小数も有理数.

練習問題 7　1　$\{p_n\}$, $\{q_n\}$ の定義式の行列式をとった $p_nq_{n-1}-p_{n-1}q_n=(-1)^n$ から (vi) が出る. また, $q_{n+1}=k_nq_n+q_{n-1}$, $q_0=0$, $q_1=1$ から (vii) が出る. 上の 2 つと $p_{n+1}=k_np_n+p_{n-1}$ から

$$\frac{p_{2j+2}}{q_{2j+2}}-\frac{p_{2j}}{q_{2j}}=\frac{p_{2j+2}q_{2j}-p_{2j}q_{2j+2}}{q_{2j+2}q_{2j}}=\frac{k_{2j+1}(p_{2j+1}q_{2j}-p_{2j}q_{2j+1})}{q_{2j+2}q_{2j}}$$

$$=-\frac{k_{2j+1}}{q_{2j+2}q_{2j}}<0,\quad \frac{p_{2j+1}}{q_{2j+1}}-\frac{p_{2j-1}}{q_{2j-1}}=\frac{k_{2j}}{q_{2j+1}q_{2j-1}}>0 \quad (j\geqq 1).$$

よって (i), (ii) が示せた. (iii) は, (iv) より $\dfrac{p_{2j-1}}{q_{2j-1}}<\dfrac{p_{2j}}{q_{2j}}$ $(j\geqq 1)$ で, $i\leqq j$ なら (i) より $\dfrac{p_{2i}}{q_{2i}}\geqq\dfrac{p_{2j}}{q_{2j}}>\dfrac{p_{2j-1}}{q_{2j-1}}$, $i\geqq j$ なら (ii) より $\dfrac{p_{2j-1}}{q_{2j-1}}\leqq\dfrac{p_{2i-1}}{q_{2i-1}}<\dfrac{p_{2i}}{q_{2i}}$. (iv) は, (i), (iii) より数列 $\left\{\dfrac{p_{2i}}{q_{2i}}\right\}$ が単調減少, 下に有界だから. (v) も同様. (vi) で $j\to\infty$ とすると (vii) から $\lambda'=\lambda''$. (ix) は定理 7.3.1 より $\dfrac{p_n}{q_n}=k_0+\dfrac{1}{k_1}+\dfrac{1}{k_2}+\cdots+\dfrac{1}{k_{n-1}}$ となり $n\to\infty$ とする. **2**　$p_{n-1}q_{n-2}-p_{n-2}q_{n-1}=(-1)^{n-1}$, $p_{n+1}=k_np_n+p_{n-1}$, $q_{n+1}=k_nq_n+q_{n-1}$ より $p_nq_{n-2}-p_{n-2}q_n=k_{n-1}(p_{n-1}q_{n-2}-p_{n-2}q_{n-1})=k_{n-1}(-1)^{n-1}$. **3**　(i) 連分数のつくり方から $k_n=[\lambda_n]$, $\lambda_{n+1}=\dfrac{1}{\lambda_n-k_n}$ $(n\geqq 0)$, $\therefore$ $\lambda_n>1$ $(n\geqq 1)$, 仮定とあわせて $\lambda_n>1$ $(n\geqq 0)$. 次に $\lambda_n=\alpha+\beta\sqrt{\gamma}$ なら $\lambda'_n=\alpha-\beta\sqrt{\gamma}$ に注意. $\lambda_{n+1}=\dfrac{1}{\lambda_n-k_n}$ か

ら $\lambda'_{n+1}=\dfrac{1}{\lambda'_n-k_n}$. $0>\lambda'_n>-1\,(n\geqq 0)$ を帰納法で示す. $n=0$ のときは仮定より成立. n まで成立すれば, $-k_n>\lambda'_n-k_n$, ここで $\lambda_n>1\,(n\geqq 0)$ より $k_n=[\lambda_n]\geqq 1\,(n\geqq 0)$. よって $0>\dfrac{1}{\lambda'_n-k_n}>-\dfrac{1}{k_n}\geqq -1$, $\therefore\ 0>\lambda'_{n+1}>-1$. ゆえに $n+1$ でも成立. (ii) $\lambda_n=\lambda_m \Longrightarrow \lambda_{n-1}-k_{n-1}=\lambda_{m-1}-k_{m-1} \Longrightarrow \lambda_{n-1}-\lambda_{m-1}=k_{n-1}-k_{m-1}$. 再び λ_n と λ'_n が共役根であることに注意すると, $\lambda'_{n-1}-\lambda'_{m-1}=k_{n-1}-k_{m-1}$. ここで (i) より $0>\lambda'_{n-1}, \lambda'_{m-1}>-1$, これから $1>\lambda'_{n-1}-\lambda'_{m-1}>-1$. 他方, $k_{n-1}-k_{m-1}$ は整数, よって $k_{n-1}-k_{m-1}=0$. **4** $\lambda=1+\dfrac{1}{2}+\dfrac{1}{3}+\dfrac{1}{4}+\dfrac{1}{\lambda}$ をといて $\lambda=\dfrac{9+2\sqrt{39}}{15}=\underbrace{1+\dfrac{1}{2}+\dfrac{1}{3}+\dfrac{1}{4}}_{\text{c.p.}}$.

第8章

§1 問1 6765. **問2** $x^9-8x^7+21x^5-20x^3+5x$.

§2 問1 $a_n=\dfrac{5}{2}a_{n-1}-a_{n-2}$ として定理8.2.1を適用. 固有方程式は $x^2-\dfrac{5}{2}x+1=0$, 根は $2, \dfrac{1}{2}$, $a_n=2^n$. **問2** $\begin{pmatrix}x_{n+1}\\y_{n+1}\end{pmatrix}=\begin{pmatrix}3&2\\1&2\end{pmatrix}\begin{pmatrix}x_n\\y_n\end{pmatrix}$ を繰り返し使って $\begin{pmatrix}x_n\\y_n\end{pmatrix}=\begin{pmatrix}3&2\\1&2\end{pmatrix}^n\begin{pmatrix}x_0\\y_0\end{pmatrix}$. $\begin{pmatrix}3&2\\1&2\end{pmatrix}$ は相異なる固有値 1, 4 をもつから, 或る正則行列 $P=\begin{pmatrix}p&q\\r&s\end{pmatrix}$ を用いて $\begin{pmatrix}3&2\\1&2\end{pmatrix}=P\begin{pmatrix}1&0\\0&4\end{pmatrix}P^{-1}$, よって $\begin{pmatrix}x_n\\y_n\end{pmatrix}=P\begin{pmatrix}1^n&0\\0&4^n\end{pmatrix}P^{-1}\begin{pmatrix}x_0\\y_0\end{pmatrix}$. $P^{-1}\begin{pmatrix}x_0\\y_0\end{pmatrix}=\begin{pmatrix}a\\b\end{pmatrix}$ とおけば $x_n=ap\cdot 1^n+bq\cdot 4^n$, $y_n=ar\cdot 1^n+bs\cdot 4^n$. すなわち $x_n=\lambda\cdot 1^n+\mu\cdot 4^n$, $y_n=\lambda'\cdot 1^n+\mu'\cdot 4^n$ の形. $x_0=y_0=1$ より $x_1=5$, $y_1=3$. x_0, x_1 から λ, μ を定め, y_0, y_1 から λ', μ' を定めて $x_n=-\dfrac{1}{3}+\dfrac{4}{3}\cdot 4^n$, $y_n=\dfrac{1}{3}+\dfrac{2}{3}\cdot 4^n$. **問3** $x_{n+1}-1=5(x_n-1)+(y_n-2)$, $y_{n+1}-2=-6(x_n-1)$ だから $X_n=x_n-1$, $Y_n=y_n-2$ とおけば問2と同様に X_n, Y_n が求まる. x_n, y_n におきもどして $x_n=3\cdot 2^n-4\cdot 3^n+1$, $y_n=-9\cdot 2^n+8\cdot 3^n+2$.

§3 問1 本文(2)の代わりに $x=\cosh\theta$ とおくと, 固有多項式の根は $\alpha=e^\theta$, $\beta=e^{-\theta}$. 同様に進んで(7)の代わりに

$$f_n(2\cosh\theta)=\frac{\sinh n\theta}{\sinh\theta},\ \text{すなわち}\ f_n(e^\theta+e^{-\theta})=\frac{e^{n\theta}-e^{-n\theta}}{e^{-\theta}-e^{-\theta}}.$$

新たに $e^\theta=x$ とおいて問題の式を得る.

練習問題8　**1**　漸化式はチェビシェフ多項式と同じだから本文§3同様にやればよい。すなわち $x=2\cos\theta$ とおくと $f_n=\lambda\alpha^n+\mu\beta^n$ ($\alpha=e^{i\theta}$, $\beta=e^{-i\theta}$) となる．$x=\lambda+\mu$, $2=\lambda\alpha+\mu\beta$ より $\lambda=\dfrac{2-\beta x}{\alpha-\beta}$, $\mu=\dfrac{\alpha x-2}{\alpha-\beta}$, これより $f_n(2\cos\theta)=2\cos(n-1)\theta$. 従って $f_n(x)$ の根は $\theta=\dfrac{k\pi}{2(n-1)}$ (k は奇数) に対する $2\cos\theta$, すなわち $2\cos\dfrac{\pi}{2(n-1)}$, $2\cos\dfrac{3\pi}{2(n-1)}$, ……, $2\cos\dfrac{(2n-3)\pi}{2(n-1)}$ が根のすべて．**2**　$\alpha+\beta+\gamma$ に関する帰納法．$\alpha+\beta+\gamma=0$ なら，$\alpha=\beta=\gamma=0$ だから σ_i はすべて偶数，先手は手がないから後手必勝．$\alpha+\beta+\gamma>0$ とする．まず(イ)，すなわち σ_i がすべて偶数とする．先手が α を a 個減らしたとする (β, γ に手をつけた場合も同様)．a の2進展開の最高位を 2^{i_0} とすると，α を a 個減らせば ε_{i_0} は反転し，β, γ の 2^{i_0} の位はそのままだから，σ_{i_0} は奇数に変る．石の総数が減少したから，帰納法の仮定によりこの盤面は‘先手’必勝形，すなわち直後に手を出す者 (＝局面 (α, β, γ) から見て後手) に必勝法が存在するから (α, β, γ) は後手必勝形．次に(ロ)とし，σ_i のうち奇数のものを $\sigma_{i_0}, \sigma_{i_1}, \cdots, \sigma_{i_k}$ とする．$\varepsilon_{i_0}, \varepsilon_{i_0}', \varepsilon_{i_0}''$ のうち1つか3つが1だから，仮に $\varepsilon_{i_0}=1$ とする．(他の場合も同様.) このとき $\alpha\geqq 2^{i_0}$. 先手が α の山から $2^{i_0}-2^{i_1}-2^{i_2}-\cdots-2^{i_k}$ 個をとれば，残りの盤面ではすべての σ_i が偶数となり，帰納法の仮定が使えて‘後手’必勝形，すなわち局面 (α, β, γ) において先手だった人に必勝法がある．よって (α, β, γ) は先手必勝形．**3**　$15=1+1\cdot 2+1\cdot 2^2+1\cdot 2^3$, $33=1+0\cdot 2+0\cdot 2^2+0\cdot 2^3+0\cdot 2^4+1\cdot 2^5$, $28=0+0\cdot 2+1\cdot 2^2+1\cdot 2^3+1\cdot 2^4$ より $\sigma_1=1$ ゆえ先手必勝形．**4**　ヒント．すべての後手必勝形 (α_s, β_s) $(s=0, 1, 2, \cdots)$ は次の規則で生成される：$\alpha_0=0, \beta_0=0$；$\alpha_{s-1}, \beta_{s-1}$ までわかっているとき，$\alpha_s=\min(\boldsymbol{N}-\{\alpha_t|0\leqq t\leqq s-1\}-\{\beta_t|0\leqq t\leqq s-1\})$, $\beta_s=\alpha_s+s$. 次に，狭義単調増加数列 $\{a_s\}$ が，$\{a_s|s=0, 1, 2, \cdots\}\cup\{a_s+s|s=0, 1, 2, \cdots\}=\boldsymbol{N}\cup\{0\}$ かつ $\{a_s\}\cap\{a_s+s\}=\{0\}$ を満たせば，$\{a_s\}$ は上の $\{\alpha_s\}$ と一致する．最後に，$a_s=\left[\dfrac{1+\sqrt{5}}{2}s\right]$ は今の条件を満たす (これを示すとき，次のヴィノグラドフ——またはベッティー——の定理を用いる：無理数 $x>0$, $y>0$ に対し，$\{[xs]|s=0, 1, \cdots\}\cup\{[ys]|s=0, 1, \cdots\}=\boldsymbol{N}\cup\{0\}$ かつ $\{[xs]\}\cap\{[ys]\}=\{0\}$

$\Leftrightarrow \dfrac{1}{x}+\dfrac{1}{y}=1$). **5**　ヒント．$\alpha=F_{j(1)}+F_{j(2)}+\cdots+F_{j(r)}$（フィボナッチ分解とは限らない）に対し，$\dfrac{1}{\sqrt{5}}(x^{j(1)}+x^{j(2)}+\cdots+x^{j(r)})\left(x=\dfrac{1+\sqrt{5}}{2}\right)$ をこの表示の主要部，$-\dfrac{1}{\sqrt{5}}(y^{j(1)}+y^{j(2)}+\cdots+y^{j(r)})\left(y=\dfrac{1-\sqrt{5}}{2}\right)$ を剰余部と呼ぶ．フィボナッチ分解の剰余部は $-\dfrac{5-\sqrt{5}}{10}$ と $\dfrac{3\sqrt{5}-5}{10}$ の間にあり，フィボナッチ分解の添字を１つずつ減らした和の剰余部は $-\dfrac{5-\sqrt{5}}{10}$ と $\dfrac{1}{\sqrt{5}}$ の間にある．またフィボナッチ分解またはその添字を１つずつ減らしたものの剰余部の符号は，最小項の添字が奇数なら正，偶数なら負．以上より，α のフィボナッチ分解を $\alpha=F_{j(1)}+F_{j(2)}+\cdots+F_{j(r)}$ とし，$s=F_{j(1)-1}+F_{j(2)-1}+\cdots+F_{j(r)-1}$ とおいて，$j(r)$ が偶数ならば $\alpha=[xs]$，$j(r)$ が奇数ならば $[x(s+1)]>\alpha>[xs]$ を示す．**6**　ヒント．３倍取りゲームの後手必勝形数列 $\{G_n\}$ は次の手順で作れる：$G_0=1$；G_{n-1} までわかっているとき $G_n=G_{n-1}+G_{i(n)}$，ただし $i(n)=\min\{i|1\leqq i\leqq n-1, 3G_i\geqq G_{n-1}\}$．これを示すのに，任意の自然数はただ１通りの G_n 数分解をもつことを用いる．G_n 数分解の定義には，フィボナッチ分解の際にあった条件 $j(r)\geqq 2$ はついていないことに注意．また先手必勝形における必勝法が尻尾切りなのも２倍取りゲームと同様．上に定めた $\{G_n\}$ が $n\geqq 6$ において $G_n=G_{n-1}+G_{n-4}$ で決まることは，$G_6=8, G_7=11, G_8=15, G_9=21, G_{10}=29$ までわかっているものとして，$3G_5<G_9\leqq 3G_6$，$3G_2<G_6\leqq 3G_3$，$G_6=G_5+G_2$，$G_{10}=G_9+G_6, G_7=G_6+G_3$ より $3G_6<G_{10}\leqq 3G_7$，よって $G_{11}=G_{10}+G_7$；以下同様．**7**　$P_n=f^n(P_0)$ とする．f が $\begin{pmatrix}x^*\\y^*\end{pmatrix}=\begin{pmatrix}\alpha & \beta\\ \alpha' & \beta'\end{pmatrix}\begin{pmatrix}x\\y\end{pmatrix}$ で与えられるならば，$\begin{pmatrix}\alpha & \beta\\ \alpha' & \beta'\end{pmatrix}^2-(\alpha+\beta')\begin{pmatrix}\alpha & \beta\\ \alpha' & \beta'\end{pmatrix}+(\alpha\beta'-\alpha'\beta)\begin{pmatrix}1 & 0\\ 0 & 1\end{pmatrix}=0$ より $x_{n+2}-(\alpha+\beta')x_{n+1}+(\alpha\beta'-\alpha'\beta)x_n=0$，$y_{n+2}-(\alpha+\beta')y_{n+1}+(\alpha\beta'-\alpha'\beta)y_n=0$．よって定理 8.2.1, 8.2.2 と x_n, y_n が実数であることより，$x^2-(\alpha+\beta')x+(\alpha'\beta-\alpha\beta')=0$ が（ア）２実根 λ, μ，（イ）重根 λ，（ウ）２虚根 $\lambda\pm\nu i$，をもつ場合に応じて，（ア）$x_n=a\lambda^n+b\mu^n$，$y_n=c\lambda^n+d\mu^n$，（イ）$x_n=a\lambda^n+bn\cdot\lambda^{n-1}$, $y_n=c\lambda^n+dn\lambda^{n-1}$，（ウ）$x_n=(a+bi)(\lambda+\nu i)^n+(a-bi)(\lambda-\nu i)^n$, $y_n=(c+di)(\lambda+\nu i)^n+(c-di)(\lambda-\nu i)^n$．$ad-bc\neq 0$ のとき (i) (ii) (iii) を得る．

$ad-bc=0$ のときは $P_n=(x_n, y_n)$ は原点を通る 1 直線上にあるから $f(P_0)=(\lambda x_0, \lambda y_0)$ とすると $P_n=f^n(P_0)=(\lambda^n x_0, \lambda^n y_0)$. $x_n=p\lambda^n, y_n=q\lambda^n$ より (iii) を得る. 逆に (i)-(iv) のとき 1 次変換 f を $P_n=f^n(P_0)$ となるようにとれることもわかる. **8** 誤. 或る斜交座標系において $A=(1,0)$, $B=(2,0)$, $C=(3,0)$, f を表わす行列を F とする. $P=f^k(S)$, $Q=f^l(S)$, $R=f^m(S)$ となったら, $\begin{pmatrix}1\\0\end{pmatrix}$ は $F^{|l-k|}$ の固有値 $2^{\pm1}$ に属する固有ベクトルで同時に $F^{|m-k|}$ の固有値 $3^{\pm1}$ に属する固有ベクトル. よって $F^{|l-k||m-k|}$ の固有ベクトルでもあるが, 対応する固有値は, 一方で $2^{\pm|m-k|}$, 他方で $3^{\pm|l-k|}$. 2 の整数乗と 3 の整数乗が一致するのは共に 0 乗のときに限るので $k=l=m$ となって矛盾. **9** $f^n(P)=(x_n, y_n)$ とおき, 練習問題 8 の 8 の場合分けを利用して ${x_n}^2+{y_n}^2$ のふるまいを調べる. (イ) $|\lambda|\neq|\mu|$ のとき必要なら λ と μ を取り替えて $|\lambda|>|\mu|$ とすれば ${x_n}^2+{y_n}^2=\lambda^{2n}\cdot\left\{(a^2+c^2)+2(ab+cd)\left(\frac{\mu}{\lambda}\right)^n+(b^2+d^2)\left(\frac{\mu}{\lambda}\right)^{2n}\right\}$ だから $|\lambda|>1$ なら ${x_n}^2+{y_n}^2\to\infty$, ∴ 場合 A. $|\lambda|<1$ なら ${x_n}^2+{y_n}^2\to0$, ∴ 場合 B. $|\lambda|=1$ なら ${x_n}^2+{y_n}^2\to a^2+c^2$ だから $a^2+c^2>1$ なら場合 A, $a^2+c^2<1$ なら場合 B, $a^2+c^2=1$ ならば ${x_n}^2+{y_n}^2=1+\left(\frac{\mu}{\lambda}\right)^n\left\{2(ab+cd)+(b^2+d^2)\left(\frac{\mu}{\lambda}\right)^n\right\}$ だから $ab+cd>0, \frac{\mu}{\lambda}>0$ なら場合 A, $ab+cd<0, \frac{\mu}{\lambda}>0$ なら場合 B, $ab+cd\neq0$, $\frac{\mu}{\lambda}<0$ なら場合 C, $ab+cd=0$ なら場合 A ($\mu=0$ のときは(ハ)で考えればよいので $\mu\neq0$ とした). $|\lambda|=|\mu|$ のとき $\lambda\neq\mu$ より $\mu=-\lambda$, よって ${x_n}^2+{y_n}^2=\{(a-b)^2+(c-d)^2\}\lambda^{2n}$ なので $|\lambda|>1$ または $|\lambda|=1$ かつ $(a-b)^2+(c-d)^2>1$ なら場合 A, それ以外なら場合 B. (ロ) ${x_n}^2+{y_n}^2=\lambda^{2n}n^2\cdot\left\{\frac{a^2+c^2}{n^2}+\frac{2(ab+cd)\lambda}{n}+(b^2+d^2)\lambda^2\right\}$ だから $|\lambda|\geqq1$ ならば場合 A, $|\lambda|<1$ ならば $\lambda^{2n}n^2\to0$, ∴ 場合 B. (ハ) ${x_n}^2+{y_n}^2=(a^2+b^2)\lambda^{2n}$ だから $|\lambda|>1$ または $|\lambda|=1$ かつ $a^2+b^2>1$ ならば場合 A, それ以外ならば場合 B. (ニ) $a+bi=\alpha$, $c+di=\beta$, $2(\alpha^2+\beta^2)=p(\cos\varphi+i\sin\varphi)$, $2(|\alpha|^2+|\beta|^2)=q$, $\lambda+\nu i=r(\cos\theta+i\sin\theta)$ とおけば ${x_n}^2+{y_n}^2=r^{2n}(p\cos(\varphi+2n\theta)+q)$. $|r|>1$ ならば, $p<q$ に注意 (α と β は実数倍の関係にない) して場合 A, $|r|<1$ なら場合 B. $|r|=1$ のとき $\{f^n(P)\,|\,n=0,1,2,\cdots\}$ が無限集合なることよ

り $\dfrac{\theta}{2\pi}$ は無理数，また $0 \leqq p < q$ に注意して，$1 \leqq q-p$ なら場合 A，$q-p < 1 < q+p$ なら場合 C，$q+p \leqq 1$ なら場合 B.

索　引

ア 行

カ 行

サ行

タ 行

ナ 行

ハ 行

マ 行

ヤ 行

ラ 行

ワ 行

新装版 数学入門シリーズ
2次行列の世界

2015年3月6日 第1刷発行

著 者 岩堀長慶(いわほりながよし)

発行者 岡本 厚

発行所 株式会社 岩波書店
〒101-8002 東京都千代田区一ツ橋2-5-5
電話案内 03-5210-4000
http://www.iwanami.co.jp/

印刷・精興社 製本・中永製本

ISBN 978-4-00-029834-6 Printed in Japan